BIM 经典译丛

BIM 开发
——标准、策略和最佳方法

BIM 经 典 译 丛

BIM 开发

［美］ 罗伯特·S·韦甘特 著

张其林 吴 杰 译

标 准、策 略 和 最 佳 方 法

中国建筑工业出版社

著作权合同登记图字：01-2014-0162号

图书在版编目（CIP）数据

BIM开发——标准、策略和最佳方法／（美）韦甘特著；张其林，吴杰译．—北京：中国建筑工业出版社，2016.8

（BIM经典译丛）

ISBN 978-7-112-19585-5

Ⅰ．①B… Ⅱ．①韦…②张…③吴… Ⅲ．①建筑设计－计算机辅助设计－应用软件 Ⅳ．① TU201.4

中国版本图书馆CIP数据核字（2016）第159608号

BIM Content Development:Standards, Strategies, and Best Practices / Robert S. Weygant, ISBN-13 9780470583579；Developed with the cooperation and support of the Construction Specifications Institute

Copyright © 2011 John Wiley & Sons,Inc.
Chinese Translation Copyright © 2016 China Architecture & Building Press
All rights reserved. This translation published under license.
Copies of this book sold without a Wiley sticker on the cover are unauthorized and illegal.

没有John Wiley & Sons,Inc.的授权，本书的销售是非法的
本书经美国John Wiley & Sons,Inc.出版公司正式授权翻译、出版

丛书策划
修　龙　毛志兵　张志宏
咸大庆　董苏华　何玮珂

责任编辑：董苏华　何玮珂　李　婧
责任校对：李美娜　刘　钰

BIM经典译丛
BIM开发——标准、策略和最佳方法
［美］罗伯特·S·韦甘特　著
张其林　吴　杰　译

*

中国建筑工业出版社出版、发行（北京西郊百万庄）
各地新华书店、建筑书店经销
北京嘉泰利德公司制版
北京鹏润伟业印刷有限公司

*

开本：787×1092毫米　1/16　印张：22　字数：479千字
2016年7月第一版　2016年7月第一次印刷
定价：**80.00**元
ISBN 978-7-112-19585-5
　　（28663）

版权所有　翻印必究
如有印装质量问题，可寄本社退换
（邮政编码 100037）

目 录

导言：使用本书指南 xi

第一部分 开始 1

第 1 章 向建筑信息建模的心理转换 3
BIM——用于设计的整体建造方法 3
CAD 与 BIM 6
CAD+ 规格说明 =BIM 8
结论 10

第 2 章 内容层次结构 11
了解材料、对象、组装和项目 11
什么是 BIM 对象 12
什么是 BIM 组装 13
什么将植入对象和组装？ 15
什么是一个 BIM 项目？ 16

第 3 章 了解参数、属性和约束 17
参数 17
约束和条件 24

第 4 章 标准和格式 27
标准和格式的目的 27
MASTERFORMAT® 29
UNIFORMAT™ 32
OMNICLASS 34

第 5 章　从哪里开始 43
材料、组装、对象和详图是什么？................................ 43
实施组件：主要、次要、三级 49
数据管理概念 51
命名约定 52

第二部分　BIM 内容基础 55

第 6 章　基本的建模考虑 57
细节层级——AIA 的 E202 和 LOD 概念 59
代表性建模 62
使用实体建模工具 64
参考线和面 68
尺寸和公差（Dimensions and tolerances）................ 69
为冲突检测开发内容 71

第 7 章　材料的创建与管理 73
BIM 材料是什么？... 73
材料为何重要 75
数据——材料里面是什么？... 77
外观与渲染 80

第 8 章　CAD 导入与非参数化对象 83
导入 CAD 文件——优点和缺点 83
非参数的和半参数的对象 85
总结 86

第 9 章　BIM 数据：BIM 中的"I" 87
要添加的信息类型 90
数据输入方法 96
数据使用 97

第 10 章　质量控制 101
　　质量控制程序 102
　　针对质量控制进行员工教育 109

第 11 章　知识管理 111
　　什么是知识管理? 111
　　知识经理 115
　　新文件和交付 117

第 12 章　BIM 数据和说明书 121
　　不断变化的说明书规矩 121
　　用于 BIM 的标准与格式 122
　　组织 BIM 数据 123
　　过程自动化 130
　　规格说明书编辑的角色演变 131
　　不断演进的规格说明书 131
　　改变规格说明书编辑的工作流程 132
　　结论 135

第三部分　BIM 内容类型 137

第 13 章　墙体 139
　　构造 139
　　注意事项 141
　　图形 142
　　材料 144
　　数据——属性与方程 145
　　应用——使用信息 148
　　墙体组装及其属性组的例子 149

第 14 章　屋顶 151
　　构造 151
　　注意事项 153

图形 154

　　材料决定屋顶 155

　　数据——属性与公式 155

　　应用——使用信息 157

第 15 章　地板和顶棚 159

　　构造 159

　　注意事项 160

　　图形 162

　　材料 163

　　数据——属性、约束和方程 164

　　应用——使用信息 166

　　典型的地板和顶棚组装以及它们的属性 168

第 16 章　窗户与天窗 169

　　构造 169

　　注意事项 169

　　图形 171

　　材料 175

　　数据——属性、约束和方程 176

　　窗户和天窗组件例子及其属性组 178

第 17 章　门 179

　　构造 179

　　注意事项 180

　　尺寸 / 尺度 181

　　性能 182

　　图形 183

　　材料 185

　　数据——属性、约束和方程 185

　　应用——使用信息 186

　　门属性例子及其属性组 189

第 18 章 楼梯和栏杆 193
构造 193
注意事项 196
图形 197
数据——属性和方程 198
楼梯和扶手组件及其属性组例子 200

第 19 章 幕墙和店面墙 203
构造 203
注意事项 206
图形 207
材料 211
数据——属性、约束和方程 212
幕墙与其属性组例子 213

第 20 章 仪器和装置 215
构造 215
注意事项 217
图形 220
材料和装修 221
数据——属性和方程 222
仪器与装置组件及其属性组的例子 223

第 21 章 灯具 225
构造 225
注意事项 226
图形 228
材料 229
数据——属性和公式 230
应用——使用信息 231
灯具组件样品及其属性组 233

第 22 章　机械、电气和管道组件 235
构造 235
注意事项 236
图形和连接 239
附件和配件样板及其属性组 244

第 23 章　场地和景观组件 247
注意事项 247
图形 249
材料 251
数据——属性和方程 252
场地组件及其属性例子 253

第 24 章　细部和注释 255
注意事项 255
图形 258
数据——从属性到注释 259

第 25 章　群集 265
什么是一个群集？ 265
建立群集 269
质量控制——提示和最佳方法 273
群集类型 274

附录　OmniClass 表格 49——性能 279
索引 317

导言：使用本书指南

了解建筑信息建模

什么是 BIM？无论是指建筑信息建模（Building Information Modeling）还是建筑信息管理（Building Information Management），BIM 是一种技术，它改进了结构设计和建造的方式。就像 CAD（计算机辅助设计）改进了手工绘图一样，BIM 正在改进 CAD。不同之处在于：除了建筑师之外，BIM 还包含了众多的项目参与者。采用了 BIM，建筑师进行设计和详图绘制、规格说明书编辑进行文件归档、承包商进行开发的速度均得到了极大的提高。业主和设备经理也能在预测和预算中获得巨大收益。

最初，BIM 被认为是一种以三维方式、采用组件而不是线段的设计工具。在其演化过程中，它发展极快，已成为一种用于模型分析、冲突检测、产品选择和整个项目概念化设计的工具。正像航空和汽车工业发展交通工具的数字化样机一样，建筑、工程和施工行业（Architectural, Engineering, Construction，AEC）如今也可以在花费第一个美元或铲起第一块土之前提供一个建筑物的数字化模型。

作为更好的工作工具，BIM 无疑解除了 AEC 团体工作中的烦恼。尽管每一组件还没有精确到最后一颗螺栓，颜色也没有完全匹配，但 BIM 提供了在特定情况下设计和建造一个特定项目所必需的细节，并在远高于过去所能获得的细节层级上分析这个设计的优缺点，确定特定的行动方案。直至最近，BIM 项目中的组件本质上还是通用和简单的，它更像一个特定项目中所使用的组件的符号，而不是它的一个精确复制品。随着软硬件技术的发展和参与的制造商的增多，它的细节层级和信息量也在提高。

工业发展的趋势决定了在项目上应用 BIM 的必要性，制造商越来越多地参与到 BIM 中。这不仅提高了产品信息的精度，也随之提高了项目的精度。BIM 的最大优点包括：选择产品时的分析能力、根据组件尺寸进行空间布置的能力、在许多情况下对最终空间实际效果的精确想象能力。

关于 BIM 的基本定义

- 建筑：任何结构、项目、系统或空间；

- 信息：通过交流收集或获取的特定事件或主题的知识；
- 建模：创建一个系统、知识或设计的概要描述，用于说明其已知或推断的性质以对其特性作进一步的研究；
- 管理：某事件的组织和控制；
- 建筑信息：可用于给定项目、系统或单元的知识；
- 建筑建模：通过视图或图形表达的方式对结构、项目、系统或空间的描述；
- 信息建模：对一个设计的属性的描述，用于进一步研究其特性；
- 建筑信息建模（BIM）：一项技术，将与建造环境相关的图形或主题信息存储于相应的数据库中供存取和管理；
- 建筑信息管理（BIM）：对包含在建筑项目内的所属数据进行收集、组织、分析和发布。

本书读者对象

AEC（建筑、工程和施工）联合体里的设计专业人士可利用本书知识最好地实施其BIM策略。因为每一个公司工作方式不同、每一项目都有其自身需求，AEC专业人员可以开发一套内部标准，它建立在当今正在使用的广为接受的方式和原则基础上。通过在现行标准基础上开发新的BIM标准，可以使学习过程更顺利、办公室之间更具内部可操作性。

AEC联合体实际上有责任从一开始就创建、布置和管理内容，早期在内容创建上投入的精力越多，整个过程中所需的工作就越少。一个建得很好的窗户对象可以贯穿整个软件，仅需对选项、下层产品和性能数据进行定期修改。对于许多人来说管理数据是烦琐的，因为必须保持数据在规格说明书、技术参数表、CAD详图、网页以及现在的BIM对象之间的条理性和一致性。

人们必须考虑如何在全过程中管理这个信息。如果没有一个专门被授权的维护信息的职员，也可通过一个像ARCAT.com或Sweets这样的服务商购买或获得BIM内容。这些服务商在众多产品目录中组织了很多制造商，可从单一来源定位和下载产品，而无须逐个网页地搜寻特定的组件，当时间紧迫时这一点尤为重要。当从一个制造商或内容库里下载一个BIM内容时，必须重点考虑它的创建方式、图形大小和质量、信息数量和精度以及模型的更新性等。

并非所有内容都创建得一样。很多容易访问的模型缺少大量的产品信息，也没有对于所创建模型进行分类和过滤的格式。不管模型是否是内部的、外购的或免费下载的，如果没有一个适当的恒定的开发策略，其提供精确的大量的输出和计划的能力将大大降低。几何图形是大多数BIM组件的可见部分，但不一定是最重要的。尽管模型整体的图形是关键的，但某些产品不一定需要精确的图形，因为对它们的选择和规定是基于其性能而非外观。绝大部分机械和结构单元，以及很多其他建筑单元都属于此类。图形类型和信息水平是由专门服务于某特定项目的公司所确定的，有其自身的需求和利益。并非所有项目均需创建一个真实的完整的模型"数字业主手册"，但是就内容而言，拥有细节和数据但不使用它们总好于需要但不拥有它们。承包商是建筑信息模型化发展的动力。承包商、分包商、造价师、供应链中的人员均感受到了 BIM 使建筑工业整体产生的一些巨大进步。常常看到总包商拿着一套二维图纸，在开始施工前创建一个模型以证实结构的可建造性，同时对模型进行分析以逐步推进和评估该项目。

BIM 软件有执行冲突检查或"碰撞检查"的功能，它可探测两个单元的空间位置是否互相冲突。如果一个排水管以任何长度穿越一个楼板，它将下倾以允许水流动。如果当水管试图穿越到结构单元下部或当水管与结构单元相交时没有清空结构单元，就探测到"碰撞"并提示用户。当处理二维图纸时很难认出也很容易漏过这类设计冲突。与传统设计方法相比，这类冲突的确定每年可为承包商与业主节约大量的费用和时间。

逐步完善一个模型使承包商得以数字化记录进展和相应地逻辑性安排计划。当产品被带至现场时，需要仓储设施以在它们安装前予以保管。在安装它们时，设计一个特定的工作流程以确保分包商顺序工作而非挤成一堆。在一个 BIM 模型里逐步推进项目使承包商找到最近的和最合适的仓储位置，同时找到一些工作模式，以节省用于搬运设备及材料的额外时间和精力。

BIM 数据可使承包商通过自动统计支出量而简化预算，执行碰撞检查以确保设计是可建造的，并最大限度减少差错和订单改变。建筑产品是每一个建造项目的建筑单元，因而也是 BIM 项目的建筑单元。BIM 不仅可提供产品市场化和销售的新渠道，还可简化供应链和销售人员处理产品订单及分配的过程。通过构思模型内的真实产品可确定其尺寸并考虑其美学效果，当产品放置在项目内时，可统计它们的数量并将其组织成清晰的目录。可以列出产品之间的差别细节，并将其他数据和联系信息的链接植入模型以备索引。

BIM 和 CAD 的功能和目的均不同。制造商产品的 CAD 图纸显示了最终的全部细节，而 BIM 是为建筑师和产品实施人员的利益而设计的。这就使产品的图形表达完全限制在建筑师为设计和实施所需要的信息范围内。创建产品模型时，很重要的一点是认识到它们不是完全精确的产品复制品，而是代表组件所占据的总体空间的符号。主要的外形细节以图形显示，而次要细节可在模型中显示为数据或在认为不必要时完全忽略。考虑组件与整体项目相关的尺度比例。一个通用的拇指原则是：对一个离安装位置 10-15 英尺外观察时可见的单元建立图形模型。

对制造商而言，数据决定 BIM 的成败。当模型内图形较重要时，制造商期望看到其指定并最终安装在项目里的产品。当我们不能统计所使用组件的数量或者甚至不能确定其名称时，以 BIM 格式提供模型与直接使用软件提供的符号无异。使用实际材料、具有实际尺寸的真实产品的身份信息仅仅是一个好的 BIM 组件的起点。通观本书，我们都将讨论所必需的附加信息的类型，如何使用它，以及为何它必须与模型相关联等。

这里要提醒制造商不要将成本信息添加进模型，因为价格一直在波动，并且自模型建立至实际可施工一般需要数月甚至数年。在某个组件中添加成本信息很可能会制造麻烦。也不要考虑与项目相关的安装或劳动力成本，这些最好留给造价师，他们会利用模型进行成本预算。另一个关于成本信息可能犯的错误是没有对项目中所有组件标记成本信息，这种情况下总价将是不准确的。在一个 BIM 内最好的估价方法是基于项目所使用的组件进行单位面积的估价。借助适当的 Uniformat 和 MasterFormat 标准进行组件的组织可使成本信息很容易从模型中导出。可以向业主和设备经理提供设备的"数字业主手册"，使其能够对设备进行定期维护、更换时间预测和费用评估，同时跟踪设备全寿命周期的使用情况。设想一个用户界面，允许我们点击一个特定的灯具进行开关操作，或者找到一个发出警报的防火报警器最近的摄像设备。这些都开始于一个实体 BIM，它使用包含合适信息量的实际组件开发而成。

不管使用何种软件或者包含于模型中的信息量有多少，任何 BIM 都将可提供项目内组件的尺寸、形状和位置信息。至少，可得到面积及单位数量以供分析。添加用于项目中的特定组件的属性信息可进行更细化的分析，也可获得更精确的用于推算成本和替换信息的基础。基本上，植入模型的信息越多，可进行的分析就越详细。

本书目的

《BIM 开发——标准、策略和最佳方法》的撰写考虑到了所有基于 BIM 的项目成员。本书旨在帮助所有成员——建筑师、规格说明书编辑、承包商、设备经理和业主——开发和利用 BIM 内容。项目中所有成员充当了不同角色，并且需要不同的信息以完成其各自任务。建筑师和设计团队对于创建模型是责任最大的，模型信息的下游用户同等重要。使建筑师能够通过模型将信息传递给下游用户的创建工具，同时将与项目相关的所有人整合进一个团队，团队中所有成员都从 BIM 技术中受益。下图显示了一个在项目周期内信息逐级传递的典型层次结构图。

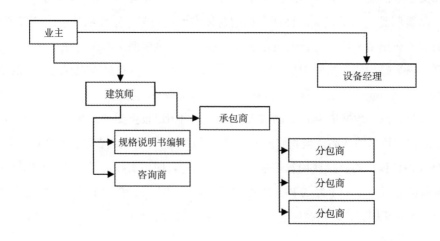

本书无意成为某一软件平台的指南导则，而是希望成为一本所有 BIM 软件最优应用方法和原则的参考导则。每一类软件均有其优点和限制，根据本书的方法和原则，我们可以拓展关于软件选择的知识并应用于给定情况。

每一个公司和每一个项目均不同，所以并非任何人都可将本书每一部分应用于一个特定项目或一个特定实践。由于给定情况的信息水平和必要细节是变化的，所以本书的方法是实现菜单化，适用于不同类别的内容开发详情以第三部分的既有格式进行组织。内容开发的基本概念从这样一个角度实现：在功能性和精确性之间平衡从而为每一项目成员提供最有效的 BIM 解决方案。考虑如何开发所采用的材料、所画的几何图形、一个单元的给定类别所必需的数据和信息类型，以及有效利用单元的可能方式等来看待内容类型。

内容的管理和组织是创建 BIM 组件的基本方面。一旦组件被创建，只要关于产品的信息维持流通，就可重复利用它们。每当一个产品或一个系统的性能价值有改变，或每当一个产品或选项从制造商供应清单中添加或删除，模型必须相应地改变。维护这类信息不是一项容易的工作，所以关键是对组件的长期功能保持一个清楚和简单的产品信息的组织结构。

很多组织都有关于信息管理的工业标准和格式。对建筑行业，CSI MasterFormat 和 Uniformat 是最广为接受的格式。它们在一个结构内基于建筑单元的工作成果和类型进行建筑信息的组织。就 BIM 而言，像这样的标准和格式可以提供快速访问过滤，借助它可以快速和容易地分类和组织大量信息。这些格式所组织的信息对于确定选择*什么*产品是必需的，但不能说明这个产品而不是其他产品*为什么*和是*怎样*被选择的。这类信息对于确定在特定的一组条件下使用哪些产品是必需的，所以为管理这类信息可获得并且正在开发更多的格式。《BIM 开发——标准、策略和最佳方法》提供了对已有的不同标准、在 BIM 内容中怎样以及从哪里来执行它们，以及一旦标准被添加到 BIM 项目中怎样利用这些信息的一个深入的了解。

纵贯全书，你将发现提示，它将帮助你决定放置什么在组件中，怎样考虑它的发展，以及某些情况下它是否真正是必需的。

BIM 的将来

建筑信息模型被组件或用来建造它们的*内容*所驱动。一个 BIM 项目的最贴切的描述是待建造建筑物的数字代表或数字样品。使用真实世界的产品使我们可以在建造前分析建筑物的性能和美观性以确认其设计意图。执行这类分析的能力主要取决于进入内容的细节层级和精度。这一点连同本书讨论的其他内容构成了一个 BIM 项目与传统的基于 CAD 的项目的区别。

墙体、地板、顶棚和屋顶是组成建筑物核心和外壳的基本组件。这些单元携带了确定和勾勒结构空间以及建筑物所采用的整体形体等必要信息。组件性能方面使用的局限性决定了为何选择一个特定的构造，除图形方面外，组件还有能力携带有关其独特构成或组成的信息。

机械、电子和管道组件用于在建筑物内建立整个系统，它可根据暖通空调系统（HVAC）的负荷计算来进行功能强大的分析以平衡电路板、布置最有效的国产水电保护系统。可以清楚说明所使用的从最长管道到最小配件的组件，这大大简化了预算过程。然而，所有这些分析取决于内容创建的合理性和格式化。

除一个建筑物的内核和外壳及其所包含的系统外，还有一些组件集成形成了建筑物。门和窗户、仪器和装置、家具和设备，以及照明设备等产品提供了实际建筑物的一个构思以及用于选择产品的信息。基于特定的性能准则选择和指定门窗通道，这些通道影响了基于这一准则的建筑物整体能耗性能。在模型中嵌入性能数据，使设计人员可以基于使用过的实际产品主动地详述和分析模型。允许设计人员尝试使用不同产品并测试其性能，可以使产品的选择和指定变得简单。

最后，BIM 是一项技术，它不仅允许我们创建一个项目的可视化模拟而且在建造前可以为我们提供一个建筑物的数字样品。如同喷气式飞机必须在其完全被测试后才可以从组装线下线，BIM 允许在施工第一根桩之前对建筑物进行建造和测试。如果没有用于模型分析的合适内容，就会形成一个瓶颈。目前，许多内容受限于可以利用的实际的性能信息量。在本书中，你会发现许多在模型中添加信息的提示、窍门、最佳方法等，可以在不使整个项目过载的条件下提高其功能性。

第一部分

开始

第1章

向建筑信息建模的心理转换

BIM——用于设计的整体建造方法

建筑信息建模改变了今天建筑师、工程师和承包商的工作方式。它促进了项目团队成员间的合作，开启了其他成员在大量开发工作发生之前在设计中加入相关信息的大门。在传统的二维图纸中，设计及文档资料的分离体现在：一个窗户和一个墙体、一个墙体和一个屋顶、一个屋顶和户外之间是没有实际关联的。BIM使得设计被看作一个整体，而不是出现在手工创建的目录中的一个个组件。

设计过程不再包含代表和包围空间的线段和代表建筑物组件的符号。不是画一系列的线条来代表墙体位置，而是能够把墙体作为一个单元直接进行绘制，承载与它有关的所有组件和层。在地板、顶棚和屋顶存在的区域绘制它们，可以添加特定的坡度、厚度、类型并识别每一组装的组件。不是使用符号来代表项目中的建筑组件，如窗户、门、仪器和装置等，而是在其合适位置放置组件的图形代表。通过逐渐完善这些组件可以了解在一个项目中如何放置它们、它们是什么以及它们如何与项目中的其他单元相关联。

像窗户和门这样的开孔是放置在墙体中的单元，允许光线、交通以及某些情况下空气的通过。当窗户和门放置进项目时，根据其所占据的毛开孔从墙体中移除特定的体积来逐渐完善它。因为窗户和门一般不如墙体厚，可允许用户通过一个逼真的建筑透视图以不同三维视图观察开孔或穿过开孔进行观察。当组件被放置进模型，体积从其主组件中移除时，这种情况下说明是墙体，信息被储存进软件，供以后重新获取。可标注每一组件的类型和数量，以及它们的尺寸、面积和位置。可以利用这类信息实现项目的可视化和构想，还可在项目早期

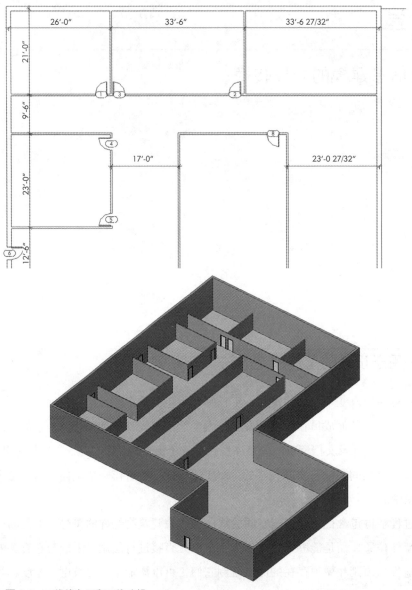

图 1.1 二维线条图和三维建模

进行单位面积成本的预算以及投标时更精确的报价。图 1.1 描述了二维线条图和三维建模之间的关系。

在项目的早期阶段，项目中最重要的单元是墙体、地板、屋顶和开孔。这些单元决定了空间如何划分、如何进入、哪里有自然光线和可见性，以及其位置布置的优点和缺点。在添加大量组件以完成整个设计前，在模型中添加这些核心单元可进行初步设计或方案设计的分析。在许多情况下，此时甚至可不建立内墙，因为 HVAC（暖通空调系统）组件、管道和电线通常优先于内分隔的位置。每一项目的设计过程不同，正像每一个项目的目的、设计规范系列、施工方式不同一样。建筑信息建模使建筑师和工程师具备以其所常用的方式进行设计的灵活性，但也使他们具备更强大的工作工具、更智能的设计平台，以及随时进行设计分析的能力。

计算机辅助设计（CAD）和建筑信息建模之间最显著的差别是三维工作方式方面。当我们转换到以三维方式工作时，大脑马上连线以三维方式思考。对一些人，需要努力，而对另一些人，这是第二天性。最终，提交给承包商施工的最终方案是纸面上二维的。然而，在设计过程中所创建的模型可以从任何角度任何位置观察。这使业主和设计人员能够在施工前精确地看到将建造的部分，确定空间关系和决定给定房间或空间需要多大面积等。三维构思和高分辨率、照片级别的渲染图已成为设计模型的功能。这些非常鲜明的实用成果可实现建筑项目数字化原型的产业化、可肯定设计意图，以及可视化地对设计预期予以确认。

如前所述，可以从任何所需要的角度观察被创建的模型。所有这些视图均是模型被创建起就具备的功能，也能基于设计变更进行自动更新。如果我们在平面视图中放置一个窗户，当看立面图时，它将出现在对应的位置上。如果我们在三维视图中放置一个照明装置，在看平面视图时它将出现在其对应位置上。这就无须像使用传统CAD软件那样手工创建一个完整的视图系列。也可创建仅考虑特定组件的视图，允许特定行业图纸的快速生成，它可应用于结构、电子、管道或其他项目要执行的工作。这大大降低了创建图纸所需要的时间，增加了建筑师在实际设计过程中可用于思考的时间。建筑师的专业知识在于创造美和使美学效果最大化的能力。这样讲吧，下笔只是为了记录建筑师的设想并使之可视化，最终把建筑师的构想转化为现实，所以最自然的就是把表达设计所需要的工作量最小化。

一旦完成了项目的建模，就产生二维详图以真实描述整个项目过程中的过渡、界限、延伸和连接。在软件所未知的项目环境里，屋顶在哪里碰到墙体或墙体碰到楼板等，存在无数施工可能遇到的情况。因为软件不是天生就明白不同的设计准则和施工方法，我们只能依靠二维详图以传递信息。典型的是，对于重复类型的详图，要么手工绘制线条图要么复制附加的细部对象。规格木材和混凝土块的截面视图在整个项目中是一样的，所以与其每次重绘线条，还不如复制一个二维细部对象以代表剖视图。

二维视图中的另一个组件是用于指向所显示的不同材料和组件的注释或引注。借助于建筑信息建模，可通过添加特殊设计的注释来引注材料或组件来自动地生成关于组件和材料的信息。

尽管设计、施工、采购团队今天的工作方式没什么问题，但建筑信息建模促使工业界重新思考提交项目的方式。在传统的项目提交方法中，各专业成员间协同工作很少。*业主与建筑师共事。业主与承包商共事。建筑师与承包商共事。承包商与分包商共事。项目被设计与建造。*语言方面，这几个句子是独立的，各个句子独立地看均无问题，一起连读时它们是不

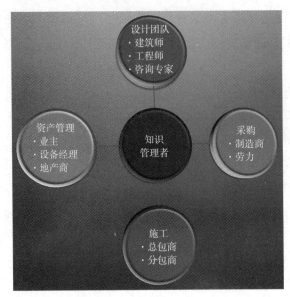

图 1.2　设计和施工协同工作方法

流畅的。任何类型项目的实情是一样的，协同工作越多，流畅性越好，进展越快。在协同工作环境中，我们可以读到：业主、建筑师、承包商、分包商协同工作，项目被设计和建造。这是项目整体交付或 IPD 的基本概念。

CAD 与 BIM

建筑信息建模与传统二维甚至三维计算机辅助设计技术相比具有许多优越性。CAD 的最初概念是能够快速和容易地绘制简单线条而不需在纸上反复思考和删除大部分图形。相对于手工绘图这具有巨大的优越性，并且极大地减少了形成设计文件所必需的时间。随着 CAD 技术的发展，使我们可以区分不同线型并且基于在给定视图中所需显示的内容将不同线段分类为不同的层，并且最终进入三维设计世界。当建筑行业从使用二维线条进行设计变化为使用三维实体时，游戏规则永远地改变了，进入了建筑信息建模阶段。

由 CAD 向 BIM 的技术转化使设计团体不仅能够看到一个单元在项目内看起来所像的样子，还能看到它是什么。过去在不同视图中表示为一系列线段的墙体如今是一个在它内部或它自身的组件。它携带的信息包括：组成组装的每一组件、组装作为整体是怎样工作的，以及甚至就相邻组件而言组装是什么等。墙体天生地确定了其如何连接于其他组件，以及其他组件如何与它连接。当在一个墙体内放置一个窗户时，墙体知道：它必须创建一个开孔；窗户知道：它只能够放置在诸如墙体这样的竖向物体里。

建筑信息建模打开了向模型里创建的每一组件分配属性的大门。不管它是尺寸、材料还是一个关于组件性能的非图形信息片，信息可以包含在组件内供访问、处理和检索。就像听起来那么简单，这个进步创造了设计和施工团体曾经经历过的最大成本效益之一。参数化技术使我们可以一遍又一遍地重新利用组件和线条，而不是针对每一项目重新去画它们。不必对每一种尺寸、材料和形式重新画一扇不同的门，可将属性分配到不同的尺寸、材料和形式。这些属性可以被赋值，它使单个的门组件可以代表适用于项目的无数的尺寸、材料和形式的组合。

除了图形外，建筑信息建模具备卓越的有效管理信息的架构能力。项目内的每个组件能够携带满足业主、设计团队、规格说明书编辑或承包商需求所必需的足够多或足够少的信息。在大多数情况下，除尺度和基本图形信息外极少甚至无须将其他信息添加进这些组件，因为信息通常与特定制造商的产品有关。建筑师无须为制造商创建产品信息，所以提供包含产品精确信息的模型的责任在于制造商。当添加产品的性能、用途、安装和使用寿命的相关特定属性时，建筑师可以通过几个不同方式利用这些信息：能够查询模型并提取用于编写施工文件和项目手册的信息；创建一系列的目录以描述模型的每个组件；承包商可以对模型分类以寻找与他们所负责工作相关的所需性能。软件自身具有利用内置于模型中的信息进行准则分析的潜能。可以分析与能耗相关的属性，也可进行建筑物中单个组件作为整体的结构性能、热工性能、规范满足情况以及其他一系列问题的研究。随着技术的发展，第三方插件软件使模型分析更好更精确，但仍取决于与单个组件有关的基本信息。添加进组件和整个项目的信息越多，随着时间推进可以进行的分析也越多。

在施工过程中很难发现两个单元冲突或"碰撞"的情况，因为设计并不考虑精确的位置。当使用二维方法进行设计时，用来描述项目的各种视图是不关联的，所以当处理诸如管道系统的组件时，很难精确地描述其高度和角度以确保其不与其他结构构件冲突。这样的"碰撞检查"技术，如图1.3所示，允许在施工前进行更精确的设计，将现场成本昂贵的工程变更情况最小化甚至完全予以消除。

建筑信息建模无疑解除了建筑和施工行业工作中的烦恼，但它并非没有不利和缺陷。如同所有新技术一样，需要一个了解新的工作方法和熟练使用不同软件的学习过程。那些在其大部分甚至整个职业生涯中已经习惯使用计算机辅助设计技术的熟练专业人士可能会抵触这一转变，直到他们了解这一转变所带来的所有利益。如同那些用手绘图的建筑师曾经对用CAD设计很抗拒一样，用CAD绘图的很多建筑师对BIM是抗拒的。外部力量如政府机关和规范委员会正在通过要求对特定项目或在某些地区使用BIM而使专业人士转变。在过去数年间，建筑信息建模经历了指数式快速发展。在此之前，曾有鸡和蛋谁先生的情况，建筑师在很多制造商能提供其产品模型前一直在犹豫，而制造商在建筑师开始使用他们所提供的模型前也一直在犹豫是否要提供。随后经历了一个相对缓慢的发展，直到达到这样一个临界点：足够多的建筑师和制造商开始把它作为一个主流选项。从那时起，制造商看到了获得组件的益处，

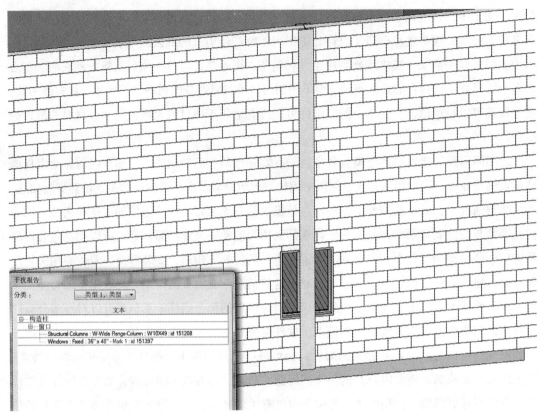

图 1.3 冲突检测分析

建筑师也发现他们在新技术和从模型获取的丰富的内容之间节约了大量时间。

CAD+ 规格说明 =BIM

简单地说，CAD+ 规格说明 =BIM。没有与组件相关的属性数据，我们还不如使用传统的 CAD。根据定义，CAD 是计算机辅助设计，不管它是基于二维还是三维进行操作的。BIM 是建筑信息建模，特别强调"I——信息"，这是两者区别所在。CAD 可以被定义为计算机辅助设计（design）或计算机辅助绘图（drafting），两者都强调这个命题的"计算机辅助"方面。BIM 可以被定义为建筑信息建模（modeling）和建筑信息管理（management），类似的，所强调的是"建筑信息"方面。

建筑信息建模的真正有价值的意义在于分析数据的能力。任何便宜的 CAD 软件均可提供一个项目的构想和可视化，基于单一模型的多个视图进行工作，这不是新的。较好的 CAD 软件提供了强大的基于设计团队需要的更方便的专业工具。但这些技术没有一个能够了解楼板和屋顶之间的差别，因为它们并无定义这两者差别的植入信息。

出于实用需求和目的，CAD 仅携带图形信息。有一些组织不同线型以创建其简单定义的基本方法，但 CAD 不具备了解它们与其他组件关系的能力，仅知道它们的空间位置关系。如果我们采用三维 CAD 技术并且将项目手册中发现的信息融入其中，我们就可分配或限制我们所创建的关系。我们可创建一系列的涂料和涂层，并且基于项目的 VOC（挥发性有机物）要求限制它们。我们可以创建一系列的墙体，然后基于热工性能限制它们。这样就能够创建可被一再重复使用并且携带特定要求的项目模板。例如，学校不允许使用包含 VOC 的产品。可以创建仅携带所应用产品的模板，或者创建经特别设计可显示项目所有组件所含 VOC 量的模板。也可能要求其他组件获得特定性能值，设计团队可能会选择拥有特定组件类型的制造商。将这类信息植入模型使我们能够在施工前很好地建造一个项目的"数字化原型"，分析其价值和误算，在铲下第一锹土前更正和改善设计单元。

BIM 的图形勾勒了组件看起来的样子。其详细说明携带了关于产品是什么以及它为何被选择的信息。在某些应用中使用某些产品总有正当理由。不管是基于项目尺寸进行暖通空调系统的排列还是基于其与海洋距离使用特定的屋顶防水金属面板，其后总有建筑师、工程师、规格说明书编辑或承包商决策的意图。我们愿意设想这些团队就其共同执行的项目一起协同工作，然而情况并非如此。信息可能是分离的，所以协助信息交换、创建单一信息来源参考点可使每个人都能获取正确的事实，即使他们不在同一办公室或甚至不在同一时间进行项目工作时。从设施管理全程的一般要求出发，建筑信息模型是一个符合逻辑的参考点，因为它能够携带与项目各方面有关的图形和非图形信息。信息植入项目越早，在项目生命周期全程中它就越精确和有用。

当今的建筑项目中，设计始于业主和建筑师。业主可以根据其需要和要求雇用一个建筑师来设计一个建筑物。在项目生命周期早期，关于特定组件和精确细节需作决策很少。采用建筑信息建模基于墙体、楼板和开孔创建建筑物的一个初步设计给建筑师和业主项目总体的一个大致概念。一般而言，用于方案设计的组件内不会包含信息，但是如果包含将会怎样？如果我们将项目看作一个线性发展而非一系列的台阶或阶段，将属性植入组件、但在需要作出决策前忽略其值会更有意义。这会实现设计全程中组件更换数量的最小化，从而使设计过程更为顺畅。相对于创建同一组件的五个版本来代表五个不同的细化程度或项目阶段，更为有效的是创建一个能基于已知信息量而进化的单一组件。例如，一扇窗户，可随着关于特定组件的决策从一个开孔变化为窗、铝窗、铝竖铰链窗、一个特定的制造商产品。这允许信息以一个滚动的方式添加，而不是在特定阶段，或者甚至同时一次性地添加。

组件的选择是很难的，通常要建立在其他相关产品的知识上。特定类型的屋顶保温层的选择必须基于所使用的屋顶防水层类型，它的连接方式必须基于其下基底材料的类型。所使用的屋顶防水层类型可能取决于项目所在地和业主需要。我们无须知道决策的所有信息片段，但是如果一开始就对模型规定硬性的项目要求，可以基于这些要求在较小的合适的产品范围内进行产品决策。

13 当基于一定情况研究产品的适用性时，建筑师和规格说明书编辑必须到处搜索以寻找能帮助他们进行决策的信息。通过以网络链接的形式在组件中植入其他信息源，设计团队将拥有强大的寻找所需信息的工具以确定产品是否适用于其设计。在项目早期，对一个建筑物外表面门窗的要求可能是不明确的。将链接植入到更多的特定制造商或贸易工业机构等信息将有助于以最小的努力获得合适的产品规格。关于产品的安装过程、采购、规范限制和维护要求等类似信息也可植入。

结论

当我们从计算机辅助设计转变到建筑信息建模时，我们需要明白这是一个长期的转变，它不仅有益于设计团队还有益于整个世界。BIM 允许我们对项目建立数字化原型，就像汽车和航空工业数年来已经做的那样。如果我们观察汽车工业利用数字化原型所获得的进步，我们将看到我们今天所拥有的具有更长设计寿命、工作性能更好、更省燃料的更安全的汽车。同样，对于建筑设计和施工，它将最终等同于建筑物拥有能够抵抗地震活动、极端气候甚至恐怖袭击的更好的结构整体性能。

通过分析模型信息，我们可以建造具有耗电较少、高效率和高性能的供暖制冷系统、使住户免于伤害的建筑物。无论对于改进室内空气质量、增加自然光线、提高建筑物内部交通流效率还是布置紧急情况下的疏散设施，建筑信息建模都是一个强大的分析工具。它承载了我们所知的设计和施工知识并将其传递给电脑，电脑又返回我们在决策时要分析和使用的结果。

人类会犯错误，但真正把工作搞糟还需要一台电脑。十分重要的是认识到 BIM 仅是一个较好的工作工具。它既不能代替经验丰富的规格说明书编辑的知识和理解力，他们才是产品选择的专家；也不能代替能够设计宏伟结构的建筑师。仍然需要工程师来设计结构、暖通空调、管道和电子系统。建筑信息建模创建了自动处理烦琐工作的工具，从而承担了很多设计外的

14 信息收集工作。软件不了解力、电子、水文科学，也不了解材料强度，但是能够运用那些知识精英所提供的信息，他们才是设计和使用给定产品的专家。

不应将 BIM 视为为工程选用合适产品的决策机器或"配置程序"，或者根据不同产品自动生成我们所需产品规格的工具。这些是宏大的设想，某一天人工智能或许会使建筑信息建模能从其错误中学习并且帮助进行产品选择。虽然那种技术或许能为整个设计团队不断提出建议，但我们要十分清醒我们是否需要。

第 2 章

内容层次结构

了解材料、对象、组装和项目

在开发内容前，了解材料、对象、组装和项目是如何相互关联的十分重要。这是 BIM 的支柱。对每一组件有清楚的了解使我们能创建一个更强的模型，它更有条理并能智能访问数据。

最常用的两类内容是对象和组装。对象是独立的组件，如窗户和门。组装是一系列的组件，它们共同工作以创建一个单元。墙体、楼板、屋顶和顶棚是最常见的组装例子，但是组装能够进一步扩展到楼梯、栏杆、排水管道、通风管道以及电线线路系统。它们两者间的基本区别是：在一个项目内它们被创建、管理和实施的方式。但是它们共享创建它们的材料的共同单元。

材料是所有图形导出的基础。它承载了使用于组件中每一实体的关于组成、物理性能和外观等的信息。不管它是结构钢、玻璃、木材、混凝土还是涂料，每一种都是具有独特性能的材料。一个真实项目中的钢、木、玻璃和混凝土不是真正的材料。它们每一种都有更多的特定描述性能，例如抗压强度、抗拉强度、遮阳系数；或者种类；以及具有特定的饰面效果，例如天然的、用半透明聚亚氨酯腐蚀的、浅青铜色的、拉毛处理的等。根据其特有价值可以对承载了外观和性能信息的材料进行分析与选择。这在处理墙体、楼板、顶棚和屋顶组装时是关键的，它们由多层材料组成，每一层具有与组装整体无关的性能。图 2.1 向我们展示了材料是怎样进入对象和组装的，这是 BIM 层次结构的基础。

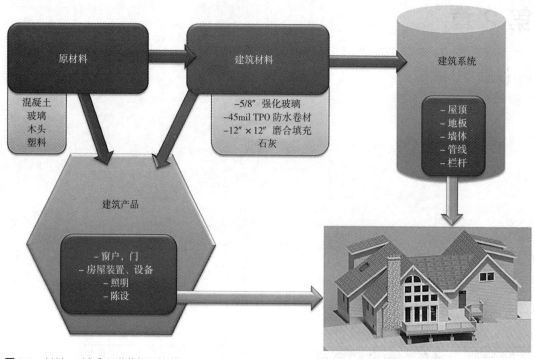

图 2.1 材料、对象和组装的相互关联

什么是 BIM 对象

对象是 BIM 内部独自工作的独立组件，它不依赖于待定的相邻组件。对象通常携带关于其身份、外观、性能和用途等信息并且必须携带设计、定位、规定和分析一个给定产品所必需的全部信息。此外，要添加有关组成对象的材料和组件的信息。对于一个窗户，要添加的信息或许包括操作或运行、玻璃类型和颜色、格栅、挡风雨条和硬件，以及任何其他的可能与窗户外观和功能有关的组件。

某些对象仅能放置在特定方位和位置。窗户和门总是放置在墙体内，镶嵌式灯具总是放置在顶棚内，天窗总是安装在屋顶上。考虑对象的实际应用及限制有助于发展那些胜任其角色的组件，并可避免用户因不小心而放错组件。在图 2.2 中，通常的窗户和门可能被设置为单扇或双扇的，或者可能有多个互相连接的单元。为了使对象能精确代表实际的应用，我们必须同时考虑它们的外观及它们使用、设计和安装的方式。

当对某些对象使用位置和方位限制时必须多加小心，因为可能存在这些限制不适用的独特情况。例如，很多时间一个吊扇安装在顶棚上，但是，某些情况下，它可能安装在屋脊下方的外露结构件上。一个支承在表面或"面"上的对象使风扇既可安装在顶棚上又可安装在结构件上。

图 2.2 通常的窗户和门对象

什么是 BIM 组装

几种材料和组件构成了组装,以提供一个使用方便的单元,这一单元的创建或"实例化"(instan tialed)是通过绘制包围一个区域的一根线条或一系列相连线条而实现的。当绘制一根线条时,就实用而言,它是一维的。一个给定组装的数据组中的插入信息将提供第二、第三甚至第四维。组装会携带其内不同组件的维度和属性信息,例如所包含的每一组件的从内至外、从此端到彼端的厚度和类型等。

独特的组件和材料携带其自身信息,它们不仅驱动组装还可以创建一次后被无数次反复地使用。组装的一个非常简单的例子是花生酱和果酱三明治。它由面包、花生酱和果酱组成。可将花生酱、果酱和面包创建为材料并携带其各自独特的信息。当组装它们时,这些组件将携带它们的集成信息。

对组装的任何微小变化将导致不同的组装。如果我们有四种面包选择:白的、小麦的、黑麦的或土豆面板,两个花生酱选择:颗粒的和奶油的,三种选择:葡萄酱、草莓酱和树莓酱,我们能够组合成 24 种花生果酱面包。如果我们再增加开放式三明治的可能性,我们将有 48 种组合,如果花生酱在顶层而不是底层,我们将有 96 种组合。

对于不同的组合,存在相应的三明治以及组成三明治的组件的信息。与所采用组件相对应的不同组合将有不同的数值。某些情况下它们是可添加的。如果我们想知道三明治的总卡路里和糖重量,我们可以累加每一组件中的糖和卡路里以得到三明治的总数量。在另一些情况下,信息是内在的,不能对所包含的组件累加数值来确定数量。例如,保质期不能根据三明治材料的保质期的和来确定。它是三明治整体的函数,是三明治的一个属性。图 2.3 为一剖面图，它显示了组装中每一材料的厚度和外观。

在书的后面，我们将讨论不同类型组装的特殊属性及其需要考虑的事项。

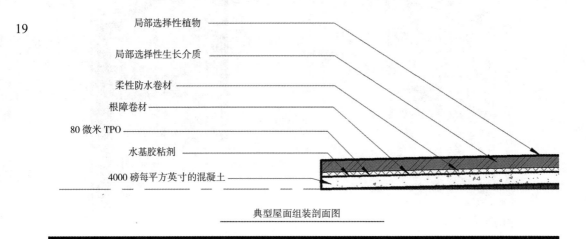

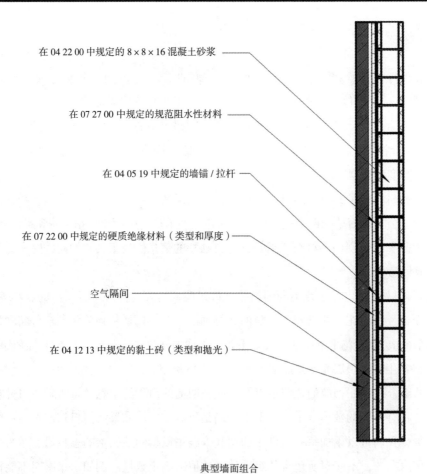

图 2.3 典型的屋面和墙体组装剖面图

什么将植入对象和组装？

图形

一个组装主要决定于用户放置它的位置和它的大小。一个组装的图形方面主要取决于每一组件层的厚度、内外表面的颜色和饰面，以及剖面图中的填充图案。除此之外很少与图形相关。

对象更多地由图形定位。对象有数组几何，通过它的组合创建形状和外观。组件的详细程度取决于许多因素，包括组件类型、项目中的位置（是否可见？）和总体尺寸。关于几何和组件类型的细节将在本书第III部分讨论。

数据和产品信息

一个对象或组装必须携带足够多的信息以精确规定一个实际产品。它必须使建筑师或规格说明书编辑不仅能确定产品是什么，还能确定为何选择它、它是如何工作的、谁对它负责任、它可被安装在哪里、何时应该安装、如何维护以及何时应该替换它等。这是一个对建筑产品"从摇篮到摇篮"的方法，可从设计到更换全程观察它们。

根据所考虑的信息，可将产品数据硬编码植入组件或链接于一个网页。它不必一定要植入模型。借助于远程信息访问技术，链接信息常常是维护数据的一个更实用的方法。软件为了分析所使用的数据总是需要直接取自模型，但是对更多参考信息提供链接通常更好。这样可在一个位置修改数据，而需要时模型可访问这个位置。

存在与所给组件有关的几类产品数据类型，很容易作如下分类：

- 身份——产品是什么？
- 性能——产品的工作表现？
- 安装——产品如何安装？
- 外观——产品看起来像什么？
- 生命周期/可持续性——产品如何维护？

还有其他产品数据的分类，但上述分类在很大程度上是最通用的，也是一个高水平的组织产品信息的好起点。在全书中，我们将看到不同产品类型的例子和与其相关的产品数据的类型。

一个BIM中的产品信息不同于一个组件的图形描述，也不同于材料、对象和组装的数字代表。信息必须限定为技术信息并且对于特定组件的选择、设计、安装和维护是必需的。

提示

在对组件添加数据前，先问，"谁需要这些信息？"

什么是一个 BIM 项目？

BIM 项目是用于实际项目中的所有组装和组件的顶点。如果设计项目的范围没有规定其必要性，用在项目中的组件是不必建模的。例如，针对一个商业的内装项目，我们可能看不到建筑物表面的任何东西，而在一个外形改造中，我们可能发现不了任何内部组件。设计团队、最终意图和 BIM 的使用决定了与一个项目有关的细节层级。

BIM 项目可应用于从体量分析和基本方案设计，到成本估价进度安排，到设备管理和项目分析的任何事情。我们从 BIM 中能获得什么完全取决于我们在其中植入了什么。这就是为什么包含在材料、对象和系统中的细节层级是非常关键的。这些细节构成了用于分析模型的数据，所以如果这个信息是缺失的或不正确的，就不能完成分析。

一个 BIM 项目是可以像数据库的方式一样进行搜索的。事实上，一个 BIM 与数据库仅在图形用户界面方面有稍许不同。许多软件也提供一个环境，使我们能够在不看图形的情况下看到所有数据。这使人们能够快速和容易地管理一个项目内的数据，不管他们熟悉或者不熟悉如何使用 BIM 软件。

在任意给定项目内，事实上可以查到针对一个特定组件的任何信息片段；我们能够发现其颜色、所在楼层、谁制造它、何时需要放置它、它在整个项目中的数量等。信息量仅受限于放入模型的内容，所以开发一个可被一再使用的组件质量库，类似于一个办公软件，对于提高设计团队的工作量十分关键。如果每一组件都赋予了项目模型分析所必需的属性，那么进行定期维护就可快速和容易地开发项目。

材料携带了与对象和组装有关的信息，对象和组装携带了与项目有关的信息。这是 BIM 的基本层次结构。组织和维护这些信息可能变得非常混乱，所以基本要求是集成一个管理信息的策略、采用相应的标准和格式，通常认为只有这样才能使模型的使用不仅仅局限于内部研发团队。建筑标准协会（CSI）颁布了一系列的建筑和施工行业所认可的标准和格式，这些标准和格式是对 BIM 信息进行分类的最有效方法。

第 3 章

了解参数、属性和约束

参数

什么是参数和属性？

字典将参数定义为一组物理性能，其数值决定了某事物的特性和行为。就建筑信息建模（BIM）而言，参数和属性是一系列的对组，它携带一个属性或名称以及与这个名称对应的数值。用参数组织信息的主要益处是，能够在不观看实际图形的情况下快速和容易地输入、访问、修改和提取信息。参数不仅能控制尺度，还能控制材料、颜色还有实际的规格和性能属性数据。

传统的基于软件的计算机辅助设计（CAD）和 BIM 间的差别在于向尺度赋值、赋予文本数值和其他信息片段的能力，它们在项目内可能是有益处的。当我们在一个 BIM 项目内时，参数使我们能够研究产品。设想一下看一个门或窗户并且基于传热系数、太阳得热系数、可供的颜色选项或性能数值快速地决定使用哪个。图形包含的强大信息可以帮助我们决定在模型中选择什么以及为何选择。信息能够从设计流动到规格说明，经过施工，再到设备管理。如果信息较早地植入一个模型，可以协助我们作出明智决策、选择合适产品来满足项目的设计要求。

最常使用的参数类型是长度或尺度参数。它被用来简化 BIM 对象的创建和管理。例如，一扇窗户或门，可能有数百个不同尺寸，如果使用参数，一个对象就可以代表全部。通过创建一个尺度并定义一个名称，如图 3.1 所示，可以赋予它一个或数个数值。通常而言，一个 BIM 对象可以有数个尺度参数，对一个给定的类型或版本，它们或许稍有不同。如果我们有一个称为宽度的尺度和另一个称为高度的尺度，所创建的参数都可被赋予独立的数值，但是

第 3 章　了解参数、属性和约束

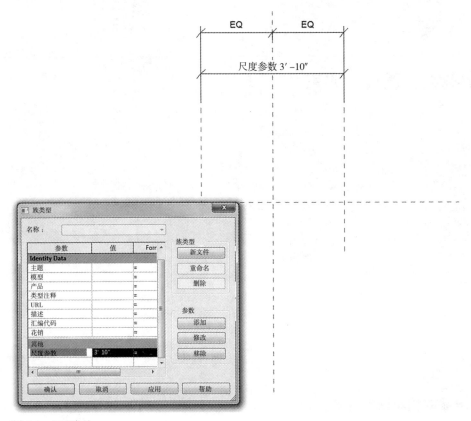

图 3.1　尺度参数

聚集在一起就创建了一个 BIM 对象的版本。

随着 BIM 对象的开发，我们在现实环境里处理现实的产品，所以同样重要的是考虑产品是由什么材料制成的。几何实体可以附着材料参数，它允许基于实际材料对一个对象的每个组件进行分类。在产品中使用的材料通常确定了这些产品用于何处以及为何要使用它们，它们是内容的基本方面。对组件简单地引出一个颜色是不够的，就像一个红色的门并不能给出它是木的、钢的或某些组合材料的指示一样。

这里是一个材料和尺度两者作为参数用于确定某物体的建造的一个非常基本的例子。就说我们正在创建的一个对象是一个简单的球。为了让球是动态的，我们必须添加少数参数进行调整以使其满足用户的需求。如果我们定义直径为 2 英寸，红颜色，橡胶材料，我们就创建了一个 2 英寸直径红色的橡胶球。因为这个对象是参数化的，我们可以快速和容易地把它转换为一个 1 英寸直径铣削成型的钢球，或者一个 2 英寸直径蓝颜色的塑料球。

在一个 BIM 内可能使用数个不同的属性和参数类型，我们在其后将讨论这些，但是其中最常用的是尺度和材料，因为它们决定了要发展的组件的外观。参数和属性可以基本上考虑为同一件事，这一点见仁见智。我更愿意把它们区分为：参数是一个图形或视觉特征的数值，而属性是不直接影响外观的信息特征的数值。长度是一个参数，因为它改变了模型的外观，重量是一个属性，因为它改变的数据是一个非图形数值。

参数和属性的类型

不同的参数类型用于不同的目的，与我们所使用的软件有关，它们被不同管理且有不同限制。除了考虑工程行业、专业和计算信息的特殊项目外的几个其他参数，如超链接、面积和体积等，大多数要开发的内容至少使用以下参数类型。

- *长度*：如前所述，像长度这样的尺度参数允许我们分配一个名称而不只是一个数值给尺度。这样得到的一个额外益处是在不同单位之间自动转换的能力。软件可通过编程在 SI 和公制单位之间转换，所以如果一个以英尺和英寸开发的对象被加载到以公制工作的项目中，它可自动转换为公制标注。

- *面积*：面积参数是进行模型内工料估算和估价的基本参数。很多情况下它是被自动确定的，但某些情况下，用户可能基于参数尺度发展一个算法来自动确定特定的面积。例如，为满足出入口规定，窗户需要一个特定的净开孔面积。如果没有创建对象的用户的输入，软件不会自动定义开孔面积。通过创建净开孔宽度和净开孔高度的参数，净开孔面积可以通过简单计算予以编程确定。

- *角度*：角度和坡度参数使我们能够创建一个尺度，它既能够识别一个坡度或一个角度，也能够改变一个对象相对于其周边环境的定位。它通常用于屋顶坡度，但也可用于其他地方如灯具、水管、排气管、楼梯和栏杆等。

- *文字*：文字参数是一种包罗万象的参数。它使我们能分配任何数值到任何属性。在处理那些软件分析不使用的信息特性、身份识别和属性时是最有益处的。从产品名称和描述到 ASTM（美国材料与试验学会）性能等都可列为基于文字的属性。

- *布尔值（Yes/No）*：Yes/No 参数或复选框主要用于开启或关闭图形，或者说明是否有一个特定的附件。这是一个在不明显增大文件条件下改变图形外观的容易方法。通常我们是通过开启或关闭几何而不是植入不同类型的图形来完成同样的工作。

- *编码*：编码参数使一个属性可以用小数位的特殊编码来分类，在许多情况下通过它可满足项目的需求。

- *整数*：整数属性通常用于排列或计算特定组件的总数量。它只能是整数，这是其与编码属性的区别。我们在处理计算时对这类属性的使用要十分小心，因为两个整数相除可能是分数或小数。

- *超链接*：超链接参数可使用户将一个动态链接添加到模型，它使软件能够使用默认浏览器自动开启一个特定的 URL（网址）。当我们试图添加会经常改变的属性信息时，这可提供巨大的利益。对于那些软件分析模型时不使用的属性，链接通常要比植入好。

还有其他类型的参数，它们更特别用于与某些组件类型相关的性能数值和物理特性。结构组件可能要添加力、质量、荷载或应力参数。灯具组件可能携带亮度、烛光、瓦特或色温。大多数这类参数对于所使用的软件是特定的，但都使用一个用于特定参数分类的统一计量单位。这使模型在一个统一意义上开发，使用户能在设计基础上基于性能或使用准则来确认用于他们项目中的组件。除非模型正在使用这些参数中的数据进行分析，使用它们通常是不现实的，简单地使用文本参数来传递信息更为容易。

使用参数加速设计流程

使用参数所获得的对设计流程的最大好处是可以将数值赋予一个距离而不是固定尺寸。当需要对组件的特定尺寸、材料或位置做决定时，用户使用选择参数可以设定一个任意数值而在作出选择后再快速改变它。用户通过它还能将可能的选择限定在一个特定组内。如果项目有数组楼板选项，用户可以对这些选择加以限制，并在一旦作出决定后从其中予以选择。一般而言，设计始于创建一个质量块，或拟建建筑物的总体形状。一旦生成了这个质量块，墙体、楼板、屋顶和顶棚是首批要添加进模型的组件。从这其中，要添加开孔，如门和窗户。这些开孔的所有尺寸不是一开始就知道的，所以添加可变的窗户和门可很快就作出选择，而无需额外的工作来改变放置窗户和门的墙的形状。

一旦添加了墙组装，用户可决定哪些墙体是可移动的或不可移动的，并且相应地锁定可移动的墙体。接下来，随着其他组件的添加，这将帮助用户决定哪些可以以及哪些不可以改变以适应项目的需求。内部承重墙和管道墙就是很好的例子。根据建筑物的结构和水暖设计，结构组件、排水管、通风管可能需要放置在一定的位置，这将需要墙体的放置考虑或包容这些单元。

在给定位置使用的窗户和门的类型或尺寸可能会根据其所在房间的用途、当地建筑规范、空间采光需要或业主建议等改变。在设计过程早期可能不知道这些决定，所以发展可以快速改变的窗户和门组件可以使用户对不同尺寸的外观和性能进行快速比较。除了尺寸之外，窗户的美学质量也必须是参数化的，这样就可以置换窗户的颜色和构造以确保窗户不仅满足性能需求还能实现设计意图。

当开孔放置在空间后，必须添加紧固件和配件以完善模型。将厨具、橱柜、家具、紧固件和配件等以所期望的组件形式添加进模型以填充空间。添加这些组件时，还要做出关于尺寸、形状和位置等的决定。这些决定可能又影响了关于墙和开孔放置的其他决定，所以通过对可能的解决方案加以限制可进一步获得参数的好处。通过了解哪些墙可以移动和不能移除，我们可容易地作出关于组件和开孔位置的决定。

一旦所有组件被添加到模型，可以生成一份目录，它列出了在给定分类或项目中的所有组件。因为每一组件的属性是参数化的，可以看、操作、快速且容易地以表格形式修改信息，

计数	识别			尺寸			性能	
	模型	制造商	描述	高度	宽度	深度	U Factor	SHGC
33x33 Circlehead								
1	33x33 Circlehead	Pella	Proline Circletop - 33" Radius	2'-0"	3'-0"	0'-6 9/16"	.31	.30
1	33x33 Circlehead	Pella	Proline Circletop - 33" Radius	2'-0"	3'-0"	0'-6 9/16"	.31	.30
2341								
1	2341	Pella	Proline Casement - 23"x41"	4'-0"	2'-0 1/8"	0'-6 9/16"	.31	.30
1	2341	Pella	Proline Casement - 23"x41"	4'-0"	2'-0 1/8"	0'-6 9/16"	.31	.30
1	2341	Pella	Proline Casement - 23"x41"	4'-0"	2'-0 1/8"	0'-6 9/16"	.31	.30
1	2341	Pella	Proline Casement - 23"x41"	4'-0"	2'-0 1/8"	0'-6 9/16"	.31	.30
2347L_2347R								
1	2347L_2347R	Pella	Proline Casement - (2) 23"x47"	4'-0"	4'-8 1/2"	0'-6 9/16"	.31	.30
1	2347L_2347R	Pella	Proline Casement - (2) 23"x47"	4'-0"	4'-8 1/2"	0'-6 9/16"	.31	.30
1	2347L_2347R	Pella	Proline Casement - (2) 23"x47"	4'-0"	4'-8 1/2"	0'-6 9/16"	.31	.30
2535								
1	2535	Pella	Vinyl Casement - Single Sash - 25"x35"	2'-4 3/8"	2'-0 1/8"	0'-6 9/16"	.45	.36
2947								
1	2947	Pella	Proline Casement - 29"x47"	4'-0"	2'-4 3/8"	0'-6 9/16"	.31	.30
1	2947	Pella	Proline Casement - 29"x47"	4'-0"	2'-4 3/8"	0'-6 9/16"	.31	.30
2947L_2947R								
1	2947L_2947R	Pella	Proline Casement - (2) 29"x47"	4'-0"	4'-0"	0'-6 9/16"	.31	.30
1	2947L_2947R	Pella	Proline Casement - (2) 29"x47"	4'-0"	4'-0"	0'-6 9/16"	.31	.30
3521								
1	3521	Pella	Proline Awning 35"x21"	1'-4"	2'-0"	0'-6 9/16"	.33	.30
1	3521	Pella	Proline Awning 35"x21"	1'-4"	2'-0"	0'-6 9/16"	.33	.30
1	3521	Pella	Proline Awning 35"x21"	1'-4"	2'-0"	0'-6 9/16"	.33	.30
3535								
1	3535	Pella	Proline Casement - 25"x35"	4'-0"	2'-8"	0'-6 9/16"	.31	.30
1	3535	Pella	Proline Casement - 25"x35"	3'-0"	3'-0"	0'-6 9/16"	.31	.30
1	3535	Pella	Proline Casement - 25"x35"	3'-0"	3'-0"	0'-6 9/16"	.31	.30
1	3535	Pella	Proline Casement - 25"x35"	3'-0"	3'-0"	0'-6 9/16"	.31	.30
1	3535	Pella	Proline Casement - 25"x35"	3'-0"	3'-0"	0'-6 9/16"	.31	.30
1	3535	Pella	Proline Casement - 25"x35"	3'-0"	3'-0"	0'-6 9/16"	.31	.30
1	3535	Pella	Proline Casement - 25"x35"	3'-0"	3'-0"	0'-6 9/16"	.31	.30
1	3535	Pella	Proline Casement - 25"x35"	3'-0"	3'-0"	0'-6 9/16"	.31	.30
3541L_3541R								
1	3541L_3541R	Pella	Proline Casement - (2) 35"x41"	3'-4 13/16"	6'-0"	0'-6 9/16"	.31	.30
Architect 3681								
1	Architect 3681	Pella	Architect Series 36"x81" Sidelight	6'-7 1/2"	3'-0 1/8"	0'-6 9/16"	.30	.30
1	Architect 3681	Pella	Architect Series 36"x81" Sidelight	6'-7 1/2"	3'-0 1/8"	0'-6 9/16"	.30	.30
1	Architect 3681	Pella	Architect Series 36"x81" Sidelight	6'-7 1/2"	3'-0 1/8"	0'-6 9/16"	.30	.30
Architect 7281								
1	Architect 7281	Pella	Architect Series 72"x81" Inswing Glass Door	6'-7 1/2"	5'-11 1/4"	0'-6 9/16"	.30	.30
1	Architect 7281	Pella	Architect Series 72"x81" Inswing Glass Door	6'-7 1/2"	5'-11 1/4"	0'-6 9/16"	.30	.30
FX2446								
1	FX2446	Heavenscape	Fixed Skylight - 24"x46"	4'-0"	2'-0"	0'-3 1/2"	.45	.55
1	FX2446	Heavenscape	Fixed Skylight - 24"x46"	4'-0"	2'-0"	0'-3 1/2"	.45	.55
1	FX2446	Heavenscape	Fixed Skylight - 24"x46"	4'-0"	2'-0"	0'-3 1/2"	.45	.55
1	FX2446	Heavenscape	Fixed Skylight - 24"x46"	4'-0"	2'-0"	0'-3 1/2"	.45	.55
FX4746								
1	FX4746	Heavenscape	Fixed Skylight - 47"x46"	3'-10"	3'-8"	0'-3 1/2"	.45	.55
36								

图 3.2 典型的组件目录

而不是看着键盘打字来改变每一橱柜的材料或每一窗户玻璃的类型。传统上,目录仅用于某些组件规格,如门或门硬件、表面处理、紧固件和窗户。借助于 BIM 技术,任何东西或每件东西都能够像图 3.2 那样编成目录,对添加进模型的每一组件可进行工料估算。无论是计算单元、平方英尺、长度英尺,通过显示被添加进项目中的组件,使用参数简化了估算过程。

用于模型分析和模型使用的产品属性

最终是设计团队承担在模型中添加属性的责任,因为是他们逐个放置了组件。模型创建后,模型可被规格说明书编辑、工程师、承包商、分包商、设备管理人员或业主使用。因为一个 BIM 项目有这样重要的后续作用,添加用于模型分析的属性十分关键。设计团队不应仅考虑对其自身重要的属性,还应考虑那些对将来可能使用模型的个人和团队重要的属性。

尽管提供这种水平的信息不一定是建筑师或设计团队的责任，但它确实重要并且在某些情况下十分关键。这是制造商进入之处。与作为使用者的设计团队相比，制造商通常对他们的产品了解更多。提供设计团队所使用产品的精确描述的制造商不仅为其自身服务还为参与BIM项目的全体成员服务。根据制造商关于产品的性能和全寿命评估的属性数据，设计团队可以根据项目条件选择合适的产品，规格说明书编辑选择开发规格说明书所必需的要点，承包商选择相应的产品安装点，设备管理人员或业主选择全寿命内维护产品所必需的合适信息。

如果我们看项目中的一个窗户，设计团队仅需要在图纸中适当放置窗户的宽度和高度尺寸。然而，BIM不仅仅是图纸，它不仅在平面或立面图中考虑外观，还考虑这个产品实际上是什么。为了传递这类信息，至少应与足以决定产品是什么以及产品为何被选择的固有特性一起添加材料和性能信息。根据项目所在地，可能还需要特定的热工性能，如U系数、R系数，或太阳能得热系数，或物理性能值，如透气性、渗水性或结构试验压力。这些常根据当地规范或能源要求决定，但这类信息也用于分析模型以决定不同组件的成本利益。

每一组件类别有其自身的属性组，用以决定组件为何被选择。在本书稍后，我们将深入每一类别并探讨常用于设计、规定和使用不同组件的属性。

在施工文件中使用属性

希望某天包含在BIM项目内的信息将根据实际放置在模型中的内容自动生成施工文件。开发能实现这一希望的系统不是一个小任务，尽管已经见到一些软件商开始尝试做这个工作，但还没有见到能够双向传递信息的软件。因为在图形和规格说明中的信息被假定是互补的，所以关键的是其中一个的改变能够自动影响到另一个。这意味着如果BIM改变了，规格说明也将改变。反之，如果规格说明改变了，BIM也将改变。如果在双向不起作用，就有很大危险：信息不精确，以及模型还是规格说明到底哪个是正确的。

随着模型所包含信息量的增加，所使用的文件类型也可能改变。虽然在可预见的将来仍需要一个传统施工项目手册，更为有效的是也在一个表格形式中捕捉信息。这可实现快速修改和快速比较，以及可人工或由软件分析信息。项目手册仍然是一个模拟过程，在此过程中规格说明书编辑需要从模型中移除信息来创建一个规格说明。随着这一过程自动化的应用进展，我们将看到规格说明书写者这一角色需求的减小和规格说明书编辑这一角色需求的增加。更清楚地说，一个规格说明书写者为满足特定项目的需要而书写文件，而一个规格说明书编辑有关于产品、系统和组装的更广泛的知识并可为一个特定项目选择其合适的组合。基本上，一个规格说明书写者将告诉我们什么，而一个规格说明书编辑将告诉我们为什么。

随着属性被添加进组件和放置进模型，规格说明书编辑可根据CSI MasterFormat组织信息，使用信息快速创建规格说明或基于这些性能准则规定产品。因为信息保持在模型内，在标书审核过程中，设计团队根据对等比较的规定数值事实上可确定特定制造商产品的适用性。当不同制造商的组件被拖放进模型时,产品目录可以显示在组件分类中的每一产品的不同数值并可使建筑师能逐行看每个产品与其他产品比较的优劣。一旦决定了使用何种产品,其他产品可以被很容易地置换掉,并删除掉未被使用的组件。保留在模型内的信息可被用于协助生成甚至创建用于建筑师项目手册的部分文本规格说明。图 3.3 说明了一个模型生成的窗户图形样本,对应的数据组,和可能的规格说明内容。

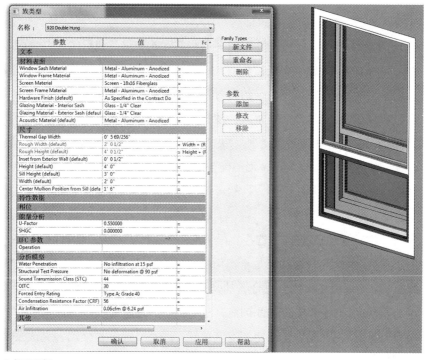

C. 铝双悬门
1. 选项:
   a. 冲击 / 爆炸 /hurricane(5 英寸框架 STC 到 44)暴露:B 级风速:3 区,130mph ASTM1886-02 和 ASTM E 1996-02.
   b. internal venetian blinds(6-1/2 英寸框架 STC 到 49)。
2. 性能
   a. AAMA/WDMA/CSA101/I.S.2/A440-05
      1) Rating:920H-C60 48 X 72
   b. 开启力:小于 45。
   c. 按 ASTM E283 在 1.57psf(75Pa)下测试渗气
      1) 模型 920H-C60 48 × 72:0.06cfm/ft^2
   d. 夏季水
      1) 模型 920H-C60 48 × 72:8psf 水
   e. 冬季水
      1) 模型 920H-C60 48 × 72:12psf 水
   f. 按 ASTM E330 测试的无损正 / 负结构试验压力
      1) 模型 920H-C60 48 × 72:变形 60,结构 +90psf/-90psf
   g. 通过至少 40 级的强行进入阻力测试,满足 ASTM F588 设置的要求
   h. 按 ASTM1503-09 测试的渗气率和 / 或凝阻系数
      1) 模型 920H-C60 48 × 72:
         a) CRF 框架:56
         b) CRU 玻璃:71
   i. 按 AAMA1503-09 测试的 U 系数
      1) 模型 920H-C60 48 × 72:0.47
   j. 声学:按 ASTM E90 测试 STC40—56

图 3.3 与一个规格说明部分匹配的一个 BIM 组件数据组

本书稍后将更详细地探讨 BIM 和规格说明之间的集成，但现在我们有这样一个粗略的了解：当前没有将这两者联结在一起的简单解决方案或容易途径。许多规格说明提供者包括作者的目标是创建一个规格说明界面使信息在一个规格说明和 BIM 软件间无缝传递。

约束和条件

什么是约束？

约束在一个项目中被用来将可能性限制在那些实际能获得的或可能的范围内。一个墙体可被约束在一个特定的位置使它不能被移动，一扇窗户被定位在两堵墙的中间，或一扇门可以被限制在红色、白色或蓝色范围内。约束对象可限制用户犯错的可能性，但如果添加了太多约束，项目就可能变得对计算而言很大，使软件运行缓慢效率低下。在项目内需做决定的每一次，软件需要重新计算每一决定，所以决定越多，用于计算的时间越多。因为这一原因，约束应该被限于那些对设计是必需的，而不能被用于限制制造商的产品选择。

BIM 软件可被用作一个条件引擎，当然可把组件限制到最大高度和宽度，但通常这是不实用的，因为组件重新生成和使用变得很慢。BIM 应该被看作一个工具箱，而不是一个决策引擎，因为它将限制用户创造可能的选择。尽管一个 3 英尺高 9 英尺宽的门是完全不可能的，但对门对象创建一个最小和最大约束是不实用的。为项目开发一个适当的组件应取决于用户的良好判断力。与约束尺寸相比，更合适的是创建所有可能尺寸的目录，或者当可定制时，创建一个文字符号标出组件可被创建的范围。

尽管约束应谨慎使用，但它们一定还有其位置。约束有能够被使用、应该被使用和绝对不应该使用的情况。在限制能够和不能够做时约束是有帮助的，但在它们使用户混淆时、不经意地限制变化时以及最坏情况下大大降低建模速度时它们是有害的。

最常使用的约束可能是等值约束。它使两个或多个距离相对于固定点相等。如果要在一个矩形实体中点钻一个孔，圆的中心点可定位在两个长度边之间和两个宽度边之间等距。在多个位置需要被合适排列的情况下，也可添加额外的参考点。等值约束的另一种形式是在项目层面。用户可以基于美学和平衡原则定位一个或多个组件。如果四个窗户间距相等地布置在一堵墙体中，但墙体长度尚未确定，用户可在每个墙体和每个窗户之间实施等值约束，这样不管墙体多长窗户间距总是相等的。

约束组件的另一方式是固定其位置或排列。一个几何实体可随另一个移动，所以将这两个组件互相锁定可使它们一起移动。一个很好的例子是窗户中的玻璃。不是显示一片玻璃的总高度和宽度，玻璃几何可被锁定到窗框，这样当窗框尺寸改变时，玻璃尺寸相应地改变。除非必须知道玻璃面板的总尺寸，添加尺寸参数到玻璃组件是不实用的。一个窗户的驱动尺寸通常是单位高度和单位宽度。第二级尺寸，如毛开孔尺寸和净开孔大小可从驱动尺寸导出，

参数	值	公式
约束		
minframedepth	0' 4 1/2"	= if(FrameDepth < 0' 3", 0' 3", FrameDepth)
glzht	2' 7"	= Height - 0' 1"
dblraftrhz	☐	= Width > 3' 6"
Glzwdth	1' 9"	= Width - 0' 1"
GlzThk	0' 0 7/8"	= Outboard Pane Thickness + Inboard Pane Thickness + Spacer Thickness
CldgHt	0' 4"	= minframedepth - 0' 0 1/2"
结构		
文本		
材料与饰面		
尺寸		
特性数据		
相位		
结构分析		
能量分析		
U_Factor	0.470000	=
SHGC	0.330000	=
ENERGYSTAR Qualified	N, N/C, S/C, S	= if(and(U_Factor < 0.601, SHGC < 1), "N, N/C, S/C, S", if(and(U_Factor < 0.601, SHGC < 0.401), "N/C and S/C", if(and(U_Factor < 0.7
IFC 参数		
其他		
Manufacturer Website	http://www.arcat.com	=
Manufacturer Phone - Toll Fr		=
Manufacturer Phone	(203) 929-9444	= "(203) 929-9444"
Manufacturer Fax	(203) 929-2444	= "(203) 929-2444"
Manufacturer Email	bim@arcat.com	= "bim@arcat.com"
Manufacturer Address	1077 Bridgeport Ave, Shel	= "1077 Bridgeport Ave, Shelton, CT 06484"

图 3.4 常用约束类型

并且在某些情况下无须显示在数据组中。在需要这些属性时，创建计算以确定它们通常比不得不改变多个组件尺寸并冒险犯错更为有效。

在极少情况下，人们可以选择通过创建完全定制的组件的最小和最大数值来限制组件尺寸。许多制造商提供任何尺寸的窗户，小到 16 或 32 英寸。创建一个包含每一尺寸的目录是不实用的，所以问题来了：我们怎样从一个有限范围内限制用户的选择？许多情况下，创建最小和最大值是不实用的，但是当绝对需要时，可以通过创建最小和最大参数以及构建一个允许超出范围的组件创建的条件陈述来实现。尽管这将降低建模速度,但这是制造商所期望的，因为它限制了出现设计错误组件的可能性。

图 3.4 展示了约束是如何被用于限制每一事情的，从最小和最大尺寸，或者两个尺寸等值，到开关图形或返回一个特定字符串到数据组的复杂公式。当一系列公式被创建时，一个参数可以在一个公式里参考一个或多个其他参数以改变模型行为。如果宽度是一个大于一特定数值的尺寸，图形可被开启或关闭。如果用户试图修改窗框深度到一个小于允许的数值时，软件将予以终止。约束参数也可锁定文字属性使它们在项目内不能被修改。

创建条件陈述

条件陈述被创建为一系列的"IF"语句，它驱动组件怎样出现或表现。一般而言，条件陈述只能控制尺寸、整数、编码或布尔值（Yes/No）参数。有一些例外，但绝大多数情况下只有这些参数是确实需要以这种方式进行控制的。简单的条件陈述可能只包含一个运算符，而一个复杂的陈述或许需要数个运算符和数个植入其内的陈述。简单的条件陈述可以被用来控制从能力到最小和最大尺寸到基于特定尺寸的性能数值的每一件事。当尺寸超出合理范围时，一个条件陈述可以生成关于最小和最大尺寸的文字注释，而不是终止用户创建这个尺寸。一个条件陈述还能基于尺寸打开特定图形，基于一个窗户的尺寸回馈其性能数值，或者基于组件的长度和间距确定组件数量。

可以生成能够控制数据和图形的复杂公式。图 3.5 中，通过公式计算一个天窗是否符合 ENERGY STAR 评定的要求。它要求植入对象中的 U 系数和 SHGC 属性，并根据经批准的规则引用它们。这只是计算类型的一个例子，能够发展它来约束一个对象。这个数值仅具代表性，不反映达到任何评级类型的实际要求。

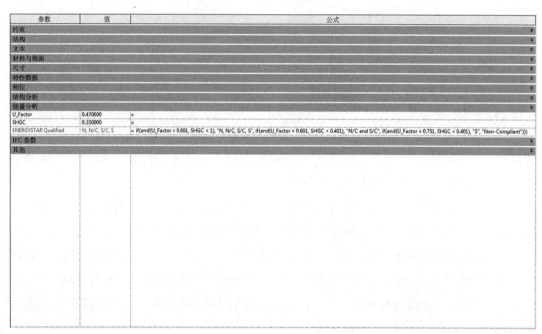

图 3.5 典型的条件陈述

If（and（U_Factor<0.601，SHGC<1），"N，N/C，S/C，S"，

If（and（U_Factor<0.601，SHGC<0.401），"N/C and S/C"，

If（and（U_Factor<0.751，SHGC<0.401），"S"，"Non-Compliant"）））

条件陈述能够做很多事，但是，如同约束一样，它们会减慢建模速度，所以仅当必需时才能使用它们。条件陈述允许模型内存在大量的控制。当添加如此多的控制时，有一个微观管理信息的趋势，它会导致显著变慢的模型。我们必须十分小心地选择我们要限制的组件的方面，因为全部限制它们将最终导致较慢的模型。

第 4 章

标准和格式

标准和格式的目的

信息的标准化对于适当利用一个建筑信息建模（BIM）项目内的信息是必不可少的。仅在模型中拥有信息是不够的。信息必须是普遍可理解和可访问的，否则，信息仅对那些最初将其植入模型的人员有用。建筑和设计术语的标准化分类使信息在专用术语意义上不可能出错地自由交换。

建筑术语可能使人混淆，也可能有用于不同领域的多重定义。盥洗室（lavatory）和梁（beam）是两个基本例子，分别见图 4.1 和图 4.2 所示。一个盥洗室可能是一个洗手池、厕所，或就是一个浴室，这取决于上下文关系。一个梁可能是一个结构构件或一个光源。因为数据库不明

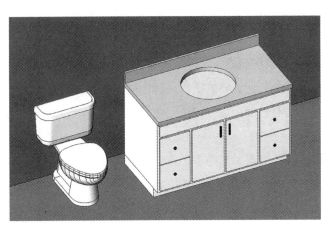

图 4.1 盥洗室的多重定义

图 4.2 梁的多重定义

白上下文关系，创建一组可接受的术语对于一个建筑信息模型内的信息管理是必要的。从可接受的术语出发，可将一系列的同义词或其他可替换术语联系起来以考虑白话和多重术语。

计数是标准化的另一个方面。它可实现容易的编目和数据访问。正像 Dewey Decimal System 是一种字母数字格式、它基于目录组织书籍，建造标准化协会（CSI）维护 MasterFormat 和 UniFormat，它根据所完成的工作类型和在项目中被安装的单元类型组织建筑信息。这些字母数字格式使数据库可快速和容易插入、组织和提取与特定行业有关的信息。信息的层次结构使相关数据的审视可建立在一个项目给定点处所必需的信息量基础上。

对窗户的一个符合逻辑的层次结构可被看作如下所示：

层级 1——开孔

　层级 2——开孔——窗户

　　层级 3——开孔——窗户——铝

　　　层级 4——开孔——窗户——铝——平开窗扉

在项目早期，设计人员或许知道在墙体中需要一个开孔，但不知道它是否是一个窗户、门、幕墙、店面墙或其他类型的开孔。随着项目进展，决定安装一个窗户。进一步研究决定铝合金窗对这个给定项目是最有效的。最终，决定窗户的开启方式，分析和偏爱规定了要使用一个铝合金平开窗。

一个单元进一步的特征决定了怎样作出选择以及为什么作出选择，但是广为接受的建筑标准不深入探查到各个层级。如 Omniclass 和 IFC 类的标准从 MasterFormat 和 Uniformat 停止处重新开始。那些感兴趣的成员在它们之间交换信息的能力依靠一组强大的标准和格式，它使信息可以从一个用户映射到下一个用户。如果我使用六位数 MasterFormat 编目系统来组织我的信息，但是如果需要接收信息的公司采用的是老的五位数编目系统，我们组织信息的能力就中断了。通过使用一系列的可接受的工业标准，使游戏规则一致，实现了所有数据的正确交换，不管我们使用哪一平台。

分类方法和命名惯例是标准化的关键方面。为了确保计算机无差错地正确读取信息，必须使用标准化的分类方法。术语和专业名词的编号是标准化问题的一个解决方案。一个号码就是一个号码与其采用什么语言无关，所以对特定类别或属性分配一个号码值可使它以极小的出错概率读入数据库。为编码系统发展一个语法也是基本要求。人们或许认为 08 55 00 与 085500 是一回事，但是一个数据库将读取数字间的空格并认为这两个数字是不同的。发展一个行业公认的用于命名和编码的语法将可维持一组可编程识别的合理的属性组。

目前有一系列的设计和施工行业应用的行业公认标准和格式。它考虑了正在执行的工作，在设计和项目中的施工单元类型，甚至还有被选择的单个产品。其他供建筑信息建模平台应用的格式也在发展中。最值得说明的是，MasterFormat，Uniformat 和 OmniClass 是一系列格式和标准化表格，它允许信息被捕捉和被组织，所以它既符合逻辑又具有可读性。与许多 OmniClass 表格相关的深化程度已超过设计和施工领域所需消化的程度，但它们搭建了更有效的信息交换及与项目相关团队间的更好合作的舞台。

MASTERFORMAT®

多年来 MasterFormat® 已被认为是施工信息组织的行业标准。随着项目的发展，将生成一系列的纸质文件对项目设计进行存档，提供应如何组装项目的指导手册。MasterFormat® 依据项目执行工作的各种结果而非产品自身对信息分类，使所有与一个单元的安装相关的工作一起存档。例如，Section 07 54 00——热塑性膜屋顶，可能包含所有用于屋顶集成整体的信息，而不仅仅是屋顶膜材自身。这使保温层、薄衬层或下垫层、紧固件、胶粘剂、碎石层、防水层及其他相关产品或组件能够与膜材列在一起，保持信息的整体性。

MasterFormat® 遵循一个特殊层次结构来组织一个建筑师的项目手册，这样可使他总是知道到哪里能发现他正在寻找的信息。总的格式自身被分解为两个基本组：采购和合同要求组，或 Division 00；规格说明组，包含 Division 01—49。Division 00 包含与项目整体有关而不是与项目的单个组件有关的引导信息、采购要求和合同要求。因为本书讨论的是 BIM 内容，所以有意忽略了与 Division 00 和 Division 01 有关的详细信息。将注意力集中在 Division 02—49 将使我们可以学到更多的组织结构、被使用的信息类型、规格说明和建筑信息模型组件。

规格说明组是与工作结果相关的一系列的 49 项条款。有五个分组，它根据正在进行的工作类型进一步组织从规格说明或建筑信息模型获取的信息。Division 01——总要求分组包含了基本项目、产品和用于所有围绕项目所开展工作的管理要求。如前所述，这类信息最好在项目层面组织，因为我们正在讨论建筑信息建模组件，有意忽略了细节。Divisions 02—19——*设备施工分组*将与项目施工有关的项目组件和所开展的工作进行分类，但不是将设备装置如水管、电子、暖通空调（HVAC）进行分类。Divisions 20—29——*设备装置分组*将项目内的所有与设备安装有关的工作进行分类。包括灭火、水管、HVAC、集成自动化、电子和通信，安全等设施。Divisions 30—39——*现场和基础设施分组*是一系列与项目相关的现场准备进展的条款。包括土方和开挖、外部进展、公共设施、交通和水工建筑等。尽管大量与分组相关的信息已包含在建筑师开始设计前就创建的模型中。Division 32——*外部进展分组*对应于大量项目外部使用的BIM对象。最后一个分组是Divisions 40—49——*加工设备分组*，它针对加工和设备而不是建筑组件，所以很少信息会从这个分组中添加进模型。

MasterFormat® 组、分组和条款

采购和合同要求组

  Division 00——采购和合同要求

规格说明组

  总要求组

    Division 01——总要求

  设备施工分组

    Division 02——现存条件

    Division 03——混凝土

    Division 04——砌体

    Division 05——金属

    Division 06——木材、塑料和组合材料

    Division 07——保温和防水

    Division 08——开孔

    Division 09——表面处理

    Division 10——专业

    Division 11——设备

    Division 12——家具

    Division 13——特殊施工

    Division 14——传输设备

  设备装置分组

    Division 30——保留用于将来扩展

    Division 31——土方

Division 32——外部进展

Division 33——公共设施

Division 34——交通

Division 35——排水沟和水工建筑

Division 36——保留用于将来扩展

Division 37——保留用于将来扩展

Division 38——保留用于将来扩展

Division 39——保留用于将来扩展

现场和基础设施分组

Division 30——保留用于将来扩展

Division 31——土方

Division 32——外部进展

Division 33——公共设施

Division 34——交通

Division 35——排水沟和水工建筑

Division 36——保留用于将来扩展

Division 37——保留用于将来扩展

Division 38——保留用于将来扩展

Division 39——保留用于将来扩展

加工设备分组

Division 40——加工集成

Division 41——材料加工和处理设备

Division 42——热、冷和干燥加工设备

Division 43——气体和液体处理加工、纯化和存储设备

Division 44——污染控制设备

Division 45——行业专用制作设备

Division 46——水和废水设备

Division 47——保留用于将来扩展

Division 48——电力发电

Division 49——保留用于将来扩展

在每一个 MasterFormat® 条款内，是一系列的部分，它的工作范围随着从层级 1 通过层级 2、3、4 的进展而变窄。每一对数字与包含在一个规格说明段内的深化程度相对应。层级 1，44

或者这个条款,将仅包含非常基本的信息,这个信息可能用于在本条款内所开展的全部工作。不是为了考虑本条款内全部工作而使规格说明变得非常巨大,如果你愿意,最好把它看作为一个高层级的仅包含与全部组件相关的信息的概述,对这一条款的总要求。层级 2 将条款范围变窄为专业化程度稍高的"段",包含应用于所给分类中全部工作的相关信息。在这个层级创建一个规格说明段将在这一工作类型的总要求和安装方面许可的情况下使大量的工作得以放置在一个位置。在这个层级创建规格说明和管理建筑信息建模数据通常将产生大数据组和较少的规格说明段和对象。在这个细节层级我们通常可看到 BIM 组件的有代表性的建模,或者代表本质上相近的许多产品的图形上简化的对象。这将在本书稍后不同章节再讨论。层级 3 是一个更窄的分类,它指出了关于工作范围的详细信息:

层级 1——Section 07 00 00——保温防水

层级 2——Section 07 31 00——木瓦和盖屋板

层级 3——Section 07 31 13——沥青木瓦板

层级 4——Section 07 31 13.13——玻璃纤维增强沥青木瓦板

近几年来,MasterFormat® 已有多次升版和改变。最值得关注的是 2004 年的大规模升版,它将编码系统从 5 位数改到 6 位数,以及非常特殊情况下的 8 位数。2004 年的扩充版还重组了整个结构,扩充了从 16 到 49 项层级条款的格式。这使 MasterFormat® 能更精确地包含一个建设项目中的各类工作。尽管许多建筑师和规格说明书编辑仍然在使用 5 位数的 MasterFormat® 编码系统,但建筑标准协会(CSI)已对其终止支持以推广更实用的 6 位数系统。更多关于 MasterFormat® 的信息,包括所有段编号和名称的详细清单和描述,可通过 masterformat.com 获取或直接通过建筑标准协会的 csinet.org 获取。

UNIFORMAT™

MasterFormat® 是依据工作结果对信息进行分类的,而 UniFormat™ 是基于一个项目内的单元对信息进行分类的。一个单元不只是一个单独的组件或产品,更多的是一起工作的组件的一个系列。墙体、楼板、顶棚和屋顶是最常用的单元例子。每一个组装都由几种材料和几个工作成果组成,它们其中任何一个都不能提供自身完成的组件。一个内隔墙可能由一边的两层 1/2 英寸清水墙、一个 4 英寸钢龙骨和另一边的另一层 1/2 英寸的板墙组成,加上底漆和两层颜料。这个组装有三个清晰的工作成果和四个独特的产品,但就其目的而言它是一个内隔墙。

一扇窗户或门看起来像一个简单的单一产品,但是对窗和门的安装必须使用二级产品,例如防水条、紧固件、框、侧壁盖板和密封材料。当我们看到与组件的安装相关的所有产品时，我们认识到不仅仅只有价格才对窗户的成本及安装使用有影响。

UniFormat™ 最常用于平方英尺成本估算，因为它把组件进行简化归入基本类别，使造价工程师可在无须决定项目将使用的准确产品情况下快速看单价。在项目早期，很少确定产品，所以对于进行初步概算需要一个方法，这个方法可以在不进行大量研究情况下计算出数字。基于 UniFormat™ 的组件的组织一直非常成功。UniFormat™ 的新的目的已经开始展现，例如初步的项目描述或 PPDs，它用于在方案设计阶段勾勒出项目的基本信息。

对于建筑信息建模，UniFormat™ 提供了一个组织信息和与其他格式如 MasterFormat® 相互比对的第二次机会。可通过 UniFormat™ 代码在设计阶段的几个点提取和组织模型数据以创建一个滚动的成本估算流程。因为模型中的组件变得更为细化，它们的 UniFormat™ 代码也向更特定的一个单元改变。向每一单元分配成本估算数据可通过每一单元的数量乘以成本自动进行项目的平方英尺成本估算。在 UniFormat™ 和 MasterFormat® 之间没有一一对应的关系。某些单元，如窗户和门或许有一个直接的关系，但其他的如墙体、楼板和屋顶是整体组装，或许包含来自多个 MasterFormat® 段的信息。

在设计的早期阶段，特定的 MasterFormat® 段可能是未知的，因为还没有选择特定的单元。UniFormat™ 更适于进行项目早期的信息分类，因为它针对的是选择一个单元的演进过程。一个内隔墙成为一个室内的固定隔墙，一个固定隔墙成为一个一边有两层 5/8 英寸石膏板、金属构架和另一边有单层 1/2 英寸石膏板的固定内隔墙。在每一个 BIM 对象内同时使用 UniFormat™ 和 MasterFormat® 可使它们交互参照实现从方案设计到设备管理全过程的信息点的连接。表 4.1 给出了一个项目单元的演进样板，它先与 UniFormat™ 有关再与 MasterFormat® 有关。

UniFormat™ 遵循的层级关系始于在给定项目中被发现的单元类别。有八个层级 1 类别，如把前言计入的话有九个，每一个均包含一个特定的单元组。

前言
A——子结构
B——壳
C——内部
D——服务
E——设备和家具
F——特定的建造与拆除
G——建筑现场工作
Z——综述

UniFormat™ 和 MasterFormat® 演进　　　　　　　　表 4.1

阶段	单元	UniFormat™ 编码	MasterFormat® 编码	名称
预先规划	围护结构	B30	N/A	外部水平围护
方案设计	屋顶组装	B3010	N/A	屋顶
设计发展	小坡度屋顶组装	B3010.50	07 50 00	小坡度屋顶
施工文件	TPO 屋顶组装	B3010.50	07 54 23	热塑性聚烯烃屋顶

在每一类别内，有层级 2、3、4 和 5 等分类，它把层级 1 "母体" 分成更多的特定子类。每一个后面的层级与之前的层级有母-子关系，随着项目层级的一直深入生成更为特定的信息。在 UniFormat™ 上的更多信息，包括所有单元和名称的详细清单和描述，可直接通过建筑标准协会在 csinet.org 上获取。

OMNICLASS

OmniClass 是一系列的表格，它使一个模型内的信息可被组织到最简单的水平以及以很多方式交互参照。这使模型内信息可在几个成员间共享及很容易传递到那些没有参与项目发展的人员。并非所有 OmniClass 表格都能进入一个建筑信息模型。许多表格更是高水平的项目管理信息方法，而不是模型数据管理格式。以下为全部 OmniClass 表格的一个清单。那些与建筑信息建模最有关系的被以粗体字列出。

- 表格 11——按功能的建设实体
- 表格 12——按形式的建设实体
- 表格 13——按功能的空间
- 表格 14——按形式的空间
- **表格 21——单元**
- **表格 22——工作结果**
- **表格 23——产品**
- 表格 31——阶段
- 表格 32——服务
- 表格 33——行业
- 表格 34——组织角色
- 表格 35——工具
- 表格 36——信息
- 表格 41——材料
- **表格 49——性能**

粗体字部分不仅仅是可用于一个建筑信息模型的 OmniClass 表格，它们可为我们的日常工作提供最大便利。根据你的行业，你或许能发现其他表格的一些用途；建筑师或许选择利用表格 13——按功能的空间和表格 14——按形式的空间；而总包商或许能发现使用表格 35——工具的好处。许多这些表格将来或许能进入设计、施工及设备管理数据结构，所以了解它们是什么及如何工作非常重要，这样我们可以开始在 BIM 组件内创建数据组并使它们通过这些表格被分类、过滤和利用。

本章以下段落将对不同 OmniClass 表格给出简短讨论以使你熟悉它们的目的。一旦你明白了每一表格是如何工作的以及它被设计用于什么，你将会发现日常工作中它们的目的。

表格 11——按功能的建设实体

按功能的建设实体表格根据其环境对整个建筑进行分类。它可被用于依据其周边环境审视项目，或用于项目规划。试图进行可行性论证的业主可以研究整个区域、看一个给定类型的所有建筑，以及根据与其他建筑物的距离来决定增加一个类似类型的建筑是否可行。例如，假定一个快餐连锁店寻找在一个给定区域开设特许经销店。如果能够在整个城市快速定位每一家快餐店，而不管它的品牌，就可以快速进行人口统计分析并判断是否存在进行产品布置的机会。按功能的建设实体当然是一种宏观的格式，它针对的不是项目内的个别组件。BIM 大于个别的材料、产品、组装或项目。它使我们能把整个区域作为整体进行观察并分析城市规划和区域划分的信息。正像一个项目依赖其组件的信息一样，城市规划的未来将依赖其各个项目的信息。

未来发展有一个真正的潜力，它使业主和城市规划师有能力快速和容易地研究周边区域以推测城市扩张和将来发展。尽管这个表格很可能不会应用于一个 BIM 软件平台内，但在观察建筑信息管理或者更大范围的城市信息管理概念时，它仍然是一个强大的格式。

例子　表格 11——按功能的建设实体
11-17 00 00——商业设施
11-17 24 00——零售商业设施
　　11-17 24 11——百货商店
　　11-17 24 14——专卖店
　　11-17 24 17——杂货店

表格 12——按形式的建设实体

按形式的建设实体表格基于形状、外观和总体形式观察一个总体项目。它的信息的最高层级依据其是地球内的建筑物、结构还是其他物理形态对建设实体进行分类。最实用的应用将在"建筑物"类别里被发现，它又进一步将建筑物分为低层、多层和高层建筑等类别。每一类别又进一步被组织进建筑物的基本类型，以对正被分类的建设实体的类型给出更精细和准确的描述。

例子　表格 12——按形式的建设实体

　　12-11 00 00——建筑物
　　　　12-11 17 00——高层建筑
　　　　　　12 -11 17 11——高层自立式建筑
　　　　　　　　12-11 17 11 11——高层点式建筑
　　　　　　　　12-11 17 11 19——高层板式建筑
　　　　　　　　12-11 17 11 99——其他高层自立式建筑

表格 13——按功能的空间

　　按功能的空间依据它们的用途对一个项目内的区域或空间进行分类。它考虑的不是其物理形态看起来像什么，而是其用途。一定的空间用于一定的任务，例如，一个卧室用于睡觉，一个厨房用于做饭菜，一个餐厅用于吃饭。根据这个表格的方法进行分类可使空间布置者能有效组织其信息并快速容易地就多少面积用于什么任务作出决定。通过用这个表从建筑信息建模项目中组织信息，可以计算总面积和净面积、总的百分比等并进行分类。

例子　表格 13——按功能的空间

　　13-55 00 00——商业活动空间
　　　　13-55 11 00——办公空间
　　　　　　13-55 11 11——办公设施
　　　　　　13-55 11 13——专用封闭式工作站
　　　　　　13-55 11 21——开放式团队环境

表格 14——按形式的空间

　　如同表格 13 是依据其用途对空间分类的，表格 14——按形式的空间依据它看起来像什么以及它是什么来对空间分类。它不讨论一个区域或空间的用途,而是讨论它是开放还是封闭的，有盖的还是无盖的，地形定义还是法律定义等。

例子　表格 14——按形式的空间

　　14-11 00 00——全封闭空间
　　　　14-11 11 00——房间

14—11 11 11——房间

14—11 11 14——大堂

14—11 11 21——礼堂

表格 21——单元

表格 21 也被称为我们在本章较早讨论的 UniFormat™。它依据其基本类别对一个建设项目内的组件进行分类。按我的意见，它是设计和施工行业使用的最直观的格式化方法，因为它基于其位置而不是用途把建筑组件组织到合乎逻辑的类别中。UniFormat™ 和 OmniClass 表格 21 之间的计数过程不同。表格 21 使用一个数字前缀而不是一个字母。

例子 表格 21——单元

21—02 10——上部结构

    21—02 10 10——楼板施工

        21—02 10 10 10——楼板结构框架

        21—02 10 10 20——楼承板，楼板，面层

        21—02 10 10 30——阳台楼板施工

表格 22——工作结果

表格 22——工作结果也被认为是 MasterFormat®。它是对一个项目施工过程所投入的最终努力的一个分类。它不对一个项目所使用的产品进行分类，而是依据做过什么或所完成的目标来考虑问题。窗户和门因其均是墙体上的开孔而联系在一起，因此它们被放置在同一个顶层级类别中：Division 8——开孔。屋顶和壁板因其均为建筑物提供围护单元而联系在一起，所以它们也被放置在同一个顶层级类别：Division 7——防水保温。

例子 表格 22——工作结果

22—07 00 00——防潮保温

    22—07 46 00——壁板

        22—07 46 16——铝合金壁板

        22—07 46 23——木壁板

        22—07 46 63——壁板装配面板组装

表格 23——产品

表格 23——产品将成为添加到建筑信息模型中的最新和最好的标准。它已被一些软件平

台所采用，实现在项目内对特定的建筑材料和产品的分类。如同 MasterFormat® 针对工作结果而 UniFormat™ 针对单元类别，表格 23 针对产品自身。这使建筑师和承包商具备了更多的对项目内产品进行识别、分类和计数的能力。一个窗户的运转，不管它是否平开窗、双悬窗或固定窗，在 MasterFormat® 编码系统中是不考虑的，而窗户的施工，不管它是铝的、木的还是塑料的，在 UniFormat™ 编码系统中是不考虑的。同时使用这两个标准可使我们对这个窗户作出决定，但 OmniClass 表格 23 的应用不是在模型内创建一个交叉比对查询，而是对其运行和施工两者提供一个直接的参考。

例子　表格 23——产品

23-17 00 00——开孔、通道和保护产品
　　23-17 13 00——窗户
　　　　23-17 13 13——窗户
　　　　　　23-17 13 15——木窗户
　　　　　　　　23-17 13 15 11——木固定窗户
　　　　　　　　23-17 13 15 15——木单悬窗户
　　　　　　　　23-17 13 15 21——木遮篷式窗户
　　　　　　　　23-17 13 15 23——木平开窗户

表格 31——阶段

阶段表格组织建筑物生命周期的时间和活动。它始于项目开发的概念然后一直发展到项目报废和拆除全程。它不仅关注项目的设计和建造方面，还关注作为整体的建筑物的整个范围。这是一个用于设备管理目的的卓越工具，在设计和施工阶段对项目计划编制也是有用的。通过对项目设计施工全过程的不同阶段的不同工作分配发展的数据和层级，有可能对整个项目不同阶段的性能和完成情况进行预测。这个表格的最有关联的段是设计阶段、施工文件阶段和实施阶段，因为这些是需要从建筑信息模型提取及操作数据以进行其他工作的项目节点。在设计阶段的不同节点，需要不同数量的细节。按照表格 31 的给定阶段的美国建筑师学会（AIA）开发层级（LOD，level of development）概念，可以将信息植入模型并进行管理，而不是写在一个相关的电子数据表或手写表格上。

例子　表格 31——阶段

31-20 00 00——设计阶段
　　31-20 20 00——设计发展阶段
　　　　31-20 20 11——深化设计阶段

31-20 20 24——产品选择阶段

31-20 20 34——估算阶段

表格 32——服务

  OmniClass 的服务表涉及与建设项目全生命周期相关的各种不同行动、任务和工作。它关心的不仅仅是一个项目最值得关注的基本的设计门类和施工工种，还包括与作为整体的项目的管理、财务、维护和建议相关的一系列服务的混合。如果我们看一个项目时不仅仅考虑其设计和施工还考虑其建造的目的，我们将发现项目的许多方面还没有被考虑到。假定一个业主要建造一幢新办公楼。投资人提供了建造费用，律师代表业主处理房地产事宜，建筑师设计这个建筑物，一系列的承包商和分包商建造这个项目，市场销售部工作以确保办公楼被出售和出租，设备经理确保合适地维护建筑物。

  尽管大部分信息可能超出建筑信息模型的范围，但与建筑物的整个生命周期有关。它使个人或团队可以在设计和施工前除了考虑设计和施工外还考虑需要完成的工作以对整个项目进行管理。

例子　表格 32——服务

32-49 00 00——文件服务

 32-49 11 00——建模

  32-49 11 13——创建 BIM 内容

  32-49 11 23——创建 BIM 计划

  32-49 11 25——链接 BIM/CAD 文件

表格 33——行业

  服务设施表依据手头工作对责任进行组织，表格 33——行业依据个体或团队的工作责任来审视它们。期望对那些与施工项目有关的实施工作有一定水平的专业知识。这个表审视公司的工作而不是个人所进行的那些工作。例如，木工业是一个行业，其工作是为项目提供各类制框和表面处理。这个行业是这个责任公司所从事工作的高水平的总览，即其签署合同提供制框服务的工作。

例子　表格 33——行业

33-41 00 00——施工

 33-41 11 14——分包

  33-41 11 14 14——木工业

33-41 11 14 21——管道分包

33-41 11 14 61——油漆

表格34——组织角色

组织角色表采用表格33——行业，在其基础上扩展增加承担给定工作的个体的信息层级。无论何种工作，每一角色具备一定的与其相关的技能和专业知识。通过分配组织角色到项目工作或方面，可以期望项目工作的质量。这个表格也能被总承包公司用于依据劳动力的时间和资源预算。大承包公司可能有数个项目同时进行，所以为每个雇员分配一个组织角色，公司可以最有效地组织如何以及在哪里使用资源的数据。

例子　表格34——组织角色

34-35 00 00——执行角色

　　34-35 21 00——专业人员

　　　　34-35 21 14——工人

　　　　　　34-35 21 14 11——技术工人

　　　　　　　　34-35 21 14 11 11——老师傅

　　　　　　　　34-35 21 14 11 11——一般工匠

　　　　　　　　34-35 21 14 11 11——学徒工

表格35——工具

表格35——工具组织项目可能需要的设备资源。它不只是一个在建筑信息模型软件平台内部的使用方法，更是一个使承包商可有效计划其资源的外部数据库。一个挖掘者可能有四个挖掘机和同时进行的五个挖掘项目。他可以审视其计划信息并与一个表格比对以决定工人是否可从一个地方将设备移动到项目的另一个地方，或者是否他们需要得到更多的资源。这个表在对管理部门进行管理时比对项目自身进行管理更为有用。确保可获得项目所必需的资源是任何商业成败的基本方面，所以与一个施工信息表相比，它更是一个商业信息表。

例子　表格35——工具

35-51 00 00——物理工具

　　35-51 11 00——施工工具

　　　　35-51 11 31——电力工具

　　　　　　35-51 11 31 11——切割电力工具

35-51 11 31 11 11——电动锯

35-51 11 31 11 14——手持式电钻

35-51 11 31 11 24——手提风钻

表格 36——信息

表格 36——信息是一个从低层级到高层级的关于我们如何处理现实世界中数据的审视。在当今，我们有几种交换信息的格式以及更多类型的信息。不同类型的信息分类、它们如何被交换以及它们的格式可使我们很快地通过分析信息发现哪些与所给项目有关以及哪些无关。这个表更多的是基于过程而不是基于项目，因为它谈论的是信息如何交换以及被交换的信息类型，而不是信息如何涉及项目或手头的工作。

例子　表格 36——信息

36-71 00 00——项目信息

　36-71 67 00——项目成本信息

　　36-71 67 13——成本估算信息

　　　36-71 67 13 11——基于单元的成本估算

　　　36-71 67 13 15——单元单位价格

　　　36-71 67 13 17——材料/产品单位价格

表格 41——材料

表格 41 对真实世界的材料而不是对建筑产品进行分类，所以当基于其成分来观察建筑产品和 BIM 组件时它是有用的。例如，我们可以基于它们是由木材、混凝土、固体、黏性体来将建筑材料进行分类，并且得到更多的关于其是由什么组成的细节。这在试图从一个模型中查询森林管理委员会（FSC）用于一个项目的认证木材的数量，或用于进行节能设计标准（LEED）信用度计算时的可回收材料的数量时是有用的。

材料表根据材料是基本单元还是由固体、液体或气体组成的合成物来区分材料。它进一步基于符合逻辑性的类别来将材料进行分类：所考虑的固体是岩石、植物还是金属？所考虑的液体是水基的还是合成的？尽管这些分类中的大多数所集成的信息与一个施工项目的相关性不大，但其某些方面还是有价值的，例如在墙体材料和建筑产品之间的关系。经常有限制化学和合成物特定数量的要求，它们被认为是挥发性有机物（VOCs）。另一方面，可能有在一个项目中减少或消除聚氯乙烯（PVC）使用的要求。如果在建筑信息模型内使用的所有材料被附加到表格 41 中，我们可快速识别项目是否符合设计准则的要求。

例子　表格 41——材料

41-30 00 00——固体合成物
　　41-30 30 00——植物材料
　　　　41-30 30 14——树木材料
　　　　　　41-30 30 14 11——木材
　　　　　　　　41-30 30 14 11 11——软木材
　　　　　　　　　　41-30 30 14 11 11 11——南方黄松木
　　　　　　　　　　41-30 30 14 11 11 17——云杉松木
　　　　　　　　　　41-30 30 14 11 11 24——西部雪松

表格 49——性能

　　如同较早前提到的，确保用于一个项目的任何数据结构的成功的基本要求是有一个合适的分类方法。表格 49——性能于 2010 年修改并发布了征求意见稿。分类方法的发展至少需要从设计、施工、设备管理、建筑产品制造和管理领域的一个大横切面的输入。不是发布一个用于项目设计和施工的包含一系列属性的最终表格，建筑标准协会觉得：把信息作为一个建议标准（草稿）而不是确定格式来传播将使大量听众能在判断其行业适用性前给出关于信息的意见。

　　因为与建筑材料相关的许多性能具有特定的行业性，要强调从不同建筑产品制造团体内的商业组织征求意见的必要性，这样不仅可确保所选择的性能是正确的还能确保这些性能的定义是清楚的。与用于一个给定项目的所有建筑材料相关的总性能数量很容易就达到数万个，所以表格 49 的发展首先和最重要的考虑是作为一种对通常使用的性能进行标准化分类的方法，但它也可作为将来其他更多的行业信息发展的一个起点。

　　关于表格 49——性能更多的信息及关于此表的任何问题与建议请访问 omniclass.org 或 csinet.org。本书附录 A 列出了表格 49——性能表格草稿内目前所罗列的所有编码和名称。

例子　表格 49——性能

49-81 00 00——工作性能
　　49-81 31 00——强度性能
　　　　49-81 31 21——黏结强度
　　　　49-81 31 43——弯曲强度
　　　　　　49-81 31 43 11——弯曲强度，平行
　　　　　　49-81 31 43 13——弯曲强度，垂直

第 5 章

从哪里开始

现在你应该已经对建筑信息建模（BIM）是什么、它的目的和意图，以及为何其进步的基本前提是其内容开发等有了基本的了解。一个 BIM 模型的质量完全等同于创建其自身的各组件的质量，其图形精度决定了其在模型视图、图纸和渲染效果图中的展示方式。每一组件所包含的信息直接决定了可以完成的分析量以及计划和输出的深度。BIM 组件是所有项目的构造块，常常有一级或多级子组件。图形和数据发展的等级关系允许将信息放置在合适的位置并直观地检索它。

有两个方式看 BIM 内容：基于它是什么和基于它如何运用于项目。如果我们考虑它是什么，项目所应用的 BIM 组件有四种内核：**材料、对象、组装和详图**。当考虑它是如何运行时，可以将其组织为三大主要类别：主要、次要和三级。决定组件如何发展的是第一步：屋顶是一个**材料**还是**组装**？栏杆是一个**组装**还是**对象**？玻璃是一个**材料**还是**对象**？这主要取决于**组件**的意图和用途，当它运用于一个项目时，它属于哪一行业，以及**组件**需要多详细。有时，玻璃可以简单地划分为**材料**，而有时将其模拟为一个独立的**组件**更为合适。

材料、组装、对象和详图是什么？

材料

材料是所有其他 BIM 组件发展的基础，也是其自身的组件。它被用于组成对象和组装，也经常被独立应用于涂料、涂层和饰面。就其自身而言，材料在其被应用于一个项目前是非图形的。它是一系列属性，这一属性被设计来控制任何它所属事物的外形。它可以被赋予一个特定的颜色和表面图案，有一个被设计的渲染图，承担平面详图特定的线条工作任务。材料也可以携带与个性、物理、性能和用途等信息。

在所有材料中维持细节层级的一致性十分重要，这样可以使所有模型图看起来较为适当、使需要渲染图的材料获得相应的设计、其所包含的信息自始至终保持一致。在很多情况下，材料仅需要一个名字和描述，特别当其仅用于组件内而非组装内时。应用于组装内的材料通常是可供销售的建筑产品，并包含了决定其被选择的必要的特定性能价值。当决定在材料中输入什么信息以及多少信息时，确保应用于一个材料的参数也可应用于其他材料。如果不注意这一点，即使实际赋予各个材料的参数较少，也会导致特别大的数据组。

要快速发现和连续浏览材料就必须发展一套用于材料的命名规则。许多情况下，软件会限制可在预览窗口查看的字符数量，所以必须保证材料名的简短和切题，使用描述说明它们以进行索引和获取其细节。材料通常被赋予特定的说明段，对于清楚了解 CSI MasterFormat® 的人士，使用六位数作为前缀可以有助于符合逻辑地组织材料。关于命名规则的相关选项将在创建和管理材料的章节中作进一步讨论。

材料最重要的方面可能是其在模型视图内的外观。这涉及设计团队日常看模型的方式，避免刺激眼球的颜色和困惑用户的图形可以大大提高软件用户的绩效。足够精确的颜色精度在渲染视图中比在模型视图中更为重要，并不要求建模过程中使用的颜色是产品的真实颜色。可能的话，彩色粉笔和柔和颜色对眼球更为舒适。尽可能少地仅在绝对必要时才使用表面图案。这一点对于地板特别重要，当试图在平面图中放置其他组件时沿地板的水平线条可能使用户感到混淆。图 5.1 显示了一个广为应用的软件平台中的材料控制界面。材料信息被高度细化并清晰组织进直观的标签中，这些标签包含了外观、身份、结构性能以及在渲染图中信息的表现形式等。

材料单独被用为表面处理和涂层、组装内的建筑产品，以及代表不同对象内的选项。材料的应用方式控制了必要的细部的图形和信息水平。当材料是典型的建筑表面材料如颜料、涂层、具有独特装饰表层的金属时，其单独应用时通常需要足够数量的图形和属性信息。除了被设计用于表面的材料外，那些用于组装内的材料通常具有较少的外观特性和较多的信息特性，因为他们很少或绝不会在三维或渲染视图中出现。当材料放置在对象内时，他们通常具有较少的信息特性和很多的外观特性。这很大程度上是因为作为一个成品组件的对象是以整体销售的，这时展示的是其作为整体的产品特性，而材料特性与其关联性不大。

组装

组装包含一系列的层，每一层均分配了与项目内所应用的特定材料相对应的材料和厚度参数。这些组装基本上是一种材料的夹层组织，并且代表了整个区域的材料。某些情况下这会产生理解上的困难，因为诸如框架、隔层和紧固件等并不总是覆盖组装的整个表面。墙、

材料、组装、对象和详图是什么？ 45

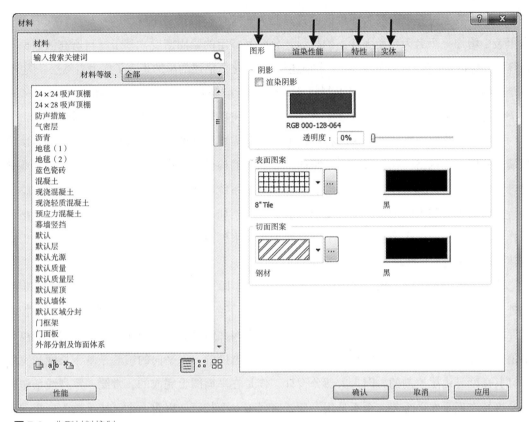

图 5.1 典型材料控制

地板、顶棚和屋顶是项目中四种基本组装类型。它们被用于覆盖空间，被训练以了解它们是结构的还是非结构的、将它们自身与相邻组装相关联以使其能够适当地附着。

因为组装是应用于项目中的基本组件，通常被首先添加，当然可以将他们考虑为模型中其他组件的宿主。例如，窗和门在很多情况下只能安装在墙上，所以将墙考虑为这些组件的宿主可以允许这些组件创建并放置于项目时自动移除其体积。在软件中植入这一低水平直觉可以使针对每一组件在墙上人工开洞的需要最小化。

与其他组装比较，墙组装是唯一的，因为它的层是竖向布置的，而地板、顶棚和屋顶本质上是水平或倾斜的。墙自外向内布置材料，并且允许以精确的厚度标注特定的产品。事实上有两种方式使用 BIM 软件创建墙：第一种是基于单一线条的一个组装，第二种是基于网格的一个幕墙。因为一个项目内的大部分工作是在平面图中完成的，最常见的墙是绘成单一线条的，其所关联的材料和对应厚度的信息记录于其内某一参考点上。对于所放置的每一垛墙，指令其在特定的高度开始与结束，分配其一个结构数值，最终控制其关于其他组件的性能。

墙组装创建时还须考虑到：并非所有墙组件都涵盖了组装的整个层。例如，墙柱以一个特定距离布置、隔离层布置在墙柱间、紧固件以指定间距或密度附着于组装等。期望某人在一个项目内放置每一个隔离紧固件或墙柱只是为了统计其数量是不现实的。相反，我们可以在组装中增加一个名为"紧固件"的材料，分配其特定的紧固密度，基于材料所在区域面积计算紧固件数量。这些材料也可与一个描述相关联,这个描述的添加是为了代表自然层。例如，不是对隔离层和墙柱分别定义不同材料，而是创建单个材料，命名为 4″ 金属墙柱 –16″ O.C.w/ R-13 玻璃纤维鞶绝缘层。有一个上装和下装方法，将在第 13 章"墙体"中进一步讨论。

　　基于网格绘制的墙允许更多的控制，但同时也需要更多的工作。我们知道它们为幕墙或板墙。使用一个网格，我们可以分配竖向的和水平的构件以及位于网格线间的面板。这些被设计来创建及最普遍地用于玻璃幕墙、板墙和雨幕系统。网格系统还使用户具有通过调整软件特点以满足其需求的创建其他类型组件的能力。例如，这些工具能够非常容易地通过把面板作为间隔、竖网格作为墙柱、水平网格作为板件来创建一个框架系统。关于使用幕墙工具创建适用组件的方法将在第 19 章"幕墙"中继续讨论。

　　地板、屋顶和顶棚是水平布置的具有层的组装。除了对于这些组装性质和用途的特定控制外，其本质上是一样的。如同图 5.2 所示，材料从下至上布置，允许使用特定的材料并控制其厚度。如同墙一样，在同一层内布置数个特定材料并组合它们以简化过程，框架和隔离是最值得注意的。墙是基于长度和高度并由层控制其宽度的，水平向的组装是基于长度和宽度并且其高度是由层控制的。因为大部分设计工作是在平面图上完成的，常绘一系列线条包围一个区域来表示水平组装，而不是用一条线来代表一个长度。因为一个区域是插入一个项目内的，它已被创建的坡度、周长、厚度和体积等被转换为数组用于分析和估算。一旦组装被创建，它们可被训练将其自身与项目内的区域如特定的房间或空间相关联。它们还将其自身与项目内定义的特定的水平面，或从给定基准点起的一个距离相关联。

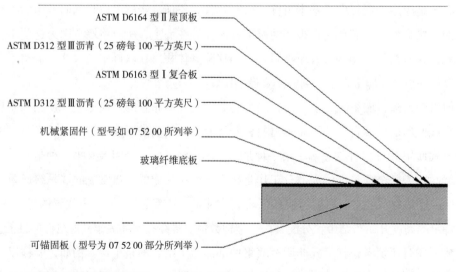

图 5.2　典型的屋顶组装

对象

BIM 的对象是独特组件，其设计不依赖于其他组件。组装是一系列的材料组件，它们共同工作以创建一个单元，但这些材料组件很少单独使用。对象是独立存在的，只要可能均设定为不需要与其他对象耦合以完成其设计。每一对象内有一个或数个几何实体，每一几何实体均被赋予一个材料参数。这些参数在模型和渲染图两者中基于所设定的材料控制了对象的图形形式。更为复杂的对象通常包含嵌套的子对象以简化对象的创建、允许更多的控制与选择选项。有很多方法可以使内容的创建更为顺畅，我们将基于组件的类别对此作深入探讨。

在一个项目内既不依赖于其他组件也不依赖于后组装的组件是我们所提到的独立组件。这些组成了项目所使用的大量固定装置和配件，例如橱柜、更衣箱、卫生设施、家具和组件的整个宿主（Hosted），这些组件挂装在宿主组装中但不穿越它。被设计为挂装在墙体上的组件可被创建为墙载组件，在很多情况下这不是一个好的实施方案，因为环境可能指令组件挂装在一个垂直的表面而非一个墙体上。此外，与机械、电子及卫生设施相关的组件不应该建立在宿主上，因为在许多情况下宿主不被添加到这些模型中。

宿主对象必须安装在一个基础上或通过一个基础安装。最常被应用的宿主对象是窗、门和天窗。应用宿主对象的基本理由有两方面：移除组件所占据的宿主中的体积；限制组件仅布置在其宿主中。移除宿主中的体积在处理任何形式的安装玻璃开孔时非常关键，因为这些开孔允许模型内光线的通过。限制布置不是在任何情况下都是必要的，很多情况下还是有害的。

尽管墙体通常是一个烘手机的宿主，但它也可能挂装在一个柱上。如果这个烘手机被创建为一个基于墙体的组件，模型将不允许它出现在柱上。因为烘手机无须从墙上移除体积，也是一个电子组件，把它创建为一个独立的、控制于放置表面的对象更为有效。

当组件非常复杂或有数个可能改变模型图形表现的选项时，嵌入子组件对于最大限度控制和改善模型性能通常是有效的。以图 5.3 中的窗为例，我们可以看到它由几个组件组成，最值得注意的是框架、面板，有时候还有玻璃。框架一般不改变，除非其深度与墙体厚度相关联、并且材料和表面处理与其相关。面板是门最值得关注和具装饰性的方面，通常基于美学角度选择。通过将面板创建为一个门的子组件，很容易控制面板的外观、允许数个门面板的选项并且始终可以一遍又一遍地反复将图形应用于门。如果面板如同其宽度一样是门的函数，一个门既可以代表单面板门也可以代表双面板门。

图 5.3 典型的门对象

存在一系列的介于独立 BIM 对象和组装之间的某类混合体的系统组件。为了达到快速的目的可以创建一系列特定设计的对象。栏杆是其中明显的例子。栏杆由一个或多个水平扶手、多个立杆或填充面板、一个或多个结构支撑柱组成。这些组件中的任何一个都不会被单独使用，不同时使用这三者大多数栏杆都无法被创建。幕墙是系统组件的另一个例子，其中各类铝合金型材勾画出了其周界、面板沿其网格填充了空间。存在一系列其他类型的系统组件，电线、水管、通风管道和楼梯等都有多个组件，它们必须共同工作才能创建一个完整的系统。

当发展一个 BIM 组件时，有时候我们会遇到这种情况：一个对象在其没有完全细化时就变得对其自身而言太过庞大。一个组件可以获得的选项数量常常使文件尺寸增大到无法管理的地步。这时*群集*（constellation）对象的创建就有益处了。群集所隐含的概念是：每一子组件是天然独立的，但它们与其他组件共同工作可以创建一个完整的单元。我在把门创建为群集对象时获得了很大成功，以不超过 500kB 的代价实现了框架、面板、锁具、门槛甚至挡风雨条的独立管理和控制。

详图

详图用于进一步详细描述组装，有时候是对象，以进一步解释其安装方式。没有详图时，墙体内窗户的一个竖剖视图将显示窗户相对于孔洞、有时候是事实上未完工的孔洞空间的位置，以及关于窗户和墙体剖视图的一些基本外观信息。当一个组件应用于一个特定墙体类型内的窗户安装而我们对这个组件增加详图时，我们可以显示准确的紧固件和防雨板的布置以及结构支承的合适尺寸和位置。当然也可以对窗户组件自身增加这类详图，这通常取决于窗户所安装进的墙体类型。空心砖墙，如同 5.3 所显示的，与木框墙体的需求不同，而木框墙体

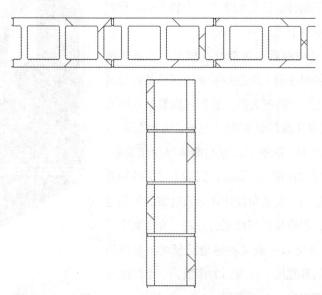

图 5.4　典型详图——一个 CMU 的典型横剖和竖剖视图

与现浇混凝土墙体又不同。与其将应用于不同构造的多个详图过度加载到窗户家族中，创建一系列的详细组件更为有效且使模型的性能更好。

实施组件：主要、次要、三级

被添加到建筑模型中的组件可以被分为主要、次要和三级三类。特定组件严格属于哪类主要取决于其特性和行业。除了建筑组件外，一系列的结构、机械和专业组件通过咨询公司和承包商被用于进一步细化设计和分析模型。就建筑目的而言，增加每一个与设计意图无关的结构单元、机械装置或专业组件并非总是必要的。在许多情况下，仅考虑基本尺寸和位置而让其他承包商和咨询公司基于所分配的空间进行设计是可以接受的。然而这是一种脱节而非合作的方式，不是一种通常的做法，只有当思考如何组织用于模型的不同类型的组件时才予以考虑。

主要组件由用于包围和连接空间的核心单元组成：地板、墙体、顶棚、屋顶和开孔。经常在方案设计阶段首先添加这些项目单元。它们划分空间、创建层，并且包围整个建筑。把墙体添加进项目以覆盖和划分空间。在墙体内保持一个恒定的基准点对于正确定位墙体十分重要。因为墙体内有几种材料——从结构，到表面，到装饰层——通常针对所进行项目的需求或类型进行基准点的确定。当创建一个图5.5所示的外墙时，使用结构构件的外边缘作为基准面通常是最有效的，而当创建内墙时，墙的中心线可能是最好的。使用一个关于墙体定位的恒定策略可使设计过程中的差错风险最小化。在很多情况下，直到初始墙体布置很久后，才能知道墙体内的层数和材料厚度。大量的时间用于操作这些单元以使其随设计的进展而成为永久。一旦设计开始考虑次要组件时，在需要移除或改变主要组件时通常会发生错误。发展一个用于创建、维护和组织墙组装的策略将允许墙体在任何时候被置换而不会产生因基准点不同引起的移除墙体的风险。

随着BIM技术的改进，可能被定义为次要组件的数量在增加。在很容易就能实现这点之前，并不总是对卫生间隔断和固定家具进行图形建模。这很大原因在于创建一个组件的图形表述

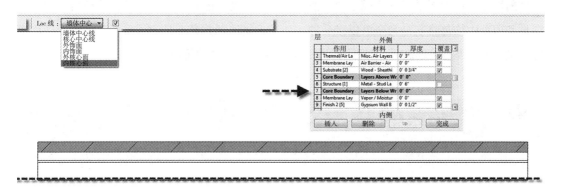

图 5.5 组装的参考点

所需要的工作量。随着越来越多的制造商可以提供其组件，愿意在模型中直接添置这些组件的设计人员也越来越多。

次要组件对于设计必不可少，但可能直到设计阶段的后期才能知道或决定它们。对于决策和产品选择而言，其取决于主要组件的尺寸和位置，并且本质上通常是非结构的。项目中最普通的次要组件是楼梯和栏杆、固定装置和配件、木工家具，特别是隔断和一些固定家具和储藏室。这些组件类型对于了解项目许多方面的空间关系和概念是不可缺少的。它使业主了解空间的用途。墙体可定义厨房的边界，但厨具决定了它是什么。

如果我们考虑不同组件与项目整个尺度之间的关系，我们能够决定这些组件需要的图形精度。次要组件集成到设计，但不集成到结构。很多情况下，是同时基于外观和性能选择这些组件的类型的。当部分地或完全基于美观选择一个组件时，在模型内如何表述它就变得更重要。在决定图形精度时也要考虑这些模型放置在模型中的频次。当一个组件放置在模型中仅一次且仅依据美观进行选择时，把更多精力用于提高其图形精度是合理的，因为维持其性能和文件尺寸就不如某些组件如门那样重要，因为门在单个项目全过程要放置数百次。

组件尺寸和位置在考虑一个对象的图形精度时也起作用。一个好的拇指原则是：当你在离它的安装位置 10—15 英尺外不能看到它时，不要对它花太多的时间。这是一个用于近距渲染图的典型距离。因为对一个产品真实描述的主要理由是改善模型的渲染效果，但是如果不渲染，它也许是一个方块。在一个项目中的很多组件可能实际上非常小。不管是照明开关、抽屉拉手、窗户摇把，决定这些组件的精确程度是一项重要任务。因为每个制造商都认为他的组件是最重要的，我们必须基于尺度来观察模型。问问你自己一个窗户摇把相对于一个 100 万平方英尺的建筑有多重要，如果在效果图中看不到它又有何用。答案在于它被量化和质化的能力。如果一个组件需要被量化和质化，它可以赋值给模型。再回过头来看窗户配件的例子，有三种可能性：(1) 如果制造商提供了几个配件选项，而且这些配件在很多渲染图中是可视的，它必须以图形方式添加进模型并且具有在选项中选择的能力；(2) 如果制造商对于所应用的配件类型提供了几个选项，但它在渲染图中是不可视的，更有效的方法是将配件列为窗户的一个属性而不以图形来对它建模；(3) 如果从制造商处仅能获得一类配件，从项目所包含的图形和信息中均忽略它是完全可以接受的。如果无须选择并且不是为了选用和说明而使用组件，将其加入模型对建筑师、规格说明书编辑和承包商提供的价值是很有限的。

> **提示**
>
> 如果从离其安装位置 10—15 英尺处看不到组件，就无须对它花费太多时间。

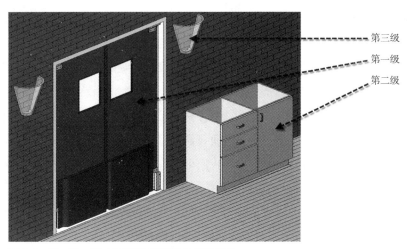

图 5.6 第一级、第二级和第三级组件的图形精度

三级组件是那些在细化模型时添加的组件，或者完全不使用。然而我相信应用于项目的每一组件都必须以某种方式（形状或形式）置入模型，这不一定意味着它必须以图形方式来实现。可以有很多方法在项目中不实际放置组件但植入与其相关的信息，也有很多在模型中放置三级组件的简化方法。希望这能够实现在一个项目内三级组件数量的最小化，从而增加次要组件的数量。最终实现更精确的模型，满足对最终递交给业主的竣工模型的大量需求。

如门配件这样的组件在一个项目内是基本单元，可在数百个位置发现它，甚至有其自己的编目，但它可以是一个经常被忽视和忽略的三级组件。考虑到将其置入模型所必需付出的努力和所获得的收益的对比，大多数建筑师选择对其不予处理。以文字形式代表这类组件常常更好。门配件是一个门的函数，必须在门内放置和被门控制。较之于试图在一个项目内的各个位置放置门配件，把门配件作为门自身的一个函数能够使它成为模型的一个图形形状及在其对应编目上承载重要信息。

附属件、可移动家具和设备是三级组件。因为它们任何时候可以移位并且更常用于构思和布置空间，这类组件是典型的不建模的组件。作为一个总原则，当一个组件的放置相对于结构或项目设计不固定时，这个组件可被考虑为三级组件。另一个判断方式是，当项目内的组件无相应的技术说明段落时，它很可能是三级组件。

数据管理概念

当我们开始开发内容时，来看一下为什么我们要在模型中添加数据。在不同组件或整个项目中所包含的信息对于建筑师、规格说明书编辑（specifier）、承包商和业主可能是有用的。这不是说模型将完整地递交给业主，但是这已变得越来越普遍。如果一个 BIM 项目仅由建筑师使用，信息和图形不递交给任何其他合作者，添加信息的价值就大大变小并且通常毫无必要。就项目研究和模型分析而言，模型中所包含的信息常与建筑师有关，但当信息传递时，它可用于执行更多功能，如对每一组件量化和量化，开发设备管理数据库，通过利用所包含的信息创建项目手册来编写项目文件。

信息越早被添加进模型和相应的组件，越容易进行决策。如果我们将项目全生命周期考虑为线性的而非一系列台阶，每作一个决定使我们沿着这条线前进一小步，而不必满足必要的条件才能从一个台阶上升到另一个台阶。我们可能有足够数量的关于窗户的信息但是我们对门一无所知，我们还是不能前进到项目的另一个阶段，直到我们掌握了这些信息。反之，如果我们在设计早期有了关于墙体的足够多的信息，我们可以减小适用于给定类型墙体的窗户的不同成品和类型，甚至可以开始考虑如何细化项目的某些区域。

相关信息的链接可以植入每一组件以简化项目研究。一个 BIM 对象可以被视为一个独特的参考点，所有产品信息均可出于此。如果我们需要一个说明，我们可以点击一个链接，或者对于更多的施工详图我们可以点击另一链接；制造商的技术数据表、材料安全系数表和色彩表可以是在设计、说明和施工阶段提供帮助的相关信息的其他链接。

在设计阶段的最早期，可能仅有很少或者没有将要使用的实际组件的相关信息。在这种情况下，我们经常将属性添加到特定的组件中，但是将其数值列为"按照说明"或不列数值。这为将来要添加的信息预留了占位符。信息越早被添加，就越容易被添加并越多地被利用。项目内一系列的目录使信息能以一个电子表格的形式添加，这可以大大简化过程及创建信息可能在哪里缺失的可视化线索。这使规格说明书编辑可以在不了解软件的图形知识情况下开始在项目内维护信息或操作模型的设计。在设计过程的不同节点，需要查询模型来为不同目的提取信息。如果我们考虑项目后期所必需的信息，可以将一系列的查询写成数据库输出和表格的形式，在许多情况下，它们可从项目到项目循环。

大量的信息可能包含在一个项目内。没必要将在其后某些阶段不被使用的信息植入一个模型。尽管拥有信息但不需要它总好于需要信息但不拥有它，但最好还是要避免信息过载。保持模型清楚、简洁、完整、正确和与其他合同文件一致能够加速项目流程，节约项目小组所有成员的时间和精力，最终为业主提供一个较好的项目。

命名约定

在一个 BIM 项目中使用的组件不同于传统的 CAD 文件，因为其名称在项目中必须是可视的。这产生了一个直观的命名约定的需要，使我们可以快速和容易地寻找和检索我们所需要的组件。当我们命名组件时，方法有所不同，取决于我们正在处理的组件类型——无论它是一种材料、一个对象或者一个组件。更多细节将在相应章节中给出，但是不管被创建的组件是何类型，还是有一些可供遵循的基本准则。

命名必须是描述性的且是简短的。BIM 软件经常限制屏幕可视的字符数量。尽可能避免组合和截断的名称和单词。信息在数据库内不在纸面上，所以名称易懂比智能更为重要。正像全世界都已经知道"Ctrl"等于单词"control"，截断组件的名称并非需要它们变得不能被识别。在文件名内使用特殊字母和空格能够对文件名造成重大损坏。在数字时代，在网页和程序库中共享组件是很常见的。文件名内的空格常常使网页混乱，编程代码通常使用特殊字母。为了确保不犯错，必须尽一切代价避免使用这两者。几个广为人知的罪魁祸首是英寸符号["]，句点 [.] 和逗号 [,]。数据库使用括弧或英寸符号捕捉文本，在许多情况下就会与使用在名称中的英寸符号相混淆。点号 [.] 常用来分隔文件名与其后缀，有时会使数据库和网页混乱。数据库使用逗号作为域之间的分隔符。名称中加入的逗号可能搞乱数据库并产生错误。对英寸简单使用"in"而不是 ["] 可以大大省掉你不得不回头对搞乱网页或数据库的文件重新命名的麻烦。

第二部分

BIM 内容基础

第二部分

固体废物处理

第 6 章

基本的建模考虑

建筑信息建模对象是通过生成代表各种组件、组装和产品的实体模型而创建的。当创建这些模型的时候，我们需要考虑这些模型的详细程度以及在项目中实现它们的方式。BIM 对象最好根据前后关联来表达。对于许多组件，关系很简单。基本上可将对象创建为一个独立的项，依据其安装的合适位置或主体可在项目中实现它。发展图形成为一个困难部分。一些组件实际上是多个产品的组装，需要创建多个对象，它们共同工作。

存储货架是由几个组件组成的一个组件的例子，这几个组件生成了整个系统。货架的壁挂单元或落地支柱连接了一些支架类型、水平面或架子连接。与其期待设计团队一个个地放置这些组件，我们不如依据人们用直觉来同时放置所有组件的方式来创建这个模型。为了创建这样的组件，通常有效的做法是对系统中每个组件创建独立的对象，并把它们都加载到一个 BIM 群集对象中，这个群集对象允许用户在图 6.1 所示的不同的支架，支柱，单元和架子选项中进行选择。当创建拥有多个嵌入式选项的组件如托架时，要记住的最重要的事情是在一个给定类别的所有组件中的插入点必须是相同的。对每个托架都使用相同的插入点，对每根支柱使用相同的插入点，对每个架子都使用相同的插入点。当处理像这样的组件时要注意文件的大小，因为当图形选择项没有被使用时它们会增大文件。某些 BIM 软件平台对组件的构造总能获得选项，即使组件没有被加载到主对象中。只要组件在适当的类别下，它们应该可以被直接导入到项目中，而不是导入到对象本身，并且仍然可以选择选项。按这种加载方式的这类组件将在关于 BIM 群集的章节中进行深入讨论。

某些情况下，组件被设计为按并联或阵列放置，并且具有设计为沿阵列共享的单个对象的形式。例如，图 6.2 显示的厕所隔断可以被设计成这样，两个小隔间可以用三面墙和三个壁

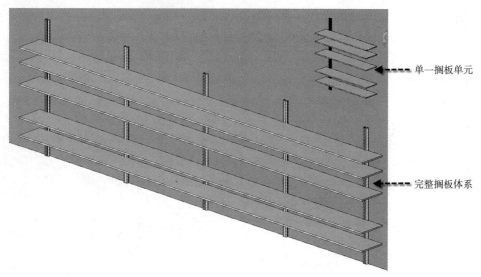

图 6.1 支架系统

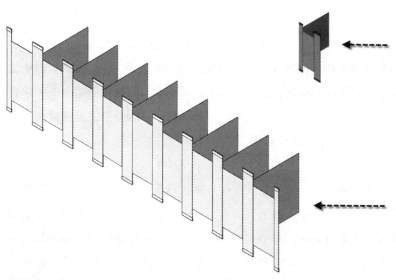

图 6.2 厕所隔断阵列

柱来创建，小隔间之间的一面墙和一个壁柱是共享的。为使这类组件更为复杂，可以把小隔间放在角部，这样它需要两个墙板和两个壁柱，或放在凹室，只需要一个墙板和一个壁柱来隔开这个小隔间。创建表示隔断的 BIM 对象的那个人永远都不会知道在一个给定的项目里将会用到多少个小隔间，或者这些小隔间与相邻墙之间的构成关系。试图创建代表任何地方（从 1 到 30 或更多）的小隔间的一个完整目录，乘以安装选项数量，再乘以它们的位置，是不现实的。创建少数几个甚至是一个有智能尺寸、图形和可视控制的小隔间要高效得多。这使建筑师可自己决定要放置多少个小隔间以及这些小隔间如何构成。

细节层级——AIA 的 E202 和 LOD 概念

美国建筑师学会（AIA）颁布了 E202 号文件，或者说建筑信息建模协议展示。它被用来建立协议、期望以及未被授权的为某一给定项目而创建的模型的使用。它同时也将模型的特定单元的责任分配给了相关人员，在第 3 章对每一个项目阶段都分配了一个开发层级（level of development，LOD）。AIA 提到了五个开发层级：LOD 100，LOD 200，LOD 300，LOD 400 以及 LOD 500。每个开发层级都对应了特定的内容要求，模型的授权使用，以及模型特定的目的。下面是关于各种细节层级精度的基本导则。

LOD 100

LOD 100 本质上是对整个项目的一个体块研究，来决定面积、高度、体积、位置和方向。它并不考虑项目上任何实际的 BIM 内容，只有体块。这个细节层级一般用于项目预规划、可行性研究以及基本造价估算。当针对 LOD 100 工作时，除了建筑物的大致尺度（一些代表面积的基本尺寸）、所包容的体积和大致外形外，并没有多少有效的信息。图 6.3 显示了一个在 LOD 100 开展的体块研究是如何转换进一个完整的项目内的。

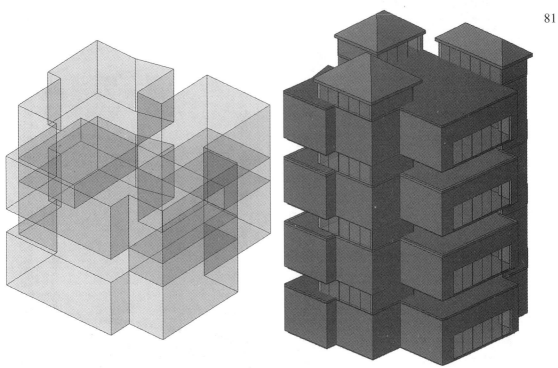

图 6.3 在 LOD 100 上的一个 BIM 项目

LOD 200

LOD 200 包含作为广义系统或组装的基本单元，它们具备大致的数量、尺寸、形状、位置以及方位。在这个层级，非图形的属性可能会被添加到组件里。LOD 200 考虑的是我们在第 5 章"从哪里开始"所描述的基本组件。我们的墙、地板、顶棚、屋顶和开孔在这个时间点会被添加，但可能不会具体到用于这些组装中的准确的材料或组件。在一些情况下可能知道实际的尺寸，在其他情况下可能不知道。甚至可能不知道这个时间点的墙或屋顶上的开孔到底是窗、门还是天窗，而只知道是开口。在这个时间点只知道组装的估算厚度也是可以的，因为 LOD 200 的要点更多的是项目的空间和整体尺寸的确定，而不是单个组装或组件的详细内容。图 6.4 所示的在 LOD 200 表示的 BIM 对象事实上只是一个代表，更像是占位器或符号而不是实际组件。

这个时间点可以进行各种组装的性能分析以确定将要使用的组件。利用已知组件的面积、体积和数量也可进行造价估算。

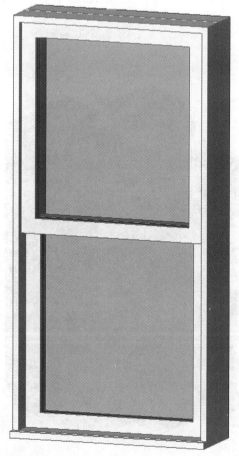

图 6.4 在 LOD 200 上的 BIM 组件

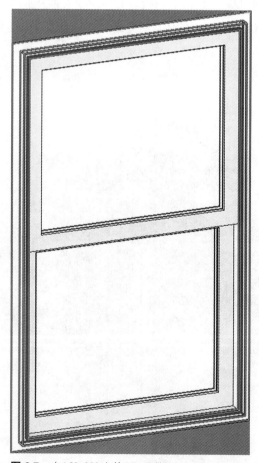

图 6.5 在 LOD 300 上的 BIM 组件

LOD 300

LOD 300 单元就其数量、尺寸、外形、位置和方位而言变得更为精确。其可能不会考虑组装内的准确材料或具体组件,但开始添加详细的细节,包括组件的性能方面、尺寸偏好或者限制,以及发展施工文件必要的说明信息等。如图 6.5 所示的列在 LOD 300 里的组件应该包括必要的性能标准,并且有足够的数据来执行与这个组件有关的项目内的详细的系统分析。可以基于 LOD 300 的组件生成详细的成本计算以及施工文件。

大部分 BIM 开发工作是围绕 LOD 300 进行的,因此它成为一个很好的开发内容的基础点。它开始显示关于单个组件的细节,但还不是与其安装或维护相关的精确细节。

LOD 400

超过 LOD 300 的要求,那些可以被考虑为 LOD 400 的 BIM 对象必须包含或者具有可获取的与设计的二维顶层方面、组装以及制造相关的细节。组件必须足够精确以创建合适的施工文件,执行精确的模型分析以及有能力包含精确的成本信息。

LOD 300 和 LOD 400 的主要区别是包含在对象内的信息量,以及要么被嵌入组件,要么与组件本身相关的二维细节,如图 6.6 所示。为了保持文件大小可管理,更恰当的做法是创建二维细部组件,在适当的时间把它加入到模型中去。这可以极大地提升软件的性能,因为各种与组件相关的细节会显著增加软件的负担。

LOD 500

LOD 500 可以被看作是一个给定制造商产品的完全精确的数字代表。除了那些高度精细化的渲染图外,没有需要也经常不期望这样的细节层级,因为这个水准的对象通常给项目模型带来沉重的负担。这些类型的对象仅应被保留以用于包含特写镜头的高分辨率渲染图。

许多制造商期望它们的模型会像也应该被创建成如图 6.7 所示的那样,在大多数情况下这是不

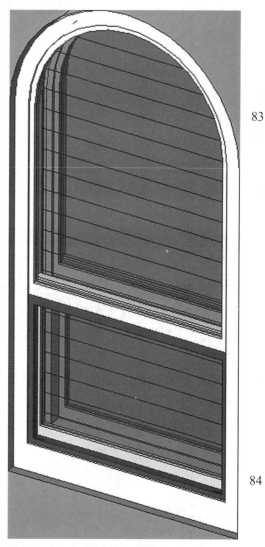

图 6.6 在 LOD 400 上的 BIM 组件

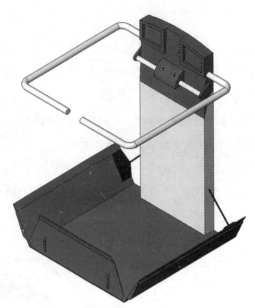

图 6.7 在 LOD 500 上的 BIM 组件

现实的。由于与 LOD 500 里的组件有关的细部尺寸和数量，许多建筑师不会使用它们。重要的是要记住，特定产品的 BIM 对象是设计成被建筑师使用并且由制造商提供，因而它们应该被创建成适合建筑师而不是制造商的需求。任何时候创建这个细节层级的一个组件时，应该在一个低得多的开发层级创建一个配对组件，200 或者 300，以使产品在设计过程中是有用的。

美国建筑师学会 AIA 的 LOD 概念根据整体项目设计团队的需要分配了特定组件所要求的一个明确的发展数量。它并不一定是一个在组件类别、项目阶段和开发层级之间的一对一的关系。只有设计团队决定在项目的哪个阶段对哪些组件需要怎样的细节层级。这对建筑师们来说很好，因为它提供给了他们定制根据项目的需求和预算信息所需要的图形总量的能力，但是对于 BIM 内容开发者来说这可能会很困惑。尝试确定如何表示一个特定制造商的组件可能会是一个相当大的任务，考虑到我们要考虑所有的可能性，项目所有的阶段以及可能使用这个组件的建筑师的所有偏好。

居于中间的是 LOD 300，它考虑了图形的恰当数量以及大量的产品信息，但是保持单个组件很小以便于管理。LOD 300 并不总是考虑与组件安装相关的具体细节或者可被发现的相关视图，而是提供一套附加的施工详图以放大这个对象，无需额外工作就可以使一个 LOD 300 对象被考虑为 LOD 400 对象。

代表性建模

代表性建模是一个概念，它允许我们简化图形来用单个对象表示多种产品。在许多情况下，与内部包含的信息总量相比，关于给定组件的图像细节并不重要，这样可使外形与功能具有更好的平衡性。根据性能而不是外形来选择的组件是代表性建模的极好选择。大多数嵌入式照明设备都被安装于顶棚内，因此除了安装的顶棚镶边外，图形完全无意义。组件的光度、电气和性能方面更有优先权，因此一个能对尺寸参数化控制的嵌入式照明设备就建模而言可以足够精确地显示图形，并且也会描述数百个灯泡、镇流器以及电气选项。

许多加入到项目中的组件在渲染视图中并无太大关系，或者图像的细节层级对建筑师并不重要。这就是为什么某些组件以代表的形式而不是以精确的外形来进行建模。正如在二维图纸中用符号来表示特定组件一样，代表模型可以被视为三维符号。只要这个模型占据恰当的体积，包含正确和适当的组件信息量，并且遵循建筑师期望的适当的细节级别，代表性建模就是一种不花费大量金钱用于发展组件的继续完善建筑信息建模的有效方式。

除了节省时间和金钱外，代表性建模还可使整个文件尺寸最小化。当处理具有很大文件尺寸的项目时，我们需要依据组件的规模和对整个项目的重要性来考虑组件。这时，我们可以很快看到一个灭火器箱或者嵌入式照明设备对于项目的整个视野在图像上是多么重要。尽管所有制造商都希望他们的 BIM 内容看起来和生产出来的组件完全一样，但直到软件能够管理它时，提供这样的细节级别才是可行的。每次组件被放置到项目里，它与文件尺寸复合在一起。像电气设备、照明设备、消火栓箱、引导标志以及其他在一个项目里可能放置在成百上千处的组件如果图像过度细化，在加载和重生成文件时或许会导致极大的延滞。

那些过分精致但又与整个项目审美相关的组件不太可能被选择来进行代表性建模。这些类型的组件在项目里通常放置一两次，它们的总体外表在渲染环境里可以看到。如枝形吊顶、电梯、电动扶梯以及某些门窗这样的组件经常在渲染视图里展示，因而它们的总体外观应该在更高细节级别上进行图形建模。决定哪些组件进行代表性模型还不是真实建模要与参与建模的成员进行仔细的计划和讨论。对于制造商，在开发组件之前，最好与建筑师以及其他设计者讨论他们的需要和目的。这将确保提供给建筑师的模型最后能够在项目里使用，而不是变成除了营销手册就没什么实际用处的过大的图形模型。对于建筑师，花费一些时间与 BIM 管理者共同计划将会对模型设定一个期望，并使他们有这样一个概念：最后应该给业主什么类型的视图以及将展示项目的哪些方面。

当开始一个项目并进行方案设计时，代表性组件是唯一能选用的。这能实现初期的加速建模并保持较小的文件尺寸，当在项目期间要进行许多关键决策包括尺寸、形状和位置等时，可快速决策和修改。一旦决策最终确定，在渲染视图所期望或必要的地方可将代表性模型替换成更精细的版本。可将这看成是从 LOD 200 到 LOD 300 的一个滚动式的转换。一旦在项目中选用了实际的产品，可能需要更多的细节来表达它们以进行最终的建模和（或）渲染。这可能像从 LOD 300 到 LOD 400 的转换一样。当设计完成后，为了创建高度精细的渲染图作为给业主的展示，LOD 500 组件可能会被加入到某个确定的位置，但在许多情况下，为了节省

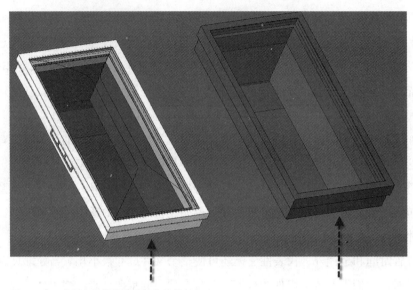

图 6.8　一个代表性的带有细部构件的对象

宝贵的文件空间它们都可能被省去。

当我们考虑创建代表性图形的时候，根据组件的安装位置来看它非常重要。回到拇指法则，如果距安装位置 10—15 英尺处看不到它，要仔细考虑是不是需对它建模。如图 6.8 所示的代表性图形，应该占据合适的面积和体积以足以进行冲突检查，应该向建筑师提供组件存在的视觉线索，应该包含适中的信息量足以进行在其位置最终采用什么产品的决策。在图像上，代表性模型应该精确到 1/4—1/8 英寸。它不需要携带图形内部关于特定选项的精确细节，但可在数据内部获取它们使它们将来可被升级为更细化的模型。

创建可扩展模型的一种较好方法是创建一系列植入在对象中、随开发层级的增加可被替换为更细化版本的组件。例如，一个低层级发展的窗户（LOD 200）可以被创建为拥有窗户如何运作以及是否含有窗格条等的数据设置选项，但是没有与那些植入组件相关的图形。为了使它从 LOD 200 转化到 LOD 300，植入的组件会被替换为图像细化的组件以更精确地显示组件的细节。可对任何组件执行同样的流程，所以不是打开和关闭某些图形来表达细节层级，而是改变植入组件本身。这不仅使开发层级保持一致，也使组件自身尺寸较小，这在项目全过程中保持了建模效率，这是 LOD 概念的关键所在。

使用实体建模工具

不同的 BIM 平台拥有不同的创建实体的方法，那些实体代表了我们在项目中所使用的对象。所使用的实体类型主要取决于组件在项目中是如何实现的。通过简单的画一条线并允许实体沿其路径可以较好地实现一些组件，而其他组件可以是一些拥有不同长宽高尺寸的固定单元。有一些工具可以使我们更容易地创建球形和圆形对象，还有一些工具能够创建漂亮的弯曲和扭曲。了解每个实体建模工具是如何工作的可使我们在创建高度细化的组件时尽量少出差错。

实体可以通过添加和减扣而创建。添加是凭空创建一个实体，减扣是通过创建空缺来从实体中移除体积。利用空缺几何来创建实体内部的刻面是一种有效的可能也是唯一的创建漂亮几何的方法。然而，当空缺大于实体时将变得混乱并且对模型超载，当它事实上并没有从实体中切除时它的体积可能会在对象内隐藏自己。由于在较小文件出现的意外结果都需要更多的时间来加载和重新生成，创建空缺几何时要十分小心。可能的话，尽量使用实体几何而不是空缺几何创建组成对象的组件。

最常用的实体是挤出件，它是通过在二维平面上勾画一个封闭区域的轮廓并向上挤出一定量而创建的。如图 6.9 所示，挤出件考虑了两个方面：轮廓和距离。这类几何用来创建大多数组件的核心结构，在其基础上通过添加或减扣其他几何体来对整体外形进行细化。挤出件为我们提供了总体外形最大的灵活性，因为轮廓的每个刻面都可以是参数化的，这样无须通过擦刮来重新构建轮廓就可对其进行控制。要创建一个挤出件，必须在一个特定平面上绘一系列围成封闭区域的线条，这个平面决定了它的原点。多个封闭的环轮廓可在挤出件内部创建孔洞，这样就不再需要使用空缺几何体。一旦完成了轮廓的勾画，可以对起始点附加一个参数或把它们附着在标定间距的两个参考面上，沿某一方向投射出给定长度的挤出件。

回转件是一种围绕轴勾画轮廓而不是挤出轮廓形成的实体。回转件通常在外表总体上是圆形的但沿一个边界有一致的漂亮细节的组件上使用。考虑回转件的最好的方式是把它视作一个车床上的长木片。如果我们旋转这个木片，车床上刀头会切掉它的一部分体积。这种情况下外轮廓就是刀头工作后留下的空间。回转体使我们能够标注特定的起始和终止角度，因此它们无须旋转 360°。使用回转件的最常用的 BIM 对象是建筑柱子，扶手上的栏杆，门的

图 6.9　挤出实体——方案和成品

球形把手以及抽屉拉手。

图 6.10 显示了回转件的三个基本方面：轮廓、轴和角度。轮廓定义了二维视图中直视回转件的样子。回转件的轴是创建实体的中心点，或者是同一个二维视图中的中心线。它并不一定需要在轮廓上或者是轮廓上的一条线。离轮廓一个位移量旋转轴将会在旋转而成的实体中创建一个开孔，就像甜甜圈的中部或是为建筑柱子的结构支撑保留的空区域。

如图 6.11 所示，就使用轮廓和距离生成而言，连弯件与挤出件非常相似，但它考虑了方向。挤出件只能沿与轮廓平面垂直的方向，连弯件则沿着一条线或者路径前进，这决定了它的外

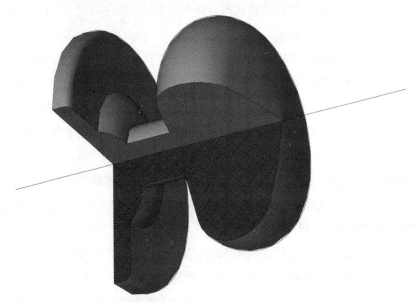

图 6.10 典型的回转件——轮廓、轴和角度

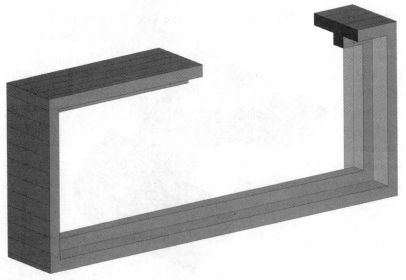

图 6.11 典型的连弯件——轮廓和方向

形。当创建拥有一套轮廓并需要沿特定路径（弯曲的或是有棱角）的图形时，连弯件就很有用。窗框或门框就是很适合使用连弯件的例子。当对框架图形作简化时，通过创建一条连弯件路线以及定义要被挤出的轮廓，就可以使用单个实体来代表顶部、下槛和侧柱。

因为连弯件完全由轮廓驱动，这使我们有了额外的控制。连弯件事实上可以加载特定的轮廓，而不是勾画轮廓，这使它们可以在以后任何一点被置换。这一点在处理如装饰木工和细木工之类的组件时特别有用。

装饰镶边由其轮廓驱动以决定其外观，因此可以创建一系列代表每种镶边的轮廓，一个单独的连弯件就可以代表每种可能用到的轮廓。

关于连弯件和轮廓需要注意的是：如果轮廓对于转弯角度而言太大了或者半径太小以致它不能有效地转弯，就会出现错误。当处理对轮廓加载而不是勾画的连弯件时，这一点特别重要，因为可能有几个轮廓，需要全部进行测试以确保它们能正常运作。当创建轮廓方案时，要注意细节总量，拥有微小细节的高度华丽的轮廓有时会导致错误。另外，确保轮廓方案是一个封闭的圆环是基本要求，否则就不可能正确创建实体。

一个混合件使用两个轮廓和一个方向，如图 6.12 所示。把它看作是一个在底部有一个轮廓、在顶部有另一不同轮廓的挤出件。它不是一种广泛使用的实体建模方法，但在处理诸如厕所、浴盆以及装饰照明设备等不规则几何体的特殊情况下非常有用。混合实体也有两种类型：挤出混合实体和沿一条路径的混合实体。一个挤出的混合实体与挤出件的要求一样，只不过它有两个轮廓而不是一个。沿一条路径的混合实体与连弯体的要求一样，只不过它在头部和尾部都有一个轮廓。另一个在挤出件或连弯件与混合实体之间的主要区别是当实体沿其方向或路径移动时扭转实体的能力。

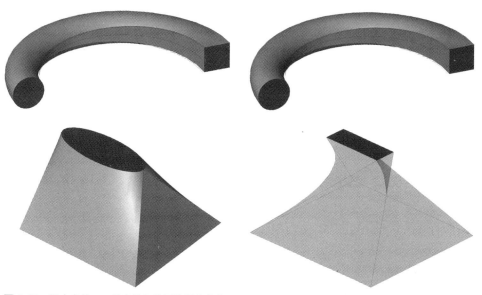

图 6.12　混合实体——挤出件与基于路径的实体

参考线和面

三维图形不仅使用笛卡儿平面中的 X 和 Y 方向,而且增加了 Z 方向来创建深度。为了控制我们的项目和组件,使用参考面和线来进行说明:我们在空间中的位置和我们观察的视角。考虑一个具有六个等尺寸面的立方体。如果没有某些说明和视图线索,就很难知道哪一个面是顶面。如图 6.13 所示,参考面为我们提供的不仅是视图线索、还是一个我们可以工作的表面。它们成为我们所有图形实体的开始点和结束点、尺寸标注的参考,更重要的是组件的插入点。

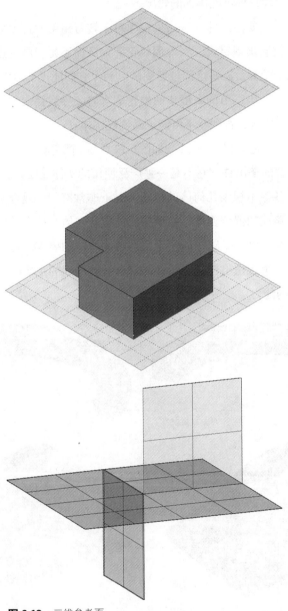

图 6.13 三维参考面

一个对象的插入点或起始点，可以认为是其发展的最重要的方面之一。如果没有一个合适的和一致的插入点，就很难快速容易地把组件放置到项目中。如果没有定义一个窗口的插入点，或者被定义为偏离窗户左端 20 英寸、距离下端 6 英寸，就很困难把这个窗户插入到墙体中。适当地对参考面命名和注释，以及定义哪三个平面组成 X、Y 和 Z 坐标系，可以确保总是合适地放置组件。当处理插入式组件时，最重要的是在参考面间维持一致性。假设一个门对象用一块插入式面板来创建，这个面板可通过用户定义的选项被置换。每一个插入式面板对象必须有一个完全相同的插入点。否则，当更新对象时将无法合适地对其进行定位，从而产生差错。有效的方法是为你的办公室，甚至最好是为行业整体，提出一个对不同类型组件插入点进行定义的策略。例如，所有的门面板可以用门的内侧最高处铰链一边作为插入点，或者所有门的五金件可用组件中心线作为放置高度的基准，用对着门的表面作为第三个面。

参考线与参考面类似，不过参考线在二维图中更加有效和实用。它们可以辅助标注两线间的夹角，这个夹角可能需要是参数化的，在标注轮廓而不是在轮廓线之间进行标注时它们也是有用的。当创建二维细节对象时，参考线被用来完全代替参考面，因为在这些细节中没有 Z 轴。

尺寸和公差（Dimensions and tolerances）

当开始开发对象时，要考虑它们要多精确才能执行手中的任务。一个 BIM 对象的目的是代表在项目中使用的一个特定的组件。这里的主动用词是"代表"。

没有人会在设计一个组件或制造它时使用与建筑信息模型有关联的图形。它被设计用来使组件能够在项目中被采用，这样应该带有必要的尺寸和公差来表达建筑设计和建造的内容，而不是产品设计和制造的内容。这并不是说一个组件不能够被细化到足以进行制造，而是说实施工具远远不如用于制造的那么细化和有能力。典型的建造公差大约是 1/16 英寸，然而在制造中，公差可能以微米为单位。BIM 软件中的实体建模工具可能并没有它们所能达到的那么精确，但是它们达到了它们需要的精确程度。建筑软件从宏观来看组件，而设计和建造软件从微观来看。这归根到底是意图和目的。由于与特定组件有关的极小层级的细节，一个制造软件文件大小可能和整个建筑项目一样大。既然在一个建筑信息模型中，没人会看火炉的内部结构或者是空调的零件，那就没有意义建立到那样的细节层级。

对象的尺寸标注可能没有看起来那么简单。使用 CAD，尺寸就是简单的两点之间的距离。随着参数的添加，每一个参数化尺寸必须在数据组中有一个位置。创建一系列的参数来控制尺寸，使我们可以控制它们，因此无须多少努力就能在以后更新它们。然而，所有这些尺寸最终都在数据组中结束，建筑师或设计团队中的其他人看到它们。当有 20 个尺寸参数，而只有两个和设计有关时，决定哪个应该、哪个不应该被修改就很困难。为了区分与设计有关的尺寸和那些明确用来发展对象的尺寸，可把它们放置在数据组的不同位置。可把设计者可能需要修改的尺寸参数放置在数据组的一个位置，而把其他和设计者有关但代表实际组件类型且永远不会被修改的尺寸参数放置在另一个位置。当尺寸参数要么是由计算决定，要么仅用于发展对象时，给予它们不可读的名字，所有都是小写字母，并把它们放在数据组的偏僻位置，这样就可以知道它们是设计团队所不关心的。

开发实体几何是创建被标注的而且很多情况下由参数控制的轮廓的一系列练习。当标注轮廓时，在参考面之间标注往往比在轮廓线上更加有效。这可以以最小的差错实现更多的关于实体的控制和能力。然而，这不是强令所有标注都应该基于参考面，而是说只有最重要的那些。当一个轮廓包含 20 个面或线，并且最终变成一个实体时，相邻的几何可能需要在一个或者更多的面上与它连接，如图 6.14 所示。假设有一个被连接到 4 个面上的几何，创建 4 个参考面来管理这 4 个主要的表面或侧面，可以使我们更多地实现对实体如何表现的控制。在另一个情况下，多个不相连的线段两两校准时，把它们两者都与参考面校准比它们之间相互校准更为有效。

用参考面标注轮廓的一个主要目的是可以用参考面来把几何校准或锁定到相邻的实体。为了维持有效标注几何的能力，必须在轮廓模式外创建参考面，这样它可能和几何而不是轮廓相关。此外，当在两个参考面之间标注时，不仅面必须在轮廓外，而且标注也必须同样在轮廓外。某些 BIM 软件在开发组件时会被设计为具有感知能力并会对设计者打算做的事作出假定。某些情况下，轮廓线会被自动锁定在附近的参考面上，这可能造成意想不到的结果。当这种情况频繁发生且并不期望如此的时候，一个解决方案是先开发轮廓，然后放置参考面，最后再手动设置所期望的校准。

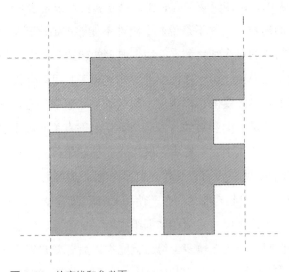

图 6.14 轮廓线和参考面

在 BIM 对象内创建的尺寸不会被可视化地转换进项目内。它们成为数据组内的永久附件，其唯一功能是驱动对象的外观。很多情况下，BIM 对象的尺寸成为施工详图而不是放置在模型中图形的功能，所以这不是一个常见困境。如果需要在图纸中出现一个对象的尺寸，需要被手动置于对象中，或者创建一个细节对象与之相连，以使组件完整。

> **提示**
>
> 在某些情况，轮廓线是自动锁定在附近的参考面上的，这可能造成意想不到的结果。在这种情况频繁发生且并不期望的时候，一个解决方案是先开发轮廓，然后放置参考面，最后再手动设置所期望的校准。

通常的施工误差被设置为约 1/16 英寸。当我们讨论一个 BIM 对象内的误差时，更准确的应该是间隙或偏移。一个窗户或门应该能够为其毛开孔标注必要的间隙，烘手机的安装高度应该标注它与楼板间的净空或距离，卫生间隔断应该标注到相邻墙的间距或距离。这类添加到组件上的标注使它们更准确地用于设计，而在图形精度上无超精确要求。设计者更关心从楼板到烘手机底部的距离，而不是它表面的圆弧半径。将注意力集中在设计团队工作所需的信息和尺寸，可以根据建筑师内心的需求来建立模型。

为冲突检测开发内容

冲突检查或"碰撞检查"是 BIM 软件的一个功能，它允许分析两个或多个组件来看它们在模型中互相是否有冲突。这是建筑信息模型广泛使用的功能，依赖组件的精度而有效运作。在大多数情况下，这个功能是为一个项目的大型的、一级单元而保留的，比如结构构件、机械设备、管道系统。可以证明设计中最有问题的就是这类组件间的冲突。如果 BIM 内容开发时考虑了冲突检测分析，可以进行更多的细节研究来确定墙上的灯光开关或者是嵌壁的灭火器橱柜是否和墙上的管线冲突。

另一个考虑冲突检测的组件发展方法实际上是关闭任何错误。例如，创建一个防火材料对象，它在一个管道或 HAVC 导管周边放置密封剂或防火圈、同时从墙上去掉体积，实际上将关闭碰撞检查，因为管线穿越墙的体积已被移除。这允许依据防火材料来研究模型，在管线穿越墙的任何地方，会做注释来提醒设计团队防火材料在这个位置缺失了。这是这类防冲突检测分析如何帮助设计团队的一个非常低层次的例子，只要适当地创建并可获取组件，但是创建可用于产品代表也执行某类建筑分析的内容，为双重目的的 BIM 内容开启了一扇门。

因为冲突检测唯一依赖于图形和分类，组件占据合适的空间量并在正确的分类中是重要的。一个灯光开关，比如说，背后有一个嵌在墙中的盒子。如果这个开关被设计成用于碰撞检查，它必须带有图形来代表盒子，尽可能简单。它并不需要精细化，仅仅需要占据合适的空间量来定义与相邻组件间的间隙。对象分类应该不管组件是否被设计用于碰撞检查，但是在这种情况下，如组件的格式不正确从而在分析中产生错误时，确保正确地列出分类是更为关键的。

第 7 章

材料的创建与管理

BIM 材料是什么？

BIM 材料是一种用于创建项目内所有其他单元的基本元素。每一个用于创建组件的图形实体都会被分配一种材料，它能细化实体在模型视图中看起来像什么以及在渲染视图中的外观，它还与关于它是什么以及性能如何等信息相关联。材料被植入组件和组装中以在三维视图中表达其外观、在剖视图中增加必要的信息以创建属性或者图纸编号。正如一个项目内的每个其他组件，材料是可以计数的。不论我们观察的是区域涂于表面油漆的一平方英尺还是一面基础墙中混凝土的一立方码体积，在模型中增加准确的材料要考虑到不同材料类型的分类以及所需数量的估算。

在一个项目中处理材料时，通常难以管理与材料相关的所有信息，既有图形信息也有依据数据的信息。汇编一个组织不同类型材料外观的协议，将可快速发现并在工程中很容易地检索到它们。在处理用于如墙和屋顶这类组装的材料时，这尤其重要，因为通常只在剖视图中才可看到它们，如图 7.1 所示。在建模中，可以通过颜色查看工程，这使用户可以通过视觉确定与描述用于墙体组装中的不同材料。这被证明是有效的，有时比当今普遍使用的填充图案方式更为有效。

与材料相关的数据和信息不仅仅局限于提供信息的目的。在材料上添加文本可用于标记材料或在截面视图中创建一个注释。这使工程进展更为顺利，并且可通过自动放置与墙体、地板、屋顶或顶棚组装内的层对应的文本标注减少出错概率。创建一系列用于全部项目的库存材料，可以生成一个模板文件，或一个 BIM "仓库"，这个 BIM "仓库"具有项目使用的所

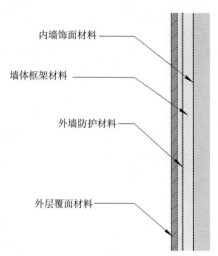

图 7.1　一个组装里的材料

有材料。材料应该增加属性,这使它们可以按一种逻辑顺序进行分类。通过增加制造商的名字、技术规格编号、独特的产品目录、材料分类、甚至性能评价等可以在文件中更方便地查询到材料。如果对一种设施的要求是 R 值为 19 的牛皮纸面,可以过滤属性使得序列中仅显示符合特定属性的产品。

应用于材料的属性就应用于一个给定工程中的所有材料。材料子类不能被创建来限制所应用的属性。例如,隔热材料有一种属性被称为"Facer Type"。这种属性会出现在所创建的木材、混凝土、钢铁及其他任何材料中,尽管这种属性没有被应用。创建一系列应用于不同产品分类的模板将有助于保持信息易于检索。一个隔热材料表可能仅被应用于它的属性所限制,例如 R 值、"Facer Type"、密度及 "perm rating",一个瓷砖材料表将仅受限于抗滑性、抗磨损性、抗冻性以及式样(尺寸)。

应用在组件对象中的材料通常仅因为图形目的而被使用。组装由一系列相互独立放置、因一定原因所指定的材料组成,组件是一个具有多种材料的独立单元,这些材料应用于这个单元的建造中。由于组件通常被指定为一个独立单元,而不是一种可定制的建造部件的总和,它通常不必包含超出它们名字与描述的材料信息。这里有些例外,玻璃最为值得一提。门与窗通常提供多于一种类型的玻璃的选择。除材料厚度外,它可能是钢化的、夹层的、退火的或夹丝玻璃,也可以是众多颜色或染色中的一种。如果我们展开可获得玻璃种类的选项,有时我们会发现组成族类选项已不现实。这时,可行的方法是在材料层面增加玻璃性能属性、使玻璃种类成为用户选择的选项。

无论材料是应用于其本身、应用在组件内,或应用为组装的一个部分,都需要增加一定数量的信息使其在一个项目内被精确地定性、量化及指定。发展一种命名规则、图形表达方法,以及信息储存以及检索协议可以使准确的材料在项目中被重复使用。

材料为何重要

在一个项目中应该准确使用材料的最明显也是最重要的理由是表达其视觉外观。建筑信息建模使我们不仅能在三维中工作还以全彩色的方式提供真实的渲染视图。不同的材料为剖面视图使用不同的填充图案,在很多情况下,在模型视图中被分配不同的表面图案。这起到视觉提示的作用,提示设计团队一种特定的材料已经被分配并且出现在给定的位置。如果没有不同的颜色及不同的图案,不对模型进行仔细琢磨就很难分辨两种不同类型的墙体或者墙体中的两层。在三维视图中,简单的表面图案足以区分墙面板侧线与护墙板,而在截面视图中交替的颜色和图案就足以区分墙体中不同的分层。

注释和编号是被创建的材料的一个功能。在 BIM 软件中应用的预定义的注释通常映射到材料的一个已有属性,其数值以文本形式作为编号。这种方式为在项目的截面视图中创建不同类型的注释提供了一些特别机会。通过创建一个映射于性能属性的自定义注释,我们可以同时切换所有的属性来显示不同的信息。在某一视图中,我们可能想显示材料的名称。在另一视图中,我们可能想显示每种材料的 R 值,或者是所应用材料的规格说明书章节号。通过对材料增加这类属性,可对图纸进行改变以适用于每一个需要看到相关内容的人。项目的总承包,包括制造商,希望看到注释中准确的材料名称,而一个专业人员可能仅想看规格说明书的章节号或者厂商中立的材料种类。

结构属性使得材料不仅被用于信息目的,还能用于显示组件的外观或表面。结构方面的考虑允许第三方软件进行模型分析来确定设计是否足够满足建筑规范和结构要求。由于建筑信息建模是参数化的,能够基于试错法进行假设分析以发现对给定情形最有效的组件或材料。这是数字化原型的基准,通过它可代替产品研究使建筑的过度工程最小化。一般来说,当今在项目中的应用最广的三种结构材料是钢材、木材和混凝土。包括钢梁、规格的工程木材及现场浇筑的混凝土墙等这些被制作的组件的结构参数始于其被借以创建的材料。

不同类型钢材具有不同的最大屈服强度、抗压和抗拉强度,它们对应于钢梁在施加荷载下所经历的应力。通过为每一类钢材创建特定材料,考虑它们不同的物理特性,可以进行精确的计算来确定必须使用的钢材种类及成品组件的来源。美国材料试验学会(ASTM)和其他试验方法可得到不同种类钢材的最低强度值,其实际数值与钢材生产厂家有关。当考虑提供完美工程建筑物这个最终目标时,我们不仅要基于相关标准进行设计,还要依据实际完工的组件来决定哪类钢材是最省钱高效的解决方案。

木材依据它们的品种分类,具有特定的抗拉强度、抗剪强度以及顺纹和横纹的抗压强度。与木材材料相关的属性决定了木材在不同的施加于其上的荷载下可能经历的挠度。地板托梁或者肋板端比位于墙体上的穿台板的挠度更大。不同位置的挠度允许值是由建筑规范决定的,有时还根据建筑物产品制造商的要求决定,主要由作用于所考虑组件的活载、恒载和雪载决定。利用木材的属性将允许项目的建模使第三方软件能进行建筑物的矢量分析以决定一个大型教堂的顶棚需要多大的条状定向层积木材（PSL）、单板层积材端头的尺寸（LVL），或者是 2×12 的道格拉斯冷杉地板搁栅的最大净跨。

混凝土主要根据其抗压强度或其能承受的压碎力进行分析。作为一种材料，混凝土的块体是无方向性功能的。只有当混凝土筑成一定形状时，例如预制双 T 混凝土板，才开始考虑挠度。当然混凝土其他的属性是有意义的，在结构分析方面如何利用这些信息，主要关注的还是混凝土的抗压强度。与所有的材料一样，假使混凝土浇筑成被下面的结构所支撑的楼板，它的重量也需要被考虑。

结构性能仅仅是材料的一个方面，并且结构分析仅是使用包含于材料内信息的众多方式中的一种。许多项目中使用的材料列在几个规格说明书章节里，因此量化特定材料的数量是困难的。美国绿色建筑协会（USGBC）制定了一套评级系统来评价一个建筑物的设计与建造有多高效，或者评价它有多"绿色"。LEED 评价系统关注的是建筑整体而不是单个组件，允许单个材料或组件基于它们表现的好坏、它们的产地来源、它们的循环利用量或众多不同准则之一来贡献不同的 LEED 分值。

油漆是在项目全过程都能发现的材料的一个很好例子。它也许仅列在规格说明书的一章中，但它用于墙和顶棚组装中，有时甚至是地板中。油漆中的挥发性有机物（VOC）水平决定了它是否能贡献一个特定的 LEED 分值。此外，VOC 中和是指允许使用少量高挥发性油漆，当它能被大量同时使用的低挥发性油漆中和时。当考虑这种中和作用时，通过把 VOC 内容作为一种属性加入到材料中，模型能依据油漆被刷区域的面积导出百分比。

成本估算是建筑物设计的基本方面。一般在项目设计早期进行成本估算以决定项目的总预算。成本估算一般是通过平方英尺对整个建筑物进行计算，但建筑信息建模通过计算每个组件提供了远为精确的估算方法。对一个完整的项目创建实际的成本数据是一把双刃剑，这种方式中任何单个组件都不应有相关的成本，这样估算的精度是存在问题的。这需要建筑师对每一个组件估价，根据加权平均成本要么指定一个预算值要么指定一个假定值。当模型中加入成本信息时，不仅要假定实际价格或生产商提供的零售价格，还要假定组件安装的劳动成本。一方面，建筑师能够添加进这个信息，并且确定一个相当固定的成本值，但是另一方面，商品的价格在快速波动，所以将价格信息保留在安装组件的承包商或分包商手中也许更有效。模型中所包含的信息使建筑师能够提供精确的工料估算或者是项目中每个组件的产品数量。这本身是一个非常强大的工具，它可以简化投标过程并且可以减少承包商整理和提交标书所必需的时间。

成本估算与工料估算之间一个重要的区别是信息的组织与表达形式。成本估算着重于面积与长度，工料估算着重于销售量。一个项目中已经创建的屋顶可以告诉我们在工程中需要多少平方英尺的屋顶材料、隔热材料、紧固件以及胶粘剂。我们并不知道每一组件的使用量和组件已卖出多少产品。通过增加属性使得面积转换成一种产品，我们可以使用模型进行产品计算。

屋顶防水层胶粘剂每 60 平方英尺需要使用一加仑并且以每桶 5 加仑的方式出售。通过增加理论使用率和产品规格这一属性，我们能够计算出 3000 平方英尺屋顶需要 10 桶胶粘剂。

表面面积 / 理论使用率 / 产品规格 = 产品数量

3000 平方英尺 /60 平方英尺每加仑 /5 加仑 / 每桶 =10 桶

通过增加应用于组装中所有材料的覆盖面积和产品规格等少数属性，建筑师能够提交项目所必需的所有组件清单。或者，如果建筑师打算向承包商提供模型，承包商自己可以利用信息并核查信息的准确性。事实上，覆盖率仅仅是理论上的，那些安装产品的工人知道什么地方存在哪些造成浪费的因素以及什么地方必须考虑特别的计算。举例来说，如果一个建筑师决定屋顶区域以每 2 平方英尺间隔一个的方式设置机械连接件，那么承包商需要关注的不仅仅是屋顶面积，还包括屋顶周长以确定沿屋顶边界所必需的额外增强的紧固形式。

向材料中增加属性的一个重要概念就是给建筑师或专业人士提供一种能力，使他们不仅要关注一个组件是什么，还要关注为什么选择了它。一种隔热材料的选择也许是因为它较高的抗压强度，而另一种材料的选择也许是因为它们的热阻或者 R 值。蒸汽屏蔽层有渗透等级，陶瓷有耐磨性，石膏墙板有防火等级和抗菌性，屋顶盖瓦有抗风性。无论我们考虑的建筑产品是何种类型，它们的表现及特定属性决定了它们是什么以及我们为什么选用它们。在模型中增加特定的信息使建筑师和专业人士可搜寻符合设计准则的组件和组装。这种方式远比通过图书馆或者互联网去查询和寻找它们要高效得多。

数据——材料里面是什么？

就材料内部的数据而言，重要的是不要过多加载不必要的信息。很多给定建筑产品的信息受到 ATSM、ANSI、ISO、UL 和其他参与产品标准和测试工作的组织的管理。尽管将所有数据结果都植入模型是可能的，问题是这样是否必要。如果每一测试结果都加入到一个项目中的每一组件里，那么信息数量将会如此之大以至于我们很难搜寻和发现我们所需的材料。通过只增加建筑师和专业人士用以确定产品是否被使用的重要点，可以生出能够进行产品快速对比的小数据组。首先，一个使用这些模型数据的人必须可以识别手中的材料或产品。除了识别，基本的性能信息可以让设计团队分析不同的材料和产品对其是否符合项目设计标准作出专业的决定。

首先，材料要有一个名字使其在项目中可以被方便找到，同时还要有一个关于它是什么的简单的描述。因为并没有一种广为接受的关于命名的工业标准，所以建立一种用于你的办公室的命名规则是有效的。统一制图标准和国家 CAD 标准确实讨论了命名规则，但是 BIM 材料的命名有其他缺陷，这是需要考虑的。由于模型中的信息需要被导入和导出，材料的名称不应包含任何导致数据库混乱的字符。如果要应用任意电子数据表或数据库软件来操作信息，应避免使用特殊的字符与标点，特别是逗号与英寸符号。这些字符在电子数据表或数据库软

第 7 章　材料的创建与管理

107

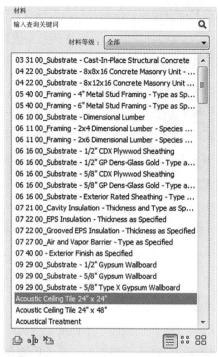

图 7.2　材料的命名规则
[MasterFormat® Number]_[Category]_[Type]–[Descriptor1]–[Descriptor2]

件中被用于划分列与分类文本。当它们被赋予实际数值时，它们会混淆数据，极易造成错误，特别是以编程方式导入数据时。

　　当考虑如何命名材料时，考虑它们在建筑和施工行业中是如何被组织的、常用的标注和引用方法。中立的或通用的材料的命名必须包含材料的划分、材料的种类、关于表面或颜色的材料的描述，以及组织它们的一种便捷方式。BIM 软件通常以字母的方式组织材料，如图 7.2 所示，材料前缀使材料按相近的类别排列。最有效的前缀是 MasterFormat®，第二位是 OmniClass Table 23—Products。MasterFormat® 提供的前缀较好是因为它符合建筑行业的标准，同时它限定于 6 个数字或在特殊情况下 8 个数字。而 OmniClass Table 23 是用于组织产品的，目前在建筑领域并未广泛使用，同时描述不同的产品需要更多的数字。因为我们通过一些特定的软件在屏幕上处理这些材料，当材料名字变得非常长的时候，文字的可见性将会成为一个问题。

> **提示**
>
> 　　在命名材料时避免使用特殊的字符，因为在信息导入与导出过程中会造成错误。最重要的是，避免使用逗号与引用英寸符号。

在很多情况下，材料的名字被用于标注。这时，命名规则不仅要考虑名字在屏幕上的可读性，也要考虑在图纸上的可读性。最好不将材料名字用于标注，而用为一种特别描述的属性。这样使它在图纸中更加详细，避免在模型中使用材料困难的情况。描述应该足够详细以向承包商传递必要的信息，让其可以决定在给定位置使用何种特定材料或建筑物产品。描述中包含的信息应该是简洁并富有信息的，要避免不必要的诸如"高性能"或者"超强度"这样的描述词。这些术语常用于销售，但与材料实际性能或强度并无技术关联。

以一特定供应商的建筑材料为例，模型名称的益处在于可以对项目实际使用的材料进行计划。在许多情况下，可以增加制造商具体的零件号、供应商品号或者商标名称。当项目中加入具体的模型名称或者数字时，它们能被导出到不同的计划表中，这样承包商或者制造商可以将它们导入到自己的销售系统中生成报价单。此外，结合模型名称与添加进材料中的其他属性可以让我们关联产品的描述。如果我们结合制造商的名称与商标名称同时增加其他属性的描述词，我们就可以快速且毫不费力的程序性地创建不同材料的描述。

材料通常会让我们增加关于其来源的信息并链接到其他的信息。如果存在某一特定产品或者材料的说明或测试信息，但这些信息在模型内互不关联，创建一系列的与不同网站的链接可使信息能够被远程管理与更新。经常变化的材料测试结果都适合使用超链接。如果我们放置一个材料内部指向网站的静态的超链接，而不是基于更新后的测试结果去经常修改材料，那么信息能够被远程维护。这样就可以使用户一直拥有材料或者产品最新的信息而不必下载对应工程的新版 BIM 材料。

除了材料的基本信息，包括制造商、模型、描述及信息链接等，添加属性使材料得以符合逻辑的类别管理能使它们在项目内易于被寻找。运用 MaterFormat®，材料能被组织进成建筑师和规格说明书编辑能够理解的逻辑类别。用于木结构的材料将被全部分类于 06 11 00，现场浇筑的混凝土材料将被全部分类于 03 30 00。这种方法效果很好，因为建筑材料是在上下文语境中使用。尽管现实世界中可能有种材料叫"钢材"，但在建筑信息模型或项目中是无用的，除非钢材被放置在上下文语境中。上下文语境中的材料可使一个组装的分层非常具体，并不需要创建项目所不要求的图形。例如，创建一个名为"2×4 木立柱—16 英寸间距"的材料，使墙组装的一个层创建时不仅考虑了材料，也考虑了实际的产品和它的安装标准。这就消除了添加每一个墙龙骨的需要，而这种做法是不切实际的，但依旧可进行较为精确的工料估算。它不考虑在转角处额外的重叠和在开洞处额外的龙骨，所以它不应用于精确的计件统计，但与在模型中逐片构建墙体相比它确实可以节省相当多的时间和精力。

与材料或建筑产品相关的性能信息应该允许用户基于行业公认的标准定位、分类和筛选信息。特定的材料或产品的基本性能属性一般用于产品决策，因此增加应用于这些材料的属性将能够基于实际信息搜索到它们。隔热材料的 R 值，混凝土的抗压强度，玻璃的可见光透射率只是一些属性的例子，它们在模型内是有用的并能为项目创建支撑文件。进入模型的任何属性也可以从模型中提取，只要将它适当地格式化。施工规范主要基于属性和数值对，因为用于项目的组件的选择主要基于它们的性能。

与材料相关的性能与结构数据随着分类的改变而改变，并且一般来说当属性被添加于一种材料时，它们会被添加于所有材料。当试图访问信息时就产生了一个困境。一种有效的解决途径是建立一系列的模板目录，可用于从不同的材料分类中提取信息。举例说明，金属框架材料通常都具有相同的属性，因此通过创建特定的金属框架材料的目录，那么都可看到这些信息，无论相关的组件来自地板、顶棚、屋顶或者是柱的一部分。

通常可以看到添加到材料地生命周期与使用信息。大多数产品都有一个保修期限，预期使用一段时间，并需要定期进行维护。在材料中添加这个自然属性将使信息对设备管理者和业主是有用的，建造期间应该更新模型使业主获得的是一个竣工完成的模型。不仅知道一个项目使用了多少材料还要知道它能用多久，这将向业主提供关于正在进行维修的设施的生命周期评估信息。如果业主知道在产品上使用一半的油漆的材料成本同样持续时间也只有一半，他也许会发现使用廉价的材料并不会有多少利润，两次应用于材料的劳动力成本将会抵消利润。相反的，如果业主在产品上花费两倍的成本同样持续时间也将是两倍，利润将会是明显的。

产品寿命信息也被设计团队用于对一个组装中使用合适的产品进行决策。如果一种屋顶材料可以使用 50 年且其价格会显著增加，那么使用一种位于其下的寿命只有 20 年的保温隔热材料将是不切实际的。不管屋顶性能多么好，业主可能需要替换位于其下的失效了的隔热材料。这将否决与一个设计为具有延长使用年限的屋顶相关的任何成本效益。在项目设计中能够进行特定产品的成本效益分析，可使建筑师在设计建筑物时考虑适当的产品更换时间。时间会证明这类分析一定会节省业主大量的资金。

外观与渲染

材料的外观确实是唯一与之有关联的图形。一种材料直到被应用于一个表面或者实体时它才具有几何形状，所以材料的这一方面是相当简单的。材料有两种处理方法：模型视图和渲染图。模型视图外观决定了当设计专业人员建模时材料看起来像什么。这是建筑师和工程师看到的日常视觉，所以模型视图不应该使用会刺激眼睛的颜色或增添困扰用户的额外线条的填充图案。渲染图是建筑信息模型的逼真输出，使得在项目中使用的材料可以被更为精确地表现。渲染图仅仅以材料的颜色为基础而无须准确地描述材料。BIM 软件可以定义材料为透明的或半透明的，添加特定的光泽与光泽度和表面的纹理，控制材料对光线的反射或者折射，创建凹痕或穿孔外观，甚至可以创建一种能够发亮的材料。这类材料的发展将高性能材料从仅供使用的材料中区分出来。在许多情况下并非绝对必要达到这样的细节程度，BIM 的软件一般都预装了一系列标准材料，这些材料可被进一步定制以创建一个精确的外观。

除了手动配置材料的渲染外观，使用图像文件可以有同样效果，在某些情况下更加高效。材料的图案，如砖块、路面砖，或具有独特表面的金属通常用高分辨率图像表示。但是，至关重要的是只要存在一个图案，图像就代表了整个重复的图案。在任何情况下，材料图像的周边必须无空白，并且图像中也没有遮蔽与阴影。用于渲染的图像文件沿整个表面铺设，所以当重复图案存在任何的阴影或者瑕疵时，铺设效果将变得非常明显。

位图和凹凸贴图是用来创建表面部分凹陷或凸起的图像文件。图 7.3 是一个凹凸贴图的例子，用于添加草地外观的深度和纹理。凹凸贴图不仅考虑了纹理也考虑了像瓷砖那样的重复图案。瓷砖基于其样式与尺寸以一特定的距离间隔。以一 4×4 的瓷砖为例，每片瓷砖之间的灌浆线是略凹的。考虑这一点，利用正负间距创建的图片将使得软件可以决定哪些区域必须是凸起或凹进的。这些图片都是通过黑色和白色图像创建的，黑色区域是凸起或凹进的，白色区域是标准的表面水平。一个典型的以图像文件形式输出的 CAD 图纸或者简单的绘图软件都可以创建它们。当使用这些类型的文件时图案很可能是异常华丽的，但是，正如渲染的图像一样，至关重要的是在图片中可代表整个重复的图案，因为它本身铺设在整个材料表面上。

填充图案用于创建简单的线条，它定义了模型视图中材料呈现的方式。特定的填充图案可能被用于表示墙板隔板、屋顶板瓦、混凝土及其他任何具有独特表面图案的材料。填充图案也被用于截面视图，以定义组装中的层。图 7.4 为一些常用的填充图案。UDS 和 NCS 定义了特定材料所对应的填充图案，但是并没有考虑所有可能的材料。填充图案的设计没有非常

图 7.3 贴图示例

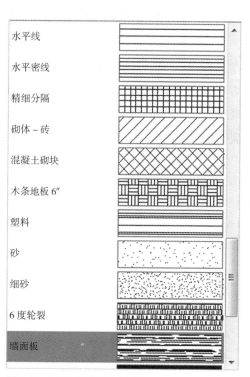

图 7.4 细节和模型填充图案

细化，并没考虑诸如木材、金属螺钉或混凝土砌块孔洞等详细线条的内容。这种细化水平是用于详细的组件而不是填充图案。在三维视图里工作时，有两种填充图案：绘图图案与模型图案。

绘图图案一般用于二维视图，通常是剖面视图，并且是正视图。模型图案更为动态，它们是一种表面功能，它们不是按视角放置的。这使得图案可以被放置于表面，例如墙上，图案的显示并不随三维视角而改变。可以创建高清晰的填充图案以代表华丽和弯曲的表面，但是避免让它们精度过高，因为线条会变得混乱并且边饰会变成一系列分割线段。

材料最后且最显著的方面就是它在模型视图中的颜色。这是建模者每天都会看到的外观，正因如此，外观对于眼睛应该是舒适的，在某些情况应该遵循材料分类的方式。如壁板和油漆这类表面材料要有准确的颜色、抛光和外观，因此模型视图中的颜色选择需要与真实产品的较为接近。对于嵌入在组装中的组件，在用于表示材料的颜色上可有一定的灵活性。这样可以创建一套标准用以表示组装内部的不同材料。如果每种材料都被分配一种源于外观的基本颜色，我们可以创建颜色的深浅来表示那种材料的一种属性或类型。例如，如果所有混凝土都用灰色表示，那么我们可以用浅灰色表示具有较低抗压强度的材料，用深灰色表示具有较高抗压强度的材料。这可以提供一种视觉提示，甚至有可能用于模型分析。假设蒸汽与空气隔层材料都是绿色色调，通过渗透等级来决定阴影的深浅。这同样也能用于隔热材料和它们的 R 值，或者胶粘剂和它们的 VOC 含量。无论记住阴影是否与属性或材料类型有关，或采用其他方法，根据属性或者性能给不同材料上色都能提供对设计团队有帮助的视觉提示。

一般来说，材料是所有建筑信息建模的基线与起点。如果没有被适当创建与管理的材料，与项目相关的信息就很有限，因为大量的项目信息存在于组装的内外面之间。就项目说明和总体设计而言，组装的这些方面通常最为重要，因此在 BIM 的舞台上我们不能低估它们的价值。花费时间尽早发展一组高质量的材料可以让我们在今后几年里创建数以千计的项目，而很少甚至无须维护它们。

第 8 章

CAD 导入与非参数化对象

在建筑信息模型发展的某个时间点，从其他应用程序导入文件也许是必要的和有效的。如果我们在为自己的项目建立地形，导入计算机辅助设计（CAD）文件会更加有效。那些仅仅被使用一次的高装饰性组件，也能找到导入项目的方式，图纸可能包含图像文件，某些情况下，光栅图像可能被用来跟踪基于一个设想的布局。这些文件类型应该很少被使用，因为它们经常很大并会很快使模型膨胀。只要有可能，在设计中应该晚些添加 CAD 和导入图像，以保持早期较小的文件。对于被用于跟踪的图像文件，在使用之后应该马上删除。

导入 CAD 文件——优点和缺点

将 CAD 文件导入到一个建筑信息模型有其积极和消极的方面。就发展内容而言，三维 CAD 文件已经被发展，它看起来似乎是创建与组件相关的几何的一个捷径。CAD 文件的主要问题在于，它们是非参数的。一个导入的 CAD 文件是一个块，用任何方式都无法修改。其尺寸是固定的，所以图形不能被拉伸。在很多情况下，这都无关紧要，因为组件只不过是一个独一无二的一次性组件，但是非参数性质也应用于材料。甚至在一些装饰性组件中尺寸不能被改变时，通常也可用材料选项。一个几何形状复杂的厕所、浴缸或灯具也许在尺寸上无法改变，但是通常有几种颜色可选用。为了使一个 CAD 导入能有效代表所有的产品选项，需要创建每一种颜色。

从正面看，当创建细节对象、将基于 CAD 的平面图转换成基于 BIM 的模型，或者创建地形时，二维 CAD 文件可以有巨大好处。当创建关于一个特定条件的细节对象时，例如一个制

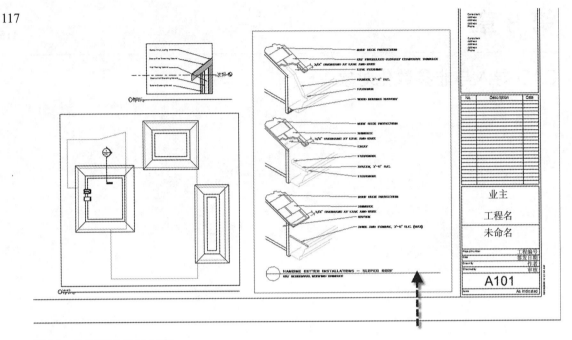

图 8.1 作为细节对象导入 CAD

造商关于一个屋顶边缘末端的要求，通过导入二维 CAD 详图可以简化创建过程，如图 8.1 所示。通过炸开现有文件或跟踪线条，用很小的工作量就可以创建一个 BIM 细节对象。当导入 CAD 文件时，比例是至关重要的。在建筑信息建模平台上所画的所有东西都是足尺的。计算机辅助设计时并不总是如此。为了确保细节不仅作为图纸上的组件而且在模型图形覆盖里是有用的，要密切关注导入比例。

很多制造商已经创建了一个强大的系列施工详图，服务于安装期间可能遇到的他们的产品。这些类型的详图通常最后表现在图纸上，和三维模型视图常常很少或毫无关系。这些"商品图"通常更多考虑承包商的利益而非设计团队的利益，因为它们通常会比人们期望从模型视图中发现的更为特定。为了传递施工的特定信息，制造商们现有的商品图可以作为 CAD 文件被直接导入到图纸上。这并不是细节发展的首选方法，但它是一个常用的捷径。以这种方式发展细节可能会出现一些问题，从线的粗细到颜色再到比例。当导入商品图时需要考虑的一个主要问题是 CAD 文件的质量。在很多情况下，标题黑体已经在它们的模型视图里被画到 CAD 文件中。当尝试导入文件以便能在详图中使用时，在导入前应该删除标题黑体。创建细节组件的最有效方式是从 CAD 文件中重绘它们，而不是使用 CAD 文件本身。

使用 CAD 文件来发展组件有巨大的好处，尤其是处理需要画草图的实体时。从现有的 CAD 文件中创建轮廓和挤出草图，如我们在图 8.2 中所做的，可以保持过程简单，尤其是在有装饰性几何形状或大量线条时。当从二维 CAD 文件中创建草图时，重要的是记得简化几何形状。一个 CAD 文件可能包含内外圆角，在一个 BIM 文件中它们因太小而无法重建，所以必

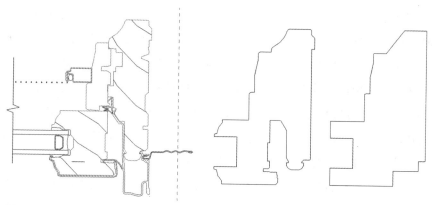

图 8.2　简化 CAD，作为模型草图

须简化这类几何形状。

很多情况下，在建筑信息模型中创建我们自己的地形是不实际的。它通常更应是一个不同承包商提供的参考组件。当需要创建三维地形时，一个导入的 CAD 文件可以作为定位点的准则，并且在某些情况下能够生成项目内的标高和位置。通过使用二维 CAD 文件向一个建筑信息模型添加一个位置覆盖，我们能精确定位场地基本组件，并能使用地面的轮廓、基准和位置在合适的位置放置模型组件。如果我们正在处理由多个测量员创建的现场工作的项目时，我们可能最终得到多个 CAD 文件。通过将这些文件放入项目、基于基准定位它们、添加重要场地基础组件的位置，诸如污水管道、化粪池、燃气管道以及埋地电线等的场地组件可以被转换成三维模型，并且无关的信息可以在二维 CAD 文件中删除。

不要期望从二维或三维 CAD 文件的导入中获得大量好处。虽然它们在发展装饰性对象时是快速的节约大量时间的解决方案，它们的功能性还是非常有限的。它们的使用必须限于创建内容时的参考性信息，或者用于一个代表组件放置位置的一个符号。

非参数的和半参数的对象

静态的、非参数的对象或"一次性对象"是不能以任何方式修改的简单组件。它们用很少的时间来生成，仅拥有它们所代表的单一对象的功能。装饰组件，如家具、灯具和其他有固定形状的单元通常是非参数的。如果一张桌子只有一个尺寸、一种颜色是可用的，对其图形添加尺寸或材料参数并无必要和意义。以这种方式创建几何时，它可以很快，但它确实仅仅是代表性模型或会在未来出现的实际构件的三维占位符。

半参数对象是那些可能没有尺寸参数但是带有材料选项的信息属性。实体图形保持固定，但是成品可能是可修改的。灯具通常按半参数来建模，因为它们图形上不改变，但它们可能被建成具有不同固定、修边或灯罩的成品模型。

半参数和非参数对象被限于在建筑信息模型里它们所能做的和所能提供的。这类对象是 CAD 和 BIM 或简化 BIM 之间的一种桥梁。它们通常很小也容易创建，但是难以管理。将一扇窗或一扇门作为一个非参数对象，我们不得不创建成千上万的单个对象来代表所有可能的尺寸和形状的组合。使用这类对象不能实现在建筑信息建模里的参数化目的，在很多方面，把我们推回到了计算机辅助设计的平台。半参数化对象的好处是它们使设计团队无法很容易地修改制造商特定的组件。如果一个制造商担心建筑师可能要改变灯具的大小以适应其设计，他可以选择采用无尺寸参数的组件。建立不包含图形参数但是制造商特定的组件，应该仍然包含尺寸属性，这一属性说明了单元的大小和形状。即使它们不依附于任何实体几何形状，尺寸将允许设计团队在数据组里查看组件的大小和形状。这使设计团队无法修改组件，同时提供了关于其尺寸要求的信息。

总结

CAD 导入和非参数化对象在设计中有其位置，但更多的是建筑信息建模的一个入口点。它们帮助我们实现从 CAD 到 BIM 的转换，提供了我们进一步发展的资源文件，并且在我们转换时扮演了某种支持。听很多建筑师说他们用 BIM 来做方案设计和设计开发，但仍通过将其导出到 CAD 平台来深化项目并在其上创建二维图纸。很重要的是认识到另一方向也可能的，不是导出 BIM 文件，而是导入深化设计所必需的 CAD 文件。CAD 导入，尤其是三维的，可能是很大的，并可能在模型的再生上花费大量的时间。通过等待加载对工作绝对必要的 CAD 文件，或者一旦失去作用就删除它们，可以在保留所添加单元好处的同时保持优化我们的模型。

被添加到一个项目里或者从项目生成的效果图中创建的图像文件，也会使文件变得相当大。虽然这些可能不会给模型的再生造成问题，但它们会使模型加载变慢。一旦不需要时可以将图像文件从项目中导出或删除。在图像文件被用来跟踪一个组件的几何时，应该立即删除它们以免之后遗忘。

第 9 章

BIM 数据：BIM 中的"I"

计算机辅助设计（CAD）和建筑信息建模（BIM）之间的主要区别是附加信息的能力，但是向项目模型中添加信息的要点是什么？一旦信息被添加入项目，可被用于模型分析、产品选择、造价估计、规格说明、设备管理，甚至制作和施工。建筑信息模型是一个由包含信息的一系列表组成的相关数据库，信息能被添加、操作、浏览、提取，或当不再需要时删除。只要组织得当，几乎植入模型中的每条信息都能被提取以利用专业软件进行分析，或导入过程管理软件中，所以向模型中添加的信息越多，就能发现这些信息越多的用途。

模型的开发通常从一系列围成建筑物的组装和一系列用于进出和采光的洞口开始。这些主要组件对任何项目都可证明是最重要也最常用的。最初我们并没有任何关于这些组件的详情，最终，实际产品的选择将基于一系列准则或属性，它们决定了产品是什么，有怎样的外观和性能，以及为什么对特定情况它是最佳选择。当属性添加入模型中时，并不需要即刻确定属性的值。如果所有外门都根据热工性能和强制入口比例来选择，那么在模型中定义门之前先添加门的这些属性，然后在晚些时候知道确切的数值时再为属性赋值，这种方式几乎不会增加额外的工作量。给每一个放置到模型中的对象添加一系列组件特定的属性，将使建筑师具有"筛"模型的能力，使每类组件固有的信息都能以一种整齐且有组织的样式被提取出来。

我们可以把为 BIM 对象添加属性想象为以一种滚动的方式为项目建立文档，这事实上可以使产品规格和项目文件的产生更为流畅。不是在施工文件阶段一次性全部指定产品，而是随着与之相关的信息明确以后选定或指定产品。当所有组件的属性信息都完成后，交由规格说明书编辑或产品说明填写者根据模型中的性能标准来生成施工文件。市面上已经有这样的软件，它们可基于模型中的组件建立关键提示并附加说明章节从而自动完成这一过程。更进一步，模型中属性的确切值应该出现在规格说明书的何处，是基于建筑数据生成规格说明书的真正难题。然而，模型的信息与规格说明书的信息并不存在一一对应的关系。模型中包含的大部分信息是与规格说明书无关的，而规格说明书中也有同样多甚至更多的信息是没有加载到模型中的。不能试图在一个组件里捕捉所有规格说明书信息或规格说明书中的所有信息，可能的解决方案是使用中间媒介。建立一个远程托管的中立数据库，可以利用基于互联网的数据接口将信息同时传送给规格说明书和模型。这一接口的功能是为模型与规格说明书之间的信息建立双向连接。这确保了所有文件间数据的一致性。而缺乏一致性是信息交换过程中所有问题产生的根源。

不论我们工作的对象是项目中的中立厂商组件还是制造商定制产品，为组件添加性能信息可以使它们能被认证、分析，并按其价值被选择。因为一个 BIM 项目本身是一个可查询的数据库。当属性添加后，能变成按相关准则选择产品的查询功能。如果在设计开展初期，我们拟使用中立厂商组件，包含在这些组件内的属性在后期也可被用作选择定制加工产品的基准或标准。一旦设计完成投标开始，模型可能被用作选择最合适产品的"控制"，确保它们符合项目的设计标准，如图 9.1 所示。

开发一种属性命名方法对于确保对这类产品进行分析是十分关键的。计算机不能区分 U factor，U-factor 和 U-value，即便这些属性实际上是同一个。使用一致的属性组能使模型的属性排列成整齐的有格式的列表项，这样能够查看多个产品并能逐行获取它们的属性，而不是通过一页页的数据表单了解它们。

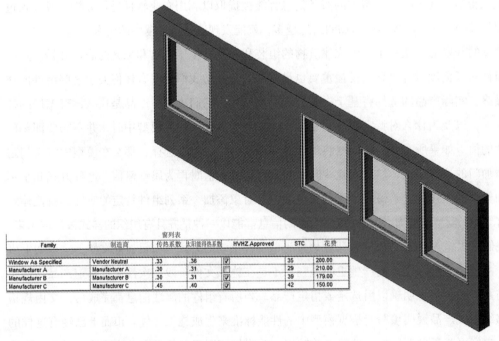

图 9.1　使用 BIM 项目作产品比较

> **提示**
>
> 添加进模型中的一个属性可被用于挑选最合适产品的"控制"并且确保它们满足项目的设计准则。

这样的数据库不仅能帮助我们组织信息，也使我们能按需要排序和筛选信息，从中得到想要的。要实现排序和筛选，就要告诉数据库信息的存放顺序和显示准则。决策准则是基于植入组件和模型的属性，所以再次强调，命名结构非常重要。存在一系列的内部目录来定义典型产品类型。一个组件可以被划分为窗户、门、墙、屋顶或其他类型。然而，对人类所知的每个产品目录均创建特定的分类是不现实的。不使用直观分类，一系列的工业标准和格式能帮助我们把产品组织进逻辑类别中，这样我们便能快速检索所需的信息。CSI MasterFormat® 和 CSI UniFormat™ 是两种最常用的格式，使我们可以分别根据工作结果和基本要素类型来进行分类。由于 MasterFormat® 是一个用于项目手册的建筑标准，它仅适用于高层次的信息属性。关于 MasterFormat® 的更多信息会在讨论标准和格式的章节中详述，也可以从 masterformat.org 和 csinet.org 网站获取。

当每一组件都包含一个标识出它的 MasterFormat® 类型的属性时，模型数据的分类应使每一组件与其相应的规格说明相对应。当模型完成后，数据可以被导出，专业人员就可以花很少精力编制规格说明书，因为关于产品的规格说明书章节的特别信息已经以表格的形式很容易获取了。然而，这并非毫无缺陷。许多规格说明书章节列在项目手册中，但没有图形化建模。在这种情况下，可以在模型中嵌入一个图形经过简化的或非图形的组件，这样信息就可以随着图形组件被提取。这就是放置于 SpecAttic 中的组件。

SpecAttic 由一系列仅为信息性的 BIM 对象组成。图 9.2 显示了如何建立一个远高于或远低于正在进行的任何工作的项目层级，在一个单独开辟的位置放置小的轻量的对象，同时使它们的信息能从目录或数据导出中获取以用于分析。建筑师认为不必建模的那些产品类别，如密封、防火、钢材或混凝土修复、抛光等，可以存储于 SpecAttic，达到事半功倍的效果。图 9.3 显示了一个典型 SpecAttic 体量的图形形式。

通过在模型中添加属性，我们可以创造新的机会来增强或提高现有的格式，以及创造一种新的浏览建筑信息的方式。基于 BIM 项目内的信息建立一种列表化的规格说明书，可传递关于特定工作的相关要点，简化了文件建档过程。这种列表化规格说明书背后的想法类似于项目手册中的规格说明和制造商提交的清单表的杂交。这种信息组织的方式与一张数据清单表类似，但信息量限制在规格说明书范围内。通常，制造商将在数据清单表中给出相当多的属性作为补充信息，供建筑师、专业工作者和工程师在选择产品时使用。这类信息与 BIM 组件可能有关或无关，在规格说明书中通常为了简短而被略去。

第 9 章 BIM 数据：BIM 中的"I"

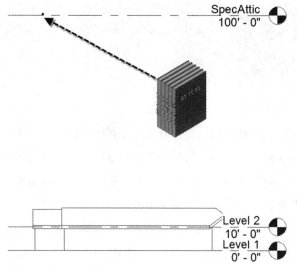

图 9.2　在项目中放置 SpecAttic

图 9.3　一个典型的 SpecAttic 体量

由于制造商与建筑团体和建筑信息建模的结合越来越紧密，他们开始看到可以利用建筑信息建模来组织他们自己的内部信息。通过将产品信息与建筑师使用的建筑信息模型建立关联，他们可以通过建立模型信息与内部销售体系的联系来改善采购流程。给每个组件添加一条内部销售跟踪记录，比方说 SKU 码，是不实用的。应该建立一对多的关系，一个 BIM 对象可以对应销售数据库中的多个 SKU 码。这样，基于从建筑师传递到承包商、再传递到制造商的信息，可能实现自动化的销售和运送。建筑材料制造商的技术支持、市场、调研和开发部门也可以从建筑信息建模中获益，因为他们可以在一个单独的数据库中集中放置包括建造细节、建筑说明、数据清单、安装指南及其他相关文件在内的所有信息。

很清楚，包含在模型中的信息不仅对建筑师，也对与项目相关的所有参与方均有用。向模型添加信息实现了设计阶段的分析、在施工前建立数字化原形、改善文档生成、简化采购以及为设备管理提供数字化使用手册等，推进了建筑、工程和施工各专业的工作。项目和产品涉及的信息量是巨大的。添加和管理建筑信息模型数据的关键是保证属性的一致性、可访问性和相关性。建筑信息模型是技术化文档，应该以这样的方式被建立和使用。

要添加的信息类型

建筑信息模型的作用取决于添加到其中的信息。产品和项目中涉及的信息可分为几类，有些是图形，有些是说明。在添加信息前，很重要的是决定终端用户的需求和项目的最终目标。花费大量时间去建立对任何人都没用的数据是毫无意义的。

尺度信息

尺度信息是指在项目内创建的与图形单元相关的尺寸、形状、面积等。高度细节化的组件或许有数十个与对象的建造相关的尺寸。当最初创建对象时，仔细考虑每项尺度信息如何显示，在软件用户界面上如何组织它们，以及是否需要用参数化去描述。当我们创建在每个角部都有 1/8 英寸圆角的实体时，通常没有必要将这类尺度参数化，一般它可整体留在数据组外。当决定哪些尺度应被参数化并成为数据组的一部分时，应考虑在今后可能的产品更新中，哪些尺度可能被使用者或制造商改变。

如果愿意，可以使许多对象非常细致。例如窗框有几个面和角，可使用非常细致的拉伸表示。建筑信息建模是用于产品的实现而不是制造的，所以这些尺度是无关的，有时它们的存在对模型来说是负担。窗框有关联的方面是与开孔、墙厚有关的尺寸，或者更一般而言，它与窗户对象内的其他组件的连接。简化图形和尺度将使组件的可用性和功能性最大化。

当考虑对于给定组件哪些尺度是必要时，考虑它在项目内是如何安装的，必要的净空和误差类型，以及从对象自身可能提取的信息类型。仍以窗户为例，安装窗户的开孔要稍微比窗户的尺寸大一些，这就是所谓的毛开孔。毛开孔尺寸帮助承包商确定如何准备这个开孔以容纳这个窗户。毛开孔的高度和宽度就是相关的尺度。当窗户由特定制造商提供或销售时，通常可获得某些特定尺寸。这就是单元尺度，用于决定前述毛开孔的大小和窗户的特征。许多窗户对侧壁厚度有要求，这与一般墙壁厚度有关。这一厚度值应该在数据组中标注出来，以决定侧壁是否需要向外延伸。最后需标注的与窗户相关的尺度用于窗户本身的分析。窗户净开孔尺寸用于确定建筑规范下的适用性。安装于特殊位置的窗户可能还需要特定的尺寸以满足紧急逃生要求。净开孔面积和净开孔宽度能通过边框的尺寸计算出来，或者简单地作为属性信息添加到模型中。我将它们列在形状属性下，因为计算它们比添加它们到目录中更为方便。图 9.4 是窗户的常用的尺度组。与其他二级尺度相结合，我们就可以计算出面积和尺寸需要，它们可能与建筑和施工规范相关。

图示的窗户只是用来说明对象内应大于或超过名义单元尺寸的必要尺度的一个例子。门和壁橱前面要留有一定的空间使门能够打开，卫生洁具的最小间距要符合建筑标准，白炽吊灯的间隔范围要满足消防安全要求。综上所述，决定哪些是尺度是必需的，不仅要考虑设计，还要考虑与任何给定对象相关的净距、误差、安装和分析。

身份信息

身份信息对于决定产品是什么也是必需的。最简化情况下，应该由商业名称或模型编码、用于注释的描述，以及将组件分类的少数属性组成，这样才能保证产品信息能被方便检索到。为了增强组件的功能性，可以将一系列超链接加入参考信息来辅助某些特殊构件的设计、规

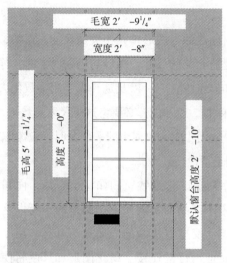

图 9.4 窗户相关尺寸

129　格说明、安装、购买或者维修。将这类性质的链接加入模型中是一种非常好的方法，既能够提供大量信息而不会对项目文件本身造成负担，也保证了数据总是最新的。

　　如果不是分析所必需的信息，最好把它链接到制造商的网页或其他托管存储位置。这使得信息可以从单个位置获得更新，并传递给拥有这个 BIM 对象的每个人。发展 BIM 对象时控制修改是至关重要的，不在相关文件上修改每个组件和信息，通过链接来引用文件本身是一个远为高效的途径。我一直建议反对将具体的保修信息放入对象中。保修条款可能改变，很难弄清是否有人已经下载了这些条款的最新版本。所以，不将具体的保修条款放入模型中，而是直接链接到保修文件，这样不管何时下载模型总可以保证这些信息总是最新的。

　　向对象中添加属性用于注释可能有用，但应该谨慎。因为如果每个组件都包含一条相关的注释，那么它应有其自身特定的属性。注释应该是为组件的非常特殊的信息保留的。如果同一条注释被应用于一个类别内三四个或者更多的对象，应该添加一个额外的属性来说明这条注释。一个可接受的注释的例子应该像"模型 24406 没有绿色的"。而像"在更好的供应站处都有"是应该要避免的注释。第二条注释不仅对销售毫无用处，而且该制造商销售的其他组件很可能也都符合这个描述。这类信息是多余的。与其将这样的注释放入模型，不如创建一条链接到制造商的销售或发布网页更为恰当。

性能信息

　　性能信息显然是添入模型中最重要的非图形信息。它基于工业标准确保产品质量，帮助设计和专业团队决定如何选择产品。大多数产品都有可以添加的相当大量的性能信息。决定组件的哪些方面与建筑信息模型相关，哪些应作为相关信息的链接，对于保持模型内部信息的组织得当和避免信息过载非常关键。

测试标准，例如 ASTM、ANSI、ISO、Underwriters Laboratories、FM Global 等，通常用于特定环境下的产品检测。ASTM 建立了可用于世界上几乎所有建筑材料的测试标准，大部分产品必须通过多项 ASTM 规定的测试才能被许多建筑规范所认可使用。通常情况下，这些测试结果并不需要全部被添加。那些最终决定了对于项目的适用性或为何选择产品的内容才是必须添加的。有些规范委员会，如国际标准化协会（ICC）和佛罗里达建筑标准协会（FBC），已经使用了特定的产品标准，所以有时简单注明产品符合 ICC 或 FBC 就是对象足够的信息。

当多项性能属性被添入模型中时，它们的组织形式应易于浏览和获取，并能在用户界面中统一定位，如图 9.5 所示。这样，可在模型内部和外部使用这些信息。例如，如果建筑师

参数	值
Construction	
Graphics	
Text	
材料和饰面	
玻璃类型	透明夹层玻璃
外框材料	聚乙烯 0.070″
尺寸	
毛宽	3′ 1 1/4″
毛高	6′ 8 5/8″
高度	6′ 8″
玻璃厚度	0′ 0 7/8″
窗台高度（默认）	2′ 0″
宽度	3′ 0″
厚度	
身份数据	
阶段	
保修期（年）	0
维护计划（月）	0
安装阶段	外围
预期寿命	0
能流分析	
传热系数（默认）	0.330000
太阳能得热系数（默认）	0.300000
传热阻（默认）	12.000000
IFC 参数	
操作	LH
分析模型	
F588_Forced-Entry	As Specified in 08 53 13
防水	As Specified in 08 53 13
E330_Structural-Test-Pressure	As Specified in 08 53 13
透气性	As Specified in 08 53 13
AAMA Conformance	As Specified in 08 53 13
其他	

图 9.5 性能属性分组

研究一扇门的强制进入率，他应当能通过点击这扇门，方便快捷地找到他想得到的数值，而不是在多个位置寻找。某些性能信息不仅应该是说明性的，而且应该是可分析的。许多 BIM 软件平台有内置的应用程序能进行能耗分析和结构性能分析，或有第三方插件完成同类工作。与这些插件或应用程序相关的信息需要从某处获得，例如为了分析建筑的热工性能，我们需要知道墙和屋顶的 R 值，窗户的 U 系数，以及墙和屋顶上窗子或天窗占据的空间。

通常基于项目的整体性能确定建筑规范，特定产品的适用性则取决于性能。某些结构构件必须跨越特定跨度，并承受最大重量；门可能需要达到某些特殊的热工性能；在项目的某些位置或者基于项目所在地区可能需要特定类型的玻璃。添加关于性能的信息为符合规范要求的文件自动化生成打开一道门。与建筑规范相关的性能准则常常变化，所以，在某些情况下，注明属性符合企业标准比简单注明一个组件符合特定的建筑规范要更好。这可以使规范满足的判断可推断，也防止了在未来建筑规范改变时传递不正确的信息。

安装 / 应用信息

总承包商或者自己建立模型或者接受设计后的模型，在这种情况下，安装、制造或应用信息的添加将提供给承包商和分包商在完成其所承担的工作时必须遵循的准则。大多数情况下，添加安装信息最有效的方式是链接到制造商的网页。为组件的安装添加一组逐个步骤的说明是不实际也不必要的，因为一般假定对组件安装负责的承包商已经具备充分的知识。

可以按照施工阶段组织项目，在施工阶段特定的项目单元在特定的时间段被安装。这使我们能够建立工作的时间进度，帮助我们更有效率地利用资源，并通过计算哪些作业可交接和同时进行来加快工程进度。添加一个组件是由哪个工序负责的属性，使我们能通过施工阶段对属性进行分类，把它们放置在项目内，并决定什么时间进行什么作业，以减少完成工作的人员流量和工序超期导致的工期延误。

如果模型和组件的精确性足够高，有可能输出直接加工数据。已经有消息声称 HVAC（暖通空调）承包商能够将模型信息直接导出到等离子切割机，减少了管道制造过程中的错误。这在主流应用中是否可行甚至是否可能还有待观察，但想法已有，为了促进整个行业发展，我们至少应该尝试去推进这一进程。

可持续性 / 使用信息

大家都希望建造出最高效的建筑。不论出于哪种目的，是为了获得更高的 LEED 等级，还是期望通过在建筑寿命中节约能耗来节约资金，或者仅仅是出于环保意识，建筑效率和可持续性已经被列为设计和建造的首要目标。美国绿色建筑委员会（USGBC）的 LEED 评级系统是基于项目整个而不是单个组件的。一个产品不能获得 LEED 认证或 LEED 检验，它只能对项目的认证和检验贡献分值。这一点对于考虑什么样的可持续信息应加入到模型很重要。对于进行认证分析的工程，LEED 分值是项目内有价值的用于分析认证的属性，但并不是简单地累加所有产品的分值来得到总的得分。

由于 LEED 属性和值是通过特定组件添入项目中的，信息需要被那些了解评级系统工作机制的专业人士提取和分析，他们能够决定哪些组件对评级有影响。添加评分是开始工作的起点，否则需要我们搜索制造商信息来决定哪些产品贡献了哪些评分。给组件添加 LEED 评分能够简化认证的研究过程，但是不能自动化完成对整个建筑的分析。

除了在像 LEED 这样的评级系统中使用外，可持续性信息的添加还能用于推测组件被更换的频率、产品如何影响建筑物居住者的生活质量、甚至在建筑寿命期内组件维护的开支等。基于所使用的能耗和其效率选择产品与可持续性信息有关，而实现和使用产品开始涉及建筑物的管理和运行。模型中的大量信息会被用于生命周期评估、设备维护和预算编制。

管理和维护信息

对于设备管理者和业主来说，建筑信息模型就像一座金矿。当模型按项目真实竣工的代表物完成并提交业主时，业主可以利用信息进行设备管理、维护、预报和预算。将建筑信息模型与 HVAC 控制系统、安保系统、防火系统集成是可行的，这样就可以建立三维用户界面，使设备工程师或管理者能够远程控制整个建筑系统。

项目中使用的每个组件最终都需要维护和替换。与预期寿命和维护频率相关的属性将使设备管理者能够提前安排组件更换的日常维护和预报。得到每个组件这样的信息将保证建筑物能得到良好的维护，维修事项不会被粗心忽略，因为有时会看不到也就会忘记。添加一条注释用于显示组件或组装的检查频率，将使信息能够传递到或用于设备管理数据库，以对设备员工或承包商何时进行日常维护作日程安排。

建筑中的许多方面都有预计的更换时间，如果未作预先预算，就成为未预料的开支。如果屋顶预计能使用 20 年，安装费用是 25 万美元，到它需要更换时，这笔花费可能早就被遗忘，也没有编进预算。业主或设备管理者可以为模型添加预计更换费用，除以预计寿命就能计算出更换的年预算指标。在建筑寿命内，为可能需要的大型支出建立上述的预算分析是一种良好的做法。一个完全建成后的建筑模型包含了项目内所有组件，所以从许多方面来看，这时进行建筑寿命分析是最高效的。

也许有一天，BIM 使我们能够给不同的房间设定或改变不同的温度，或者当某个安全机制被触发后自动启动摄像机。当我们为模型添加了重要信息后，许多工作都可能自动化完成。使这些成功实现的关键是使每个组件的必要信息都能被获取和检索。

规格说明信息

规格说明信息可以被定义为数据或属性，用于决定使用哪类产品，以及为什么这样选择。

它是某种信息特性、材料特性、性能特性和可持续性特性的组合。指定一扇门可能是因为它的 R 值高具有较好的热工性能，或因为它由橡木制成隔声性能好。指定竹制地板可能因为它是迅速可再生的产品，或者因为它更廉价。规格说明信息对于工作结果是特定的，在很多情况下，每位规格说明书编辑都在寻找有些不同的东西。目前正在发起通过建立一致的特性组来统一规格说明信息。规格说明书编辑特性信息交换或 SPie 就是其中之一，它尝试为每一规格说明信息章节设定特定的属性和特定的值。

数据输入方法

在考虑了所有模型可能包含的信息后，一个很大的问题出现了：我们怎样和何时输入这些信息？如果我们谨慎地决定了要添入模型中的信息，那么下一步要决定的就是何时输入。从许多方面看，这将决定信息怎样放置于模型中，以及如何管理它们。信息可以在单个组件内或项目自身内进行管理，这取决于组件是否被反复用于多个项目中。制造者定制的 BIM 内容有助于组件本身的信息添加，因为它可以携带特定产品固有的准确的属性和值。这类 BIM 内容也是设计为被分发给设计和施工团体的。建筑师、承包商、规格说明书编辑和设备管理人员可能会发现有些信息并不是他们在项目内关注的，但是应该理解项目内的其他参与者可能认为这些信息很重要。

建筑信息模型是一个中心数据库，存储了关于项目中所使用的所有组件和组装的信息，以及项目整体本身。项目模型的信息可能包括：总体设计准则、项目位置、建筑规范、项目中的责任个体，以及应用于所有待执行工作的一般信息的整体。项目模型内是一系列已经被使用的组装和组件，各自具有其特定的属性和值。组件和组装内是将被使用的特定材料，它也包含应用于材料自身、而不是材料所放置的单元的属性。这形成了一种自上而下的层次，从项目到对象或组装，再到材料，每一层包含一系列适用于它们相应层级的属性。终端用户把它视作一个自上而下的层次，但在 BIM 内容发展过程中，它应该被视作一个逆向过程以保持信息内部的精确性。使用于特定对象或组装的材料有明确的属性。这些材料属性应该是独立的且标准化的，这样这个材料可被任何相信将来还是必需的对象或组装重复使用。对象和组装包含一系列属性，用于描述组件作为项目的独立单元，它是什么以及性能如何。它来自材料，把自身置入项目，使它作为一个中间组件。当选择应用于这一层级的属性时应当谨慎，特别是涉及组装时，因为添加了冗余的材料信息会引起数据组内部的不一致。项目层级的信息是用户定义且对于明确的项目是特定的，所以许多情况下，需要用户从草稿开始。可以创建包含有关特定项目类型信息的模板。医院可能具有一些特定的适用于项目整体的属性，学校可能有不同于医院的属性组，住宅、办公楼也各不相同。这样可使用户能够选择一个带有特定属性的标准化项目，有时甚至可以有预加载的特定 BIM 对象，以加快建模发展速度，节约设计时间。

通常有些属性适用于同一类别下的每个组件，而不论与某个组件相关的值是否已被测试。例如，所有隔热层都有 R 值，所有窗户都有 U 系数和太阳能得热系数，所有门都有小时防火等级。与其给该类别下的每个组件都添加这些属性，不如一开始就创建包含这些重要信息的模板更可行。这样能减少为给定组件创建数据组所需的时间和工作量，从而加快发展进程。本书后续关于不同产品类别的章节将更加深入讨论应添入不同对象中的特殊属性。在发展它们之前先把这些属性添入各个对象是一种更有前瞻性的方法，但在许多情况下，对象已经建立但却没有包含必要的属性。

另一种管理组件信息的方法是把属性建到项目自身中。把适用于不同产品类别的属性向项目中添加将可以维护组件的信息，而不必把属性添入对象中。属性和值看起来是"传递"到目录中的对象或数据组。因为属性是基于项目的，它们不实际依附于 BIM 对象，所以一旦项目完成了，关于某一特定组件的信息就不能在另一个不同项目中重复使用。在项目层级的属性也适用于给定类别中的每个组件，所以尽管窗和门具有一些高度标准化的属性组，应用于项目中的许多组件都没有它们自己的特定的类别，也不是事先就预备好的。添加一个适用于该类别下所有组件的属性，当对这个属性赋值但它又不适用于某个特定组件时，可能会在数据管理中造成错误。项目层级的属性对于诸如在周五下午的截止时间"哎呀，我忘了……"这类问题，作为一个短期解决方案可能是有效的，但是不能代替一个经过周详考虑的 BIM 内容管理计划。

数据使用

一旦我们拥有了模型中的信息，需要使用它来维护其相关性。不被使用的信息是无用的信息。我将信息用户分为两类：上游的和下游的。上游用户是指与项目设计有关的所有成员，从建筑师到规格说明书编辑，到工程师、咨询师，某些情况下到承包商。每个成员都对信息有贡献，同时也为自己的目的而使用信息。这使信息随着每个专业的参与而增长。建筑师可以向组件添加设计属性，规格说明书编辑可以向组件添加产品选择信息，工程师可以向组件添加性能和使用信息，另外专业咨询师会添加与他们专业相关的特定信息。承包商是上游与下游数据管理和使用的过渡点。随着建筑和施工工业中设计建造公司的增加，承包商与建筑信息模型的关系越来越紧密。这使承包商不仅要利用模型中的信息，而且在设计阶段也参与甚至主管建模工作。

一旦数据组完全建成并最终完成就要交付给其他使用信息的并与项目的实现、维护和使用有关的成员。他们是下游用户。

上游——设计团队

在项目的设计阶段，建筑师使用 BIM 数据进行建筑物的分析。从能耗分析到空间关系，再到关于各类组件设计考虑的假设场景分析，模型中的数据被用来使设计进程更为顺畅。建筑师可能基于其大小、形状或者外观选择置换单元来确认其达到了理想的审美效果。这种视觉分析让业主有机会看到改进的画面以确认设计意图。由于数百个单元加入到一个项目中，组件很可能会相互碰撞。建筑师可以执行碰撞检查来检测某类别的组件与另一类别的组件是否在项目的某处发生碰撞。这样的分析将返回一个可能发生碰撞的列表，使设计专业有机会在施工前更正这些错误。

规格说明书编辑既可以是 BIM 数据的建立者也可以是使用者，取决于他们期望参与的程度。在项目开发的早期阶段，规格说明书编辑有能力在数据建立和管理工作中扮演一个积极的角色，而不仅仅负责创建施工文档。作为知识管理者的规格说明书编辑的概念，利用产品和组装选择中的专业知识，通过以滚动而不是一次性的方式编制与特定项目单元有关的设计决定来使用这些专业知识使设计过程顺畅。建筑信息建模数据的管理与行业所广为接受的标准和格式方面的专业知识关系极大。规格说明书编辑有这一领域的大量知识，这使他们成为最合适承担项目模型信息维护责任的成员。如果模型信息不是由规格说明书编辑进行维护，它可以用于创建施工文件。与模型相关的数据可以被组织和导出，使规格说明书编辑可以很快看到哪些单元被用于项目，以及它们属于哪些说明书章节。通过预先组织详细说明书信息，可以极大地减少创建项目手册所需要的时间。

工程师利用 BIM 数据进行荷载和使用的计算，以确保结构的安全性、可持续性和尽可能的高效性。分析建立在已经适当植入模型的使用属性基础上，其值通过设置和调整以满足项目的需要。设计项目线路系统的电气工程师需要掌握每个组件的基本电力属性。此外，还要添加一系列更详细的关于特定电气设备类型的属性，以便确定其布置和用途。例如，感应开关有特定的排列方式，它决定了开关会被激活的地点。将这类信息添入模型中，可根据信息和图形两者对它进行分析。机械和结构工程师将有适用于他们专业的特定属性，使他们能够在设计阶段进行分析并加快工作进程。

总承包商和分包商在设计阶段有机会输入他们的意见和需求，设计团队应该为他们提供这样的时机。他们可提供关于特定工种应怎样安排方面的相关信息，以缩短项目执行时间。他们丰富的专业经验会对特定产品在某些特殊情况下表现得好或差给出深刻见解，也会针对他们相关的工种提供设计帮助。设计-建设公司当然将其相关信息和专业知识植入模型中，因为它同时负责项目的设计和执行。不论是项目的设计-建造公司还是设计团队与总承包商之间的紧密联合体，建筑信息建模都向我们显示了承包商和分包商可以为项目设计提供大量的专业知识。

下游——实施和使用团队

承包商可以利用 BIM 数据通过自动计算简化成本估算，执行碰撞检查以确认设计的可建造性，最终减少差错和设计变更。当建筑师从模型中导出信息并提供给总承包商时，承包商通常可能直接将它们导入他们的施工管理软件中。这使他们可以使用设计团队已经规定的有关组件、产品和组装的信息，相应地对项目进行估算、分析、计划和排序。

当模型数据包含项目中将使用的所有组件的列表，和所有组装的形状和面积时，就几乎能全自动化地执行初步造价估算，也能极大地加快用于投标的更详细的估算过程，因为不再需要基于场地条件和二维设计图进行测量和计算。可以为项目中不同种类的组件指定特定的安装造价并按照相应的工种进行分类。这样总承包商可按照不同工种分类信息，使分包商也能具有同样的估算能力。

获取图形和数据的总承包商可以通过可视化对项目施工顺序进行分析使完工时间最短。与其等一项工种结束后另一项才开始，不如让工种交叠进行，只要某一区域内的工种完成，该区域就可以开始下一工种，而不必等到上一个工种全部结束。承包商也可以安排建筑材料进场的恰当时间以及在合适的场地堆放，这样它们就不需要在项目施工期间被多次移动。当承包商出于项目执行目的使用建筑信息模型时，缩短工期从而减少人力资源和管理成本，可以间接为业主节约资金。

在最终完成后，设备管理者和业主能得到一份关于设备的"数字化业主手册"，使他们能够安排维修，及设备更换的预报和预算，跟踪设备寿命内的使用情况。这使他们可以将这些活动集成到他们目前的设备管理流程，改进或实现自动化的日常维护计划。模型的信息可能被用于预算、系统控制、维修、资源使用计算，或者任何其他可能的分析。允许业主维护建筑信息模型将推进设备管理的自动化。

第 10 章

质量控制

　　质量控制可能是 BIM 内容开发中最重要的方面。应该明白的是，我们所开发的这些模型最终都可能成为建设合同的一部分，不论它是以建筑图纸的形式还是从模型输出数据的形式来创建说明书。当处理制造商指定的内容时，就更为重要，因为内容不仅是模型的图形表达，还是植入模型中的产品数据。这是制造商对于设计专业的一线营销与广告。

　　当一位建筑师下载一个特定组件的窗户制造商的专有 BIM 时，就有了一定的随之而来的期望。首先，它应当是这即将安装的产品的一个合理副本。"合理"是个主观的词语，所以开发这个组件时要考虑到它的使用。这就需要深入讨论具体内容的类型。通常并不需要确定图形中的每一个缩进或倒角，然而像是毛开孔和必要的净空等尺度属性与需求规格，就必须足够精确以满足典型的建造误差。这样才能确保该单元能与设计要求的位置相匹配并且正常工作。

　　模型中的数据要求清晰、简洁、完整、正确，并且与相应的指导说明书或数据表等其他文件相一致。不正确的数据会转化为不正确的指定，并最终指定错误的产品。尽管并非所有 BIM 内容都携带数据，当添加数据时要十分小心并且要经常更新，以确保数据添入模型中时它们总是正确的。数据表和参考表格通常允许简单的模型更新并提供一个制造商、供应商与设计者、内容管理者之间的信息联动管道。

　　在可行的情况下，指派一个专门的负责团队来维护 BIM 数据与图形是很好的措施。这个团队能够经常关注信息变化，并且通过良好的信息组织管理来快速更新模型。另外，单个责任团队更加理解特定组件创建方式的细微差别，通常能够更有效地工作。就像一名医生需要了解特定病人的行为方式和生活方式以便提供一个合适的治疗方式，一名 BIM 开发者知道他的模型是如何组装的，这能使他在进行更新时评估出在哪里以及怎样实施更新才更合适。

对于一个BIM组件来说，图形起着关乎成败的重要作用。并不一定是图形有多么的精确，而是其开发的正确性才确保了成功。大量的实体建模技术都可以采用，且适用于各种特定情况。

> **提示**
>
> 如果可能的话，指派一名专门成员负责对数据库中的所有内容进行质量控制。这确保了所有细节和质量的同一水平。

质量控制程序

组织一个质量控制的程序能使我们精简开发流程、缩减冗余工作。如果我们使用一个模块化的方法来进行质量控制，那么相比于不停地测试再测试每件事情，我们多半会发现这样能减少很多时间。首先，需要实现这些内容。当被添入一个项目中时必须确保没有错误，所有的实体应由材料参数驱动，并且看起来要适合。在图形之外，模型中包含的信息也应当假定是正确的。因此，所有的信息应当置于一个严格的质量控制程序中，包括有专人检查信息的精确性。在制造商指定内容的情况下，通常一名成员要承担从研究和开发、技术服务，或营销方面等任务。

一旦图形和数据开发完成，一个组装程序就要启动以便使模型中的信息与图形相一致。这需要一个图片并准备将其运用于不同的版本或类型。可考虑非图形或者也非数据的信息。像是材料或者装饰这些选择项或许是用户选择项，所以必须确保所有材料都开发正确且限定于它们所应用的模型中。当最后总装完成，所有的图形、信息和选项都添入之后，这些模型就需要针对一个真实环境或项目进行测试。这基本上可算是一个BIM的beta版测试。没有这种测试就很难完全确保模型能正常运行。

在大量反复试错后，将内容开发的质量控制程序划分为四个基本模块是十分有效的，即图形、数据、总装以及启用。图形模块考虑对象中的所有实体共同工作而建立起来的产品的合理副本；数据模块组织和控制与所给组件或产品相关的信息，基于关联对象的不同类型来进行组织；总装模块采集数据，将其嵌入对象与选择项中，并准备好对其进行测试；模型的启用则决定了已开发的各种类型组件里是否还有错误。当尺寸超过了给定的范围或者参考平面没有合适地定位于墙、地板、屋顶或顶棚等主组件的高度时，发生错误并不罕见。

图形质量控制

图形的质量控制可能是最困难的部分，而且通常是最易被忽略的。图形模块有很多方面，因此在进行质量控制（QC）任务时必须对模型中会出什么问题、常见的错误以及解决方法有明确的了解。QC管理人员同样也应该是一名教员，允许开发者从他们的错误里汲取经验以便在接下来的工作中节约时间。

给定组件内的图形通常由若干实体组成，共同工作以创建整个对象。可能有多达二三十种尺寸，这主要取决于组件的详细程度，所有的这些都要经过精度测试以保证正常使用。开发时质量控制做得越多，今后使用时的工作就越少。在许多情况下，某特定实体的位置可能要依赖于其他实体的位置，所以使用参考平面和参考线时允许空间中的点用于定位尺寸。在大多数情况下，在开发对象中的实体模型之前，都会创建必要的参考平面来确定对象的相关尺寸。这等于做了两件事情：在加入实体之前就标注了模型的尺寸，并减少了标注实体尺寸的坏习惯。标注参考平面的尺寸比标注实体自身的尺寸总是更好的，因为这样能减小模型中错误发生的概率。

一旦参考平面确定好位置并标注上尺寸，通常会从模型中较大的组件开始建模然后再到小的、不太重要的组件。也有些情况下会选择从外部到内部，或者从内部到外部，这取决于要建立的组件的类型。举个例子，门框是一扇门最外部的组件，而且通常是固定在它所放置的墙上。这就决定了它才是开始建模的最有效的部位。相反的，像是建筑柱子，可能就要从它的中心轴开始向外建模到底部、顶部以及外表面。

对每一个已建好的几何实体，则要赋予其材料。每个组件在现实中都是由现实世界中某些东西组成的，因此不能将它们都设置成通用材质，更有甚者完全没有指明。一个比较好的做法就是建一个在开发过程中可能使用的材料组，这样就可以核对是否每一个实体都附上了材料。使用光亮的基本色可给人一个强烈的视觉提示，材料参数已经存在并赋予了图形实体。定期地改变材料参数能确保图形创建正确、材料参数没有被遗忘。

当碰上有多个选项的组件时，比较有效的方法通常是将它们创建为其自身对象，然后将其嵌入或"嵌套"到其他已经创建好的对象中去，如图 10.1 所示。就一扇窗户而言，这指的可能就是玻璃窗扇、窗框或者两者一起。就一个建筑柱子来说，这可能是不同类型的底座或者柱帽。当把某些组件添加到其他组件上时，最重要的是考虑用来决定它们从哪里插入的参考点。一致的命名和定位将节约大量的开发时间，久而久之将成为习惯。BIM 软件平台通常

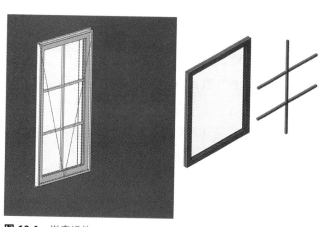

图 10.1 嵌套组件

允许我们给参考平面命名并指定其类别或类型。使用命名好的参考平面，并以顶部、底部、中部等目的编排成表，能够帮助我们创建有同样原点的多个组件。一旦这些嵌套的组件加入到对象中，确定原位的参考平面就锁定了，这样每一个被换出的组件都将会在同一个位置上。

在嵌套组件完成后，一个经常被忽略的方面是尺寸的建立与材料的控制。许多情况下，这些嵌套对象的尺寸与材料都依赖于主对象的相关参数。创建一系列的联系可将参数从高级别的对象传递给嵌套对象。当一个门把手嵌入到门上时，或许希望在门上添加一个参数来控制门把手。创建这种联系使用户不需要深究寻找对象而很容易地控制其信息。当一个嵌套组件有不止一个选择项时，比较有效的方法就是给该组件添加一个标签来在数据组内控制它。这个简单的参数可以建立一个包含了组件中所有可能选项的下拉式菜单。当有多个组件可能要转换时，比如一根建筑柱子的底座和柱帽，一个好的方法就是给每一种类型的组件都建一个类别，底座是一个类别而柱帽又是另外一个类别。这样可以减少混淆以及把底座选成柱帽或者柱帽当作底座的错误可能性。

除非特意为之，嵌套组件不应出现在明细表里。万一有必要将它们单独列表，那就有两种方式。其一是将这些组件作为独立的对象来创建，另一种就是所谓的共享组件。并不是所有的 BIM 软件都允许后一种方式，但是如果可能的话这是一种非常有效的方法，可以创建模块化的组件以及降低独立对象的文件大小。其原理是允许每一个选择项都拥有自己的文件，独立加载到项目里。所有给定类别的组件都能作为一个项目里可用的选择项。由于可能使用的类别数量是有限的，而且项目中还有其他无关的对象使用了该类别，这种方法要谨慎地使用，仅当组件要罗列成表或者一个对象的文件非常大的时候。

数据质量控制与检查

数据是 BIM 中的"我"。这是建筑信息建模区别于标准 2D 或是 3D 矢量图形的关键。BIM 可以高效地储存与管理单独的组件、产品、材料、组装以及项目整体。所有这些信息都有可能被不同的成员在项目的不同时间点使用，所以保证从一开始就准确是至关重要的。当一个厂商指定的组件被创建并添入项目中时，所有包含在内的信息都期望是正确的。因此，对于包含在模型中的信息的质量控制是最重要的。

首先，绝不要在 BIM 软件内建立数据组。大多数情况下，负责检查信息的人员对 BIM 软件都不是很熟练，而创建图形的人员又对检查数据不在行。如图 10.2 所示，在电子数据表或数据库中创建信息并在检查通过后将其转化为对象，可以减少很多时间和工作量。参数根据属性与数值对被表达，属性又属于某个类别或单位，例如文本、长度、编号、整数或布尔运算（yes/no）。当组织用于检查的信息时，要在电子表格中将每一种属性各自成列，并在顶部标注其测量单位。而电子表格的每一行则表示每一种对象的类型，因此如果我们要创建窗户的数据集，那么每一个尺寸都在其自身行内。

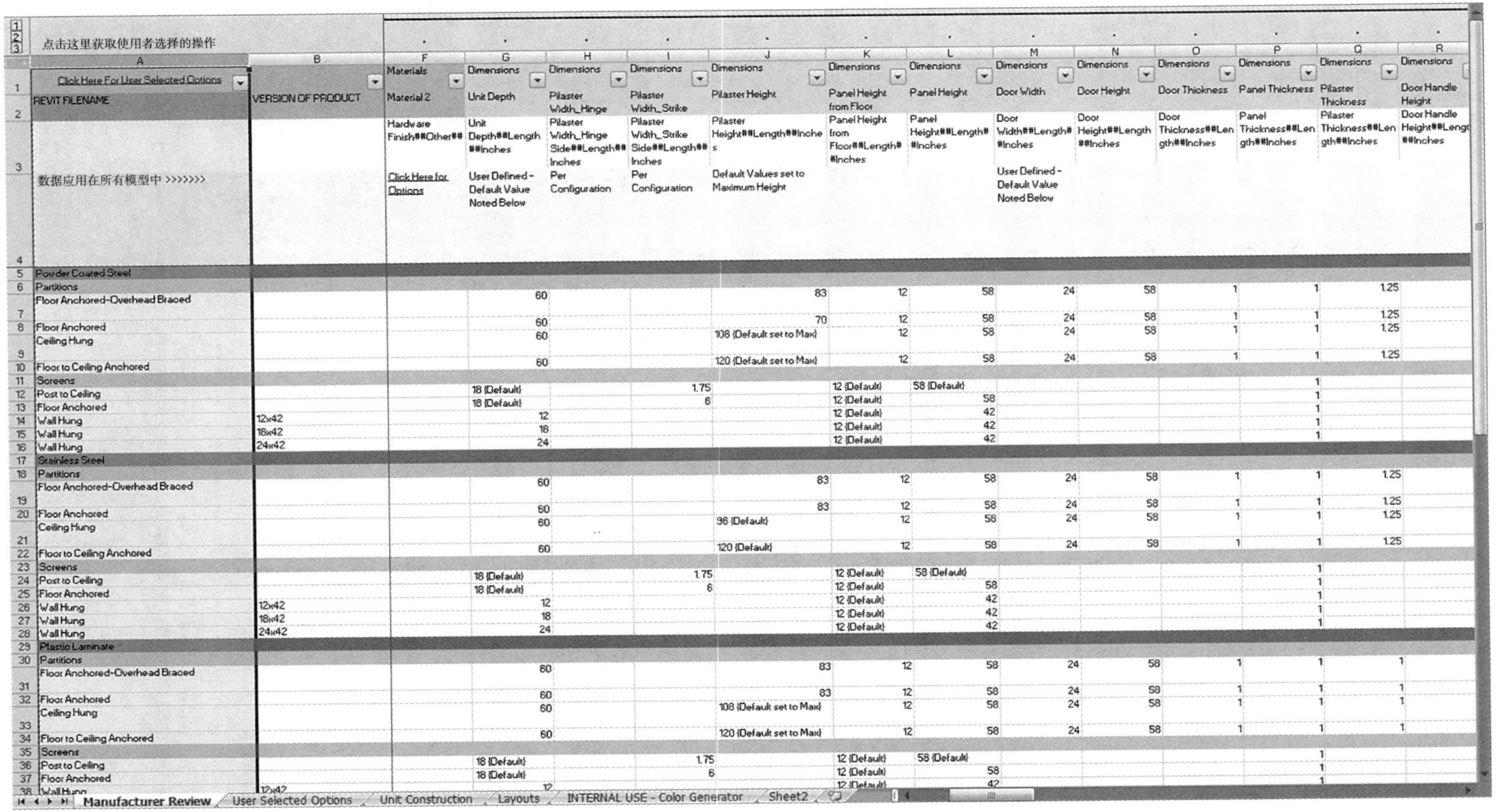

	点击这里获取使用者选择的操作														
	A	B	F	G	H	I	J	K	L	M	N	O	P	Q	R
1	Click Here For User Selected Options		Materials	Dimensions	Dimensions	Dimensions	Dimensions	Dimensions	Dimensions	Dimensions	Dimensions	Dimensions	Dimensions	Dimensions	Dimensions
2	REVIT FILENAME	VERSION OF PRODUCT	Material 2	Unit Depth	Pilaster Width_Hinge	Pilaster Width_Strike	Pilaster Height	Panel Height from Floor	Panel Height	Door Width	Door Height	Door Thickness	Panel Thickness	Pilaster Thickness	Door Handle Height
3	数据应用在所有模型中 >>>>>>>		Hardware Finish##Other## Click Here for Options	Unit Depth##Length##Inches User Defined - Default Value Noted Below	Pilaster Width_Hinge Side##Length##Inches Per Configuration	Pilaster Width_Strike Side##Length##Inches Per Configuration	Pilaster Height##Length##Inches Default Values set to Maximum Height	Panel Height from Floor##Length##Inches	Panel Height##Length##Inches	Door Width##Length##Inches User Defined - Default Value Noted Below	Door Height##Length##Inches	Door Thickness##Length##Inches	Panel Thickness##Length##Inches	Pilaster Thickness##Length##Inches	Door Handle Height##Lengt##Inches
4															
5	Powder Coated Steel														
6	Partitions														
7	Floor Anchored-Overhead Braced			60			83	12	58	24	58	1	1	1.25	
8	Floor Anchored			60			70	12	58	24	58	1	1	1.25	
9	Ceiling Hung			60			108 (Default set to Max)	12	58	24	58	1	1	1.25	
10	Floor to Ceiling Anchored			60			120 (Default set to Max)	12	58	24	58	1	1	1.25	
11	Screens														
12	Post to Ceiling			18 (Default)		1.75		12 (Default)	58 (Default)				1		
13	Floor Anchored			18 (Default)		6		12 (Default)	58				1		
14	Wall Hung	12x42		12				12 (Default)	42				1		
15	Wall Hung	18x42		18				12 (Default)	42				1		
16	Wall Hung	24x42		24				12 (Default)	42				1		
17	Stainless Steel														
18	Partitions														
19	Floor Anchored-Overhead Braced			60			83	12	58	24	58	1	1	1.25	
20	Floor Anchored			60			83	12	58	24	58	1	1	1.25	
21	Ceiling Hung			60			96 (Default)	12	58	24	58	1	1	1.25	
22	Floor to Ceiling Anchored			60			120 (Default)	12	58	24	58	1	1	1.25	
23	Screens														
24	Post to Ceiling			18 (Default)		1.75		12 (Default)	58 (Default)				1		
25	Floor Anchored			18 (Default)		6		12 (Default)	58				1		
26	Wall Hung	12x42		12				12 (Default)	42				1		
27	Wall Hung	18x42		18				12 (Default)	42				1		
28	Wall Hung	24x42		24				12 (Default)	42				1		
29	Plastic Laminate														
30	Partitions														
31	Floor Anchored-Overhead Braced			60			83	12	58	24	58	1	1	1	
32	Floor Anchored			60			83	12	58	24	58	1	1	1	
33	Ceiling Hung			60			108 (Default set to Max)	12	58	24	58	1	1	1	
34	Floor to Ceiling Anchored			60			120 (Default set to Max)	12	58	24	58	1	1	1	
35	Screens														
36	Post to Ceiling			18 (Default)		1.75		12 (Default)	58 (Default)				1		
37	Floor Anchored			18 (Default)		6		12 (Default)	58				1		
38	Wall Hung	12x42		12				12 (Default)	42				1		

Manufacturer Review / User Selected Options / Unit Construction / Layouts / INTERNAL USE - Color Generator / Sheet2

图 10.2 典型的检查数据组版式

每种对象的类型中包含的很多信息都是重复的。为了加快和简化审查的过程，使所有冗余信息在标题下面的所在行只出现一次，对于检查者来说是很有帮助的。如果这种重复信息可以先于组件创建并被检查通过的话，那么通常有一个模板文件在图形创建之前创立并预先加载所有信息。这就使得一个内容开发者有能力不断地复制这个文件来创建单独的组件，而不用给其加上属性与值。当处理制造商特定的组件以及处理大量相似组件时这就尤其有效。假如600个柜子都由同一个制造商制作并且大部分属性都具有相同值，如果我们建立一个预先加载这些属性与值的模板文件并在此基础上创建每一个柜子，那将会节省可观的时间与工作量。

将一个属性分配到组件上有两种方式：一种是将一个类型属性添加到组件的类型或版本中，另一种是将一个实例属性添入项目中已经放置的一个具体单位上。每一种方法都有特定的目的而且对于确定属性添加正确与否至关重要。颜色与装饰是最普通的实例参数，项目中很多组件都有上百个不同的材料、颜色与装饰选项可以选择。总的来说，在项目设计的早期，颜色与装饰并没有被选定，所以要是它们被定义为实例属性，则在项目设计的后期阶段它们可以被快速地发现、选择与更新。尺寸通常也是被作为实例属性的。尺寸并不能由组件自身来定义，但是却对组件的外观极其重要，所以最好作为实例属性。一幢建筑从地板到顶棚的高度就是个很好的例子。安装于地板－顶棚间的厕所隔间这样的组件，依据地板与顶棚之间的距离来正确地创建它的图形，这个值是未知的，直到其放置在一个项目中。通过在组件中建立一个叫作"顶棚高度"的实例属性来控制壁柱的高度，专业设计人员可以自动伸缩其高度以适应顶棚空间或者手动加入壁柱。图10.3显示了可以应用于组件的不同的类型属性与实例属性。

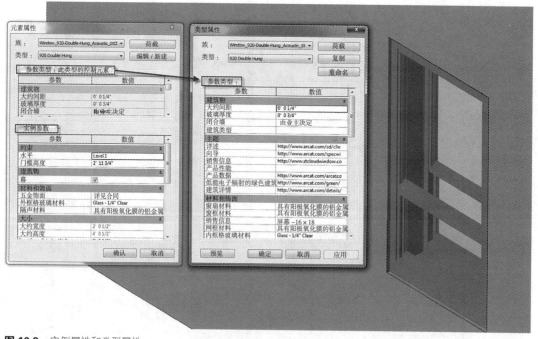

图 10.3 实例属性和类型属性

图10.3 实例属性和类型属性（续）

高度定制化的组件也使用大量的实例属性，因为它们将决策时的决定权交与专业设计人员手中。能够制成任意尺寸的窗户可以有高度和宽度的实例属性；一部可以在 2 层到 200 层之间任意升降的电梯可能有关于停靠次数的实例属性；在 20 种不同类型中的一扇门也可能有关于门板的实例属性。

最后总装

一旦所有的图形与数据都创建完成、检查并通过后，数据就要融合入图形中以创建一个单独的信息单位，或者完整的 BIM 对象。这可以通过多种途径实现。数据可以手工输入，这是非常耗时耗力的；也可以通过开发一个可以管理组件内信息的应用来编程实现；又或者软件允许的话，最有效的方法是创建一个包含有各种类型数据的目录文件。

大多数组件都有若干个产品的选项、版本或类型。比如，双悬窗就是个有多种尺寸的单个组件。这可以产生成百乃至上千种可能的组合。要牢记的是，模型中组件的版本或类型越多，它就变得越慢，因为要花大量的时间去加载与再生成。总而言之，给一个对象添加超过三到四种的类型是不明智的，很可能在项目中只有其中一些被使用。当超过一定数量的组件类型存在时，建立一个可以加载信息的目录会更为有效率。

不是所有的软件平台都允许建立一个能够加载多种版本对象的目录的。对于有该功能的软件，通常是一个带有一些分隔符、逗号或者标签的基于文本的文件。这些多类型的目录在创建有上百种可能组合的组件时是很有帮助的。这个文本文件包含了与某个特定类型对象相关的全部信息，从尺寸和材料到性能与信息属性。这本质上允许用户从带有属性而没有值的组件开始创建，并一旦在项目开发中做出决策，这些组件可以被选取并在之后更新而不用耗费大量精力。如果组件的信息是在电子表格与数据库中创建的，将其转换为一个目录实际上是个非常简单省力的操作。

大部分的电子表格软件都会允许我们将文件存为逗号分隔值文件或 CSV 文件。这基本上是个纯文本文件，使用逗号作为分隔符，所以将文件的后缀从 .csv 转为 .txt 能使该文件可被 BIM 软件读取。BIM 软件通常有一个特定需要遵循的句法，以确保与每个属性关联的值都正确地输入。长度就是个很好的例子。一个长度属性并没有定义测量单位是什么，所以输入一个数字作为值可能并不正确，除非目录里定义了测量的规定单位。如果目录里长度的值是 3，但没有定义单位，那么通常会使用项目的缺省值。这样就给错误的产生留下了可能性，因为某些成员使用英制单位而另一些则使用国际单位进行工作。倘若没有预先定义单位，那么本应 3 毫米的最后可能变成 3 英尺！

在建立这类目录时还有别的缺陷要考虑。即使你在电子表格中创建数据组，也要时刻记得目录中的值最终要用逗号分隔。曾经发生过的目录中最严重的错误是在将地址作为一个属性添加到组件上时。当写成数据组中的单独一行或者单独一个区域时，一个地址通常要用逗号分隔街道、城市以及州名。为了应对这个情况，你可以避免全部使用逗号而用别的不同符号替代，如分号或逗号，或者通过引号标注包括逗号在内的整个文本字符串来将这个区域确定为一个整体。

> **提示**
>
> 把一个电子表格文件储存为逗号分隔值并将文件后缀名从 .csv 转换为 .txt 将会创建一个基于文本的目录文件。

实施

一旦创建好组件、数据通过检查、模型组装好、目录也创建好，所有的一切看起来都正常，那么模型就该在项目中进行测试了。这在处理依赖于一个主组件的多个组件时尤其重要，如一个墙面或一个屋顶，因为若是测试不当，主组件的变化可能会导致无法预料的不良结果。

首先，任何组件都不能出错。如果错误发生，有些是关于对象的根本性错误，必须在组件内部或者目录文件中纠正。组件要加载到项目中并进行测试，来确认它们是否有正确的外观、适当的控制与限制以及从它们通常定位的视图中放置在模型中的能力。大部分情况下组件通常是从平面视图中定位的，但在某些情况下人们可能选择在立面或三维视图中定位它们。

在组件放置于模型并且图形确认为正确后，就要开始测试实例属性以检查错误发生在哪里。这在处理那些控制材料或开关图形的属性时尤其重要。将材料转换为反色，很容易就能发现那些没有添加材料属性的几何实体，而通过开或关图形控制属性则可以发现没有添加外观属性的实体。

针对质量控制进行员工教育

最好是有个专门人员对模型的质量控制负责，每一个组件的创建者都应该对组件是怎么创建的、数据库的详细程度与维护的标准，以及模型创建的用途有清晰的认识。随着内容开发者在质量控制上受到越来越多的教育，负责对内容监督的成员所必须做的工作也就越少，并且内容的完成也更快。对于业务的任何一方面来说，时间就是金钱，所以随着质量控制这个环节的发展，无论是在组件还是项目本身上都可以产生更多的经济效益，这取决于我们所处的行业。

尽管时间就是金钱，但是质量却无可替代。快速但质量较差的模型远不如质量优秀而多花一些工作量创建出来的、有更多功能、更少错误的模型那么有效。每次使用一个创建得很差的组件并且产生一个错误，就耗费了项目中所有使用该组件的成员的时间，增加了与单个对象开发相关的总时间量。第一次创建一个对象就正确并开发一个信息可以简单便捷更新的结构将会缩减与组件相关的时间量，长远来看这将会在开发与再开发中节省无数的时间与金钱。

第 11 章

知识管理

什么是知识管理？

知识管理是指提供、维护和传递与项目有关的图形和主题信息。随着建筑信息建模（BIM）的出现，项目设计过程中的信息量和协作量有极大增加。因为有大量的信息在许多不同部门之间传递，所以需指派一个单独的部门或团队来管理信息，以保障计划、规格说明书、模型和其他支撑文件之间的一致性。

在以前的设计过程中，建筑师会设计建筑，然后有时与工程师和顾问（内部设计师、屋顶顾问，或其他对这个项目领域比较了解的专家）进行协作。当设计完成后，规格说明书编辑会进入编撰项目文件，为投标阶段提供项目手册。虽然这种方法曾经是，现在也仍是一个高效的设计方法。当针对一个基于 BIM 的项目工作时，设计团队就可以利用规格说明书编辑、总包商、分包商以及产品代表等在各自领域的专门知识。

这些年来，规格说明书编辑的职能已经减小到编辑格式文件。他们关于项目中特定产品和组装件拥有的知识技术似乎被忘记。一个训练有素的说明书编辑，不仅可以提供有关项目中的产品和组装需要如何使用的文件，还可以指出为什么选用这些特定的组件和组装。在项目中某个特定区域应用实体木门，或者在某特定区域的屋顶不使用铜防水板都是有原因的。说明书编辑还可以看出项目中的特定组件，以及实际制造加工出的产品的成功或者失败。这使他们不仅可以决定在项目中应用某类组件，还可根据某项目所处位置的环境因素基于他们所知道的产品质量帮助选取合适的产品。项目设计团队中有一个可以帮助选取组件的成员，可以使得设计进程中更早作出更好的决策。

第 11 章 知识管理

图 11.1 知识经理——项目轮

在今天，总包商参与设计过程已经不罕见。随着设计建造公司的发展，需要总包商在项目实施和建造方面有大量的知识和经验。关于项目组装的大量信息通常被忽视，或者未被考虑，原因在于建筑师在这方面并无经验。整体项目提交，或者 IPD，是一种项目提交方法，它关注建筑师和承包商在提交项目上的协作，以满足业主的要求，并加快设计和施工进程，从而为所有参与团队创造最大利润。有很多 IPD 项目为业主节省大量费用、为承包商节省大量时间、为建筑师避免很多修改和潜在设计错误的成功案例。

总包商通常会根据分包商之前成功或失败的案例来选用一系列的分包商。一个纸面石膏板分包商可能擅长于单层的项目，另一个分包商可能擅长于高层的项目，这使总包商能够基于各自优点选择项目的正确成员。让承包人早参与到设计过程，可以使建筑师获取设计中关于特定分包商的时间和阶段安排等信息。这样有助于大大减少把材料运送到项目、到处移动它们以及在项目每阶段保护完工成品的时间。如果我们考虑一个更大规模的项目，需要在不同的项目时间点布置重型机械和吊车，节省的花费就很可观了。想象一下，建造一个新体育场需要用吊车起吊重钢材时，不考虑该如何布置吊车会是怎样。我们假想一下最不利的情况，比如因为没有考虑到吊车的拆分和移走，它被卡在 50 码线处。

项目文档的创建确实始于项目的最开始，也就是完成了项目可行性分析和初步花费估计时。在很多情况下，这部分信息并不提供给设计团队，因此在方案设计和设计进行的混乱中，这部分信息就会消失或找不到。如果这部分资料被作为基准资料保存，它可以被用作初步的项目描述的发展，简易规格说明书，详细规格说明书，施工使用文档，以及最终的设备管理文档等。将文件材料作为一个整体来看，而不是看一系列的模块化文档。就像撰写一本教科书，一开始我们列出提纲，接下来不断加入信息充实文章章节，最后我们完成一本书。如果我们以同样的思路来看项目文档，我们可以整理出一系列的记录，比如关于项目需求，项目预算，业主倾向，以及为了创建初步项目文档的前期项目研究，或讨论项目基础的概况等。这类的文档可以用来与业主讨论项目，可以被业主用来与融资人讨论开支，可以被建筑师用来与未来可能的项目设计团队成员讨论项目。

*方案设计*会采用这份初步项目文档并进一步充实，增加关于建筑物尺寸、形状和特定单元的细节内容。由此初步项目文档内容增多，发展成一个简易规格说明书。项目中的这个阶段是很好地让其他相关部门参与进项目的阶段，比如承包商，分包商，专业咨询师，顾问等。这些成员可以减少为了作出正确决定而做的调查研究工作量，提供各项信息使设计研发进程流线化。负责室内装修和分区的分包商可以讨论必要的结构组件，比如主要立柱的布置位置，还可以检查可能的工种位置。机械分包商可以检查信息，提供有关可能被使用的合适尺寸组件和机械系统类型的反馈信息。

设计扩初阶段，项目整体在设计过程中被充实。墙体、地板、顶棚和屋顶组装件被定位，最重要的组件也被定位。如窗户和门等开孔是最早被添加的，因为它们在确定基线位置方面是最关键的。这不是说开孔的位置不会变更，而是说一个房间需要有门才能进入。随着墙体、地板、顶棚、屋顶和开孔等组件被添加到项目中，这些组件自身都含有一些显著的信息，表明它们是什么，并以某种方式表明它们为什么会被选用。在一个旅馆中，房间和公用区之间的墙可能会指出所需要的隔声性能属性或是声音传递等级（STC），以及所需要的防火等级。门窗含有所需的传热系数、日光得热系数（SHGC）、玻璃类别属性等信息。在投标之前，这些属性作为需求基准，供应厂商和承包人据此基准来确定用于项目中的实际产品。将这些信息添加到有组件的模型中，就可以在施工文件阶段提取属性，从而建立一系列的计划表或是列表形式的规格说明书。

我们今天所了解的*施工文件阶段*获取了所有方案设计和设计扩初阶段的信息，并将其整理到投标阶段使用的文档中，用来对图纸信息进行补充，并陈述出对项目中使用组件的最低要求。建筑信息建模为设计团队提供了一个新的机会，来重新思考如何创建施工文件。不仅存在自动创建施工文件的可能性，还存在创建查询信息的新的方式的可能性。许多情况下，阅读和解释施工说明书可能是困难的，因为它们通常以段落形式撰写。说明书内的大部分信息其实是以表格形式审视的属性和数值对。使用信息的成员或团队可以通过数据输出模板来组织或审查项目的属性。总承包商需要了解说明书中的所有信息，因为这些信息都被提供给他们，而且都被附加到他们与业主的合同中。然而，分包商只需要看到有限的属于他们工作范围的那一部分信息。电气分包商不需要看墙面装修方面的信息，混凝土基础分包商也不需要看屋顶装修方面的信息。将信息以表格的形式列出，使得相互参照变得很容易。所以如果一个屋顶分包商需要看有关于相邻墙的信息，他可以很快很方便找到这部分信息。

一直以来，*投标阶段*都是设计和施工之间的一个分界点，或者说是分隔符。承包商提供服务，制造商提供组件，业主和设计团队决定用哪个产品、让谁来安装。投标评审过程需要设计团队评审一系列由承包人送来的提供他们服务的信息包，当我们考虑竞标一个项目的很多的承包商时，这是一个很花费时间的过程。当模型自身内含关于项目需求基线的信息，模型可以作为一个判定产品是否合格的参照标准。如果制造商提供的供项目参考使用的组件携带有显著的、可以被用来判定其是否可满足项目需要的属性，这部分信息可以被做成表格形式参与评审，可以更省力、省纸张地进行同类比较。当项目有产品替代的要求时，这个概念就尤其有益。当要求替换时，一个制造商或承包商试图提出供项目考虑的产品。产品必须符合参照标准提出的同样的性能要求，才能被认可为可供替代的产品。所以如果要求制造商除了（或代替）数据表格还能递交一个 BIM 组件用于评审，建筑师就可以几乎程序化地很快确定组件是否满足项目的需要。

一旦合同签订，施工阶段开始后，项目的原始方案很少会有不修改的情况。虽然建筑信息建模确实提供了碰撞检查和专业协作功能，总有需要改动的地方。无论是规定的产品断货，还是存在之前未发现的设计错误，或是建筑物业主改变了想法，施工阶段会执行一定程度的现场工程量。用于投标的施工文件并不会考虑这些，因为建筑物的文件资料通常不会收录建筑师发布的附录。现场变化通常会被忽略，并不会被正式地记录到文件中。BIM 未来的发展方向，是使得业主和设备经理能够以智能化的方式获取项目的相关信息。为了让业主能最大限度获得文件资料的内容，它应该在最后完成阶段是精确的，而不仅在投标阶段，因为实际安装的产品通常会在安装阶段发生变化。

一旦项目施工完成，只要信息正确，包含在模型中的信息对业主和设备经理都有相当大的价值。为了提供一个真实的完工模型，文件资料应该在整个施工周期，竣工查核事项表，以及基本完工、最终完工和业主接收阶段一直保持连续性。这就为业主提供了一个贯穿项目始终的文件资料，它可以作为整个设施的一个数字化业主手册。图 11.2 不仅基于设计和施工来考虑一个项目，而是从项目的概念一直到几年后设施的重新分配来考虑一个项目。设备经理可以使用这样的文件来预测组件的维护和替换，业主可以利用它对未来的发展进行分析和

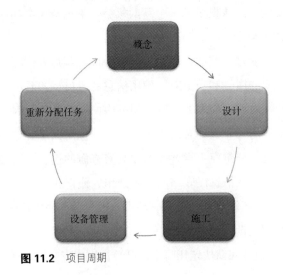

图 11.2 项目周期

预算。如果项目中出现了某些问题，获取有关安装者和制造商是谁的信息是很重要的，同样关于该产品是什么和所需补救措施类型的支撑文件也非常重要。

显而易见，管理所有这些信息不是一件容易的任务。如果让一个与此项目有关的人员专门负责维护项目信息，可以减少或避免重新在每个项目阶段都重复设置信息。在项目内项目信息大于任何个体，并从设计开始之前延伸至施工完成之后，所以问题的关键不在于何时、如何管理信息，而是应该让哪个成员或团队来执行这项任务，以及谁来监管知识经理。如果设计团队负责管理知识，就会存在设计之前或投标之后无信息交换的可能性。如果施工团队负责知识管理，设计之后关于设计的信息需要被加入模型中来创建一个完全正确的模型。如果业主或设备经理承担管理知识的责任，更大的可能性是：所有与项目相关的信息在设计和施工后将都是精确的，只要设备经理在设计前就存在且参与项目。

知识管理是一个可以量化的工作，根据项目和业主的需要，可以只提供给设计、只提供给施工，或只提供给设备经理，或是提供给所有以上的部门。从管理角度来看，越大的设备和项目在知识管理方面受益越多，但是任何规模的项目都可以受益于施工文件的所有组件间信息的一致性，以及受益于有一个专长于产品、项目、施工知识管理的成员或团队。很难找到一个在设计、规格说明书和施工方面都懂的专业知识，并且会操作 BIM 软件平台的成员。所以在一开始，这个角色可能被委托给一个团队，同时也会对成员进行培训，使得他们可以在未来的任务和项目中担任这个角色。

知识经理

什么是知识经理？要充分理解知识经理是什么，我们必须首先知道他负责哪些事情，以及他要承担怎样的任务。组成 BIM 的项目的核心信息在于用于项目中的组件。用于任何给定项目中的材料、组件、组装都含有对于产品及项目整体的设计、规格说明书、施工和管理都很必要的相关信息。知识经理应至少能管理被设计团队使用的软件平台上的信息。无论是开发一个将信息从数据库导入到 BIM 软件的应用，还是知识经理使用 BIM 软件进行操作，项目信息必须是可以通过模型获取的。

知识经理有点像规格说明书编辑，CAD 管理者，以及 BIM 内容开发者三者的混合。对设计和施工阶段使用的规范和格式的深入了解，可以使知识经理能够在所有设计团队都很熟悉的环境中工作。信息从设计团队、施工团队和管理团队传到知识经理，于是他在设计、施工阶段的不同时刻分类、过滤、排列、操作和输出信息。当对于特定组件的性能作出决定时，知识经理相应的更新模型信息。当基于中标标书选中某些制成产品代替特定组件时，知识经理也要更新信息。知识经理记录下施工阶段、接近完成时以及最终完成时对所选产品的更换，针对实际项目检查模型内信息，并准备提交业主。

由于知识经理花费了大量的时间处理 BIM 内容，所以自然而然的，他要负责提供设计阶段要使用的内容。知识经理参与方案设计，可以使其规格化和提供作为开发设计基础所必需的墙体、地板、顶棚、屋顶和开孔组件。接下来要进入的是携带产品选择所必需的属性的组件。这些组件这时不一定要含有数值，因为这时在项目早期还未作决定，但是如果组件含有对选取产品必需的信息，在设计阶段后期更新模型就会节省大量的工作量。

方案设计阶段，知识经理可能会基于基本使用特性提供一系列的墙体。可能会有基础墙，外墙，内隔墙和防火墙。在这个设计阶段，这些可能就是在每个墙体类型里的唯一信息，但内隔墙可能有声音传递等级（STC）这个属性但没有数值，防火墙可能有防火等级这个属性但没有数值，外墙可能有热阻这个属性但没有数值。在产品安排时，一旦对每个需求逐一作出决定，就可以很容易把这些数值加进设定的环境里。

当开孔加入墙体时，可能开孔的类型还不明确。这时，知识经理可以提供一种窗户和一种门，它们含有能够与其他种类的门和窗相互区别的所需属性。当决定了在项目不同的地方使用哪些种类的门和窗后，知识经理可以在给定时间创建出其他类型的门和窗以适应项目的需求。开孔可能是一个窗户，窗户可能是铝窗，铝窗可以是传热系数为 0.3、日光得热系数为 0.3 的防爆铝质平开窗。投标阶段后，这个窗户经过特定公司的制造，会最终成为一个满足特定性能准则的铝质平开窗。如果信息和组件被适当的管理好，这些组件可以很容易进行更新，并不会影响到周边的设计单元或者导致模型错误。

当创建了施工文件，汇集了项目手册后，知识经理可以根据说明书章节组织信息，并输出项目中的信息以供规格说明书编辑使用。在很多情况下，规格说明书编辑是决定某组件的性能属性的那个人。这种情况使我相信，经验丰富的规格说明书编辑可能是最合适承担知识管理角色的人选。一个经验丰富的规格说明书编辑不是简单的知道该如何编辑格式文件的人员，而是当使用特定组件时，根据产品性能参数值了解不同产品之间差别，以及将它们合适地编制成文件的人员。无论规格说明书编辑是否参与到知识管理中，与特定组件和组装相关的信息能从模型中输出给他以帮助创建项目手册。如果属性是由规格说明书编辑确定的，这部分信息就会回传给知识经理，后者会把这些信息输入到项目中。

投标阶段，可采用简化模型用于投标评审。随着承包商和制造商提交了供考虑的产品，知识经理就将它们输入到"控制"模型中，给出可以输出的一览表、逐行显示不同制造商的比较以及根据"控制"模型列出的性能属性的竞争。可以将所有可能的制造商的产品信息放在一起进行评审，而不是看不同投标信息袋的不同页上的信息，这就让建筑师可以更快地评审投标。当设计团队决定了要用哪些产品，知识经理将基于控制模型决定的信息更新到设计模型中。

一旦签订合同开始施工，变化是不可避免的。当发生变化时，承包人将信息传递给知识经理，后者负责更新和维护设计后模型。如果由于可获得性或承包商喜好，项目所用产品发生变更，知识经理会相应更新模型。当设计与实现发生冲突时，知识经理对这种情况进行记录；

在必须改变设计以反映实际施工时，知识经理需要通知设计团队，让他们进行必要的模型更新。一旦项目完成，为业主准备的最终的模型和数据组以附加的竣工成果方式成为一种新的交付物。提供一个最终的数字业主手册给了业主一个从预规划到施工的整个项目的完整文件资料。有实用和应用价值的是，也可添加真实的成本信息供以后的预算使用。

设备经理可以采用一个已经完成的 BIM 项目，并将其应用到他们的设备管理文件中，或者进一步的创建一个设备管理数据库，可以用于维护安排、系统集成、预算，甚至为设备租借场地做空间规划。然而这就引发了一个问题，谁拥有建成后的模型。传统上来说，建筑师会拥有这份与项目相关的电子资料来保护自己的知识产权。而对于建筑信息建模，在项目最后谁可以拥有模型变得有点不明确。建筑师完全可以提供一个受保护的最终模型版本而不用放弃这个创建设计的模型，这个模型可以允许访问图形和信息。业主和建筑师之间的谈判会最终决定谁来拥有模型，但随着建筑信息建模的发展，更实用的情况是产权人为了内部目的至少持有模型的永久许可权。也许对于模型所有权和控制的一个解决办法是，限制业主对于当前模型的使用权、让他们不能创建出衍生的工作。某一天我们可能会对此更为清楚，但是目前为止使用权只是在业主、建筑师和他们双方各自的律师团队手里。

知识经理这个角色为规格说明书编辑提供了一个光明的前途，因为它为很了解如何选取组件、组装和建筑产品的人提供了一个更多参与整体项目交付的机会。今天，规格说明书编辑的角色被限制为文件管理者，然而这个角色向知识经理的进化使得在向建筑物业主、建筑师、承包商提供有价值的服务时可以最早地应用专业知识。除了提供今天可见的施工文件外，知识经理还能利用模型内信息，提供一系列的新的信息，它们适用于从最小的各个分包商一直到业主的项目团队的特定成员。

新文件和交付

虽然我们现在使用的给项目编制文件的方法没有任何错误，技术给我们提供了新的机会，让我们的信息结构更加准确和详细。含有施工说明书的项目手册，是项目中最广泛使用的最大段的文件。项目手册的问题是，它只在收集、评审投标时的设计阶段那两周被使用。投标阶段结束后，虽然与项目手册相关的信息就在建造中的建筑物上体现，项目手册被放在架子上束之高阁堆积灰尘。建筑信息模型本质上是一个覆盖了项目全部信息的关系数据库，从用于创建建筑物的最小的组件到最主要的组装。

在设计阶段，这类信息可以被用来检查是否符合规范、建立能量模型、结构设计、还有许多其他的设计分析。可以创建新的表格和格式，让这些信息可以更快更容易被阅读，就像整理出施工说明书让信息可以被检索一样。因为模型是一个数据库，并不能很本能地理解人类是把传热系数和传热数值看作一回事。所以需要开发一种标准的机器能理解的语言。通过创建一系列标准术语来定义项目中使用的特定属性，我们创建了一种可以对特定类别组件的信息做同类比较的分类法。这种分类法成为未来所有的文件和成果交付的基础，可以被项目团队中的成员使用。

因为关于组件、组装和产品的大部分信息可以按属性和数值对进行组织，最合理的新型文件会是一种如图 11.3 的表格型的说明书。将模型中的信息按照指定的说明书中的章节进行

平开窗 –30″ × 46″	
标识数据	
族	窗户
雇主表格尺寸	08 52 13
部件代码	B2020130
OmniClass 编号	23.30.20.17.21.14
制造商	如 08 52 13 中指定
模型	30 × 46LH 平开窗
说明	30″ × 46″ LH 外开式平开窗
尺寸标注	
宽度	30 5/8″
高度	46 3/4″
粗略宽度	31 3/8″
粗略高度	47 1/2″
窗嵌入	3 5/8″
玻璃厚度	11/16″
打开方式	LH 外开式
材质	
框架材质	美国白松
贴面材质	铝 AAMA 2605 表面处理
玻璃类型	钢化密封玻璃——低辐射，充氩
窗格条材质	PVC，白色拉伸
框架表面	白色
金属件表面	油擦铜
屏风材质	8 × 16 玻璃纤维——木炭
分析属性	
传热系数	0.55
日光得热系数	0.41
渗水性	15psf 时不渗透
结构试验抗压能力	90psf 时无变形
空气渗透性	6.24psf 时为 0.06cfm
抗结露因子（CRF）	
强行进入评级	A 类；40 级
声音传递等级（STC）	44
OITC	30
全生命周期性能	
保修时间	玻璃为 15 年 / 其他所有构件 20 年
维修计划	每年检查并为硬件加油驱动
安装阶段	外部外壳（外部附件）
预期生命周期	25 年

图 11.3 表格规格说明书

整理，在章节内将每个组件及其属性按照属性和数值对进行列表，将给出一个文件，不仅能详细说明哪个组件被使用，而且给出决定此组件适用性的信息。因为信息很容易被收集、过滤和组织，属性和数值对可以参与分析。当整个项目以这种方式归档时，就可以很容易将信息用来检查是否符合规范，并建立能量模型。

在很多情况下，一个表格说明书都与提交的工作表或是制造商的数据表很像，除了他需要遵循工业界标准格式这一点。因为许多提交的表格已经包含了列在表格中的产品性能信息，毋庸置疑表格说明书不能被用来创建一个标准化的提交单。如果我们采用一个标准化的提交单，内含所有与特定组件相关的可以用来决定产品选用的信息，那么想要自己动手查找提交资料进行分析的人就可以知道去哪里找与特定属性相关的信息。一个标准化的提交文件，如图11.4中，会在页面的相同位置有一个产品的图片，在页面的相同位置有一个产品的性能，并且会有设计团队认为对选取产品必要的其他相关信息。再进一步，除了对单个提交单进行标准化外，整个投标资料袋都可以被标准化，这样，所需要的整个系列的提交文件都遵循特定的顺序和特定的格式。

数字业主手册是一个你所期望的强大的交付成果。数字用户手册的概念是提供一个关于所有设施的真实的竣工模型，它建立了从设计的第一天到施工的最后一天的文件。使业主可以看到项目中的所有组件，无论这个组件是否可见，是否隐藏在顶棚后。一个包含所有尺寸和属性信息的业主手册是非常有用的，特别是当事情出错的时候。如果建筑物的电力系统出了问题，必须要打开一面已经完成的墙来解决问题，数字用户手册可以精确的定位问题所在处，并可以减小解决问题所需的拆除工作量。数字用户手册还可以成为一个存取维护信息用来分析的活的数据库。一个这样的模型，可以为维修过程的日期和地点编制文件，还可以提供何时应该进行维修和应该进行替换的记录。这类信息可以将数字业主手册转型为工作设备管理数据库。

大量市场上可以买到的设备管理数据库可以考虑设备的操作和维修。但是它们都不能提供一个和实际创建设备的模型一样精确的图形界面。模型不仅含有属于设备管理数据库的属性，还含有可以判定每个组件的图像。这样可为创建一个非常强大的工具打开大门：将BIM用作建筑系统控制、安保、进入和检测的图形用户界面。如果将遍布在安保系统设备旁的相机集成进BIM，如果有未被授权的侵入，设备经理或安保团队成员可以自动的看到威胁通知，以及通过集成的相机系统进行视觉确认。它也可以按相反的原理起作用，拘役设备可以利用三维用户界面监控整个监狱的设备，追踪每个个体的定位，还可以监控每个电子控制通道的状态。

建筑信息建模和知识管理的发展必定会提供大量的改善施工文件的机会。可以毫不惊讶的预见到，应用于设计阶段模型分析的新标准和格式，关于分包商交易的特定信息，更多更好的计划，应用于项目执行的新文件格式，还有关于设备管理的更多的侧重点。

第 11 章 知识管理

LH 平开窗 –30″ ×46″	
族	窗
雇主表格尺寸	08 52 13
部件代码	B2020130
OmniClass 编号	23.30.20.17.21.14
制造商	如 08 52 13
模型	30″ ×46″ LH 平开窗
说明	30″ ×46″ LH 外开式平开窗
	为强风区以及噪声大的区域设计的高性能隔声窗户。欲了解这种窗户的更多信息，联系制造商

尺寸标注		全生命周期性能	
宽度	30 5/8″	保修时间	玻璃为 15 年 / 其他所有构件 20 年
高度	46 3/4″	维修计划	每年检查并为硬件加油驱动
粗略宽度	31 3/8″	安装阶段	外部外壳（外部附件）
粗略高度	47 1/2″	与其生命周期	25 年
窗嵌入	3 5/8″		
玻璃厚度	11/16″		
打开方式	LH 外开式		

材质		分析属性	
框架材质	美国白松	传热系数	0.55
贴面材质	铝 AAMA 2605 表面处理	日光得热系数	0.41
玻璃类型	钢化密封玻璃——低辐射，充氩	渗水性	15psf 时不渗透
窗格条材质	PVC，白色拉伸	结构试验抗压能力	90psf 时无变形
框架表面	白色	空气渗透性	6.24psf 时为 0.06cfm
金属件表面	油擦铜	抗结露因子（CRF）	
屏风材质	8×16 玻璃纤维——木炭	强行进入评级	A 类，40 级
		声音传递等级（STC）	44
		OITC	30

建造细节

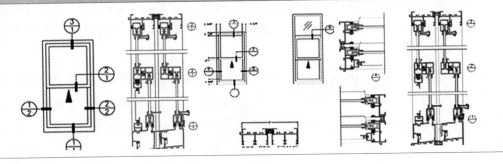

图 11.4 标准化的提交文件

第 12 章

BIM 数据和说明书

不断变化的说明书规矩

从始至终，说明书在建设过程中起到了不可或缺的作用。它记录了产品、流程和程序，在建筑环境中创建一个单元，可能是一个建筑，一座塔或者是一座桥。该说明书的作用不仅需要建立施工文件，对于一个给定的情况下同时也要选择适当的产品和系统。产品和系统的数量很多，很可能使得说明书概念在设计和施工过程中成为一个关键要素。感觉上，在可见的将来不可能用建筑信息模型（BIM）代替规格说明书编辑。

一个规格说明书编辑负责确定在项目中采用的产品和系统，应该传递哪些组件被使用以及为什么被选择的信息。在大多数情况下，对于任何给定的产品或系统存在多种选择。一些解决方案是比其他的更好，主要取决于工程项目的位置、环境条件、当地建筑规范、可用的选项及性能。确定使用哪些产品在很大程度上取决于各产品的性能和成本效益，也取决于业主最有效的选择。

建筑信息建模打开了一扇新的大门，可以使规格说明书编辑逐个比较产品的质量并且确定哪些产品符合必要的选择准则。而 BIM 要做到这一点，除了模型中实际具有相关数据，还必须具有一个一致的命名规则以及一套用于组织信息的标准化格式组。目前，CSI MasterFormat® 和 UniFormat™ 是组织建设信息的两种最常用的方法，但它们并没有足够层级的信息水平来考虑产品选择与认证所所需的属性。OmniClass 表格有填补这一空白的潜能。尤其是，属性、材料和产品表格对于规格说明书编辑带来很大方便，使他们可以有效地对与正在进行的项目相关的工作进行产品、材料和属性的分类。

用于 BIM 的标准与格式

一个 BIM 项目是一个信息数据库，它不仅包含空间和尺度，还包含实际单元和系统的属性信息。不同于传统的采用 CAD 设计的项目，BIM 项目具有独特的能力可以携带项目所采用的产品和系统信息。只要可获取数据，模型就能知道每一细节：从每类墙体的组成到待安装窗户的实际类型和性能，再到油漆和涂层的具体物理属性。建模者根据待处理的项目或特定的工作流程来决定合适的数据库的大小。当按实际产品的性能和物理属性的分类添加信息时，要考虑采用强大的模型分析和信息导出来组织最终文件。在模型中具有可用信息对于参与项目的各方都是有利的。

标准和格式可以在 BIM 项目文件之外实现数据的可用性。如果数据的组织方式使它们日后无法被检索到，它们对于产品规格说明书编制、施工或项目管理团队就无用处。使用已经存在的标准和格式将使信息可用于项目级别，但无法用于基本产品和材料级别的产品和系统的资格认定。必须采用新的和不同的格式才能完成这项工作。

用于 BIM 的 MasterFormat®

MasterFormat® 是最常用的组织建筑信息的方法。它是使用最为广泛的格式、已被内置于大多数 BIM 软件。MasterFormat® 使设计团队保持对项目工作成果的跟踪，并且组织这些信息使规格说明书编辑能够自动知道哪部分章节对于项目手册是必需的。当所有单元都置于一个 BIM 时，可以运行基于 MasterFormat® 编号所组织数据的一份报告。通过向规格说明书编辑提供单一的但携带所有产品的报告，可以大大简化项目手册的创建，这些产品在每一给定章节均需要文件说明。

由于 MasterFormat® 基于工作成果组织信息，在一个 BIM 项目内较难考虑和组织某些单元。例如墙体、地板/顶棚、屋顶系统等建筑系统就是很好的例子。在一个 BIM 内，这种类型的组件以一个整体的形式被放置，而不是以它们的各自的部分。因此一个具有内外壁板、气密层、内用漆及外墙外保温系统的 8 英寸金属框架墙的信息将在几个 MasterFormat® 章节中。重要的是要将这些组件既视作一个整体，同时也视为其单独的组件。

用于 BIM 的 UniFormat™

UniFormat™ 基于单元分类组织信息，无论是墙体、窗户、椅子，或者是暖通空调系统。它们被安装时，组件被组织在一起。UniFormat™ 是最广泛使用的成本估算工具，允许快速进行每平方英尺成本的估算以及用于不同材料和组件选择的特定信息。利用 UniFormat™ 代码标记 BIM 组件，使得承包商和业主在模型建成后能利用这些信息，并获取这些数据。

用于 BIM 的 OmniClass

OmniClass 是用于分类信息的一系列表格。UniFormat™ 和 MasterFormat® 是这个系列中的两种表格，但信息深入到一个更深的层次时不仅仅是分类，还要对与施工相关的特定单元、系统和过程进行计量与资格认定。基于模型中的信息级别，这些表格应用于 BIM 的不同方面。因为这样的组织，它是一种非常有效地对包含多个产品和材料的复杂组件进行分类的方法，例如在一个 BIM 项目中的墙体、屋顶、地板和顶棚等。下面是现有的刚出版的 OmniClass 表格。那些黑体字的表格目前正在建筑信息模型中被使用。

- 表格 11——按功能分类的建设实体
- **表格 12——按形式分类的建设实体**
- 表格 13——按功能定义的空间
- 表格 14——按形式定义的空间
- **表格 21——单元（Uniformat™）**
- **表格 22——工作成果（MasterFormat®）**
- **表格 23——产品**
- 表格 31——阶段
- 表格 32——服务
- 表格 33——专业
- 表格 34——组织角色
- 表格 35——工具
- 表格 36——信息
- **表格 41——材料**
- **表格 49——特性**

OmniClass 表格 23——产品，是最常用的表格，不是通过工作结果或单元而是通过被安装的实际产品来有效地进行组织的。就 BIM 而言，它是一种极为有效的发现和组织产品的方法，使模型非常易于搜索。它将产品组织进逻辑类别中，并以类似的方式实现分层组织，这使得它易于浏览。

组织 BIM 数据

规格说明书编辑有机会成为一个项目的信息的拥有者。他不仅是一个可以向模型中插入信息的人，还可以利用它进行模型分析、将它更新为已确定的实际产品、将它组织成输出表格，例如进度和表格以及最终的一种文本规格说明书。虽然包含在一个规格说明书中所有三个部分的信息没有包含在 BIM 组件中，但组件应该包含模型内产品的相关信息。因此，组件服务于两个目的：它可以主动进行产品选择和分析，它包含必要的信息来创建施工说明书中第2部分——"产品"。

在项目的各层次中均会发现 BIM 数据，从原材料到该项目的地理位置。这些信息是用一系列的标准表格进行组织的，同时是分层次的，因此可适应项目的要求进行扩展。尽管通常无此必要，分层次可以从材料向固体、液体或气体进行组织开始。具有代表性的是，这些信息的分类从基本的供应材料开始，例如"樱桃木"、"5/8" X 型石膏墙板、"III 型屋顶沥青"等。

单元和工作成果共同用于信息分类，两则并不相互排斥也不相互包容。单元 B2010.05 41 00—外金属框架墙仅关注框架和衬板，而没有关注保温隔热或表明装修。工作成果 05 41 00—结构金属龙骨框架只关注框架构件。这可能使在 BIM 内进行墙体分类有点混乱。因为墙体中的每一个组件，从室内装饰到室外装饰，都被作为一个独立的单元放置，必须应用多个组织方法对每一材料进行分类。始于材料层次、然后是表明装修材料、单元/工作成果、项目层次的信息组织可以实现快速和容易地获取数据。根据项目的大小和规模，可以添加更多细节层级来管理信息。

- 项目（成果）
- 单元（组件）
- 工作成果（所完成的产品或系统）
    - 表明装饰材料（建筑材料）
        - 材料（原材料）

借助这类层次，一种材料能够被联系于一个用于特定工作成果或用于一个特定单元内的组件。石膏板可用于顶棚或墙体：一个产品，两种工作成果，两个单元。就成本估算而言，如果我们试图发现一个项目中墙板的数量，我们可以基于材料而不是单元查询平方英尺面积。就产品规格而言，我们可以基于工作成果排查信息来发现在哪一章节可以发现墙板。

在各一层次，项目、单元、工作成果及材料都携带可应用的信息。正如一个规格说明书编辑了解在说明书的哪里能找信息，清楚了解在模型中如何查找信息是至关重要的。当查询墙孔中隔热材料的热工性能信息时，是隔热材料而不是墙体携带相关数据。如果你查询整面墙体系统的热工数值时，墙体携带这些数据。当查询墙体相对其他墙体或者空间的位置时，项目携带相关数据。

这里是在不同细节层次使用一个或多个 OmniClass 表格的层次结构的一些例子。

材料组织

材料：樱桃木，S4S，聚氨酯罩面漆
- 材料等级：木材—OmniClass 41-30 30 14
    - 类型：樱桃木—OmniClass 41-30 30 14 11 14 21

- 表面：S4S—OmniClass 表 49—特性
- 面饰：聚氨酯—OmniClass 表 49—特性
- 检验：FSC 认证—OmniClass 表 49—特性

材料：**屋顶沥青，类型 III**
- 材料等级：沥青矿物—OmniClass 41—30 10 21
  - 类型：沥青—OmniClass 41—30 10 21 11 11
    - 用途：屋顶沥青—OmniClass 23—20 10 11 17
    - 分类：类型 III—OmniClass 表 49—属性

材料：**内墙乳胶漆，粗装饰，白色**
- 材料分类：涂层—OmniClass 23—35 90 00
  - 类型：乳胶涂料—OmniClass 23—35 90 11 11 14
    - 面饰：蛋壳类—OmniClass 23—20 10 11 17
    - 颜色：白色—OmniClass 表 49—特性

单元组织

单元：B2020.08 51 12—铝合金窗
- 组件 1：36×48 平开铝合金窗，白色—MasterFormat 08 51 13
  - 用途：窗户—OmniClass 23—30 20 00
  - 类型：平开—OmniClass 23—30 20 17 21 14
  - 宽度：36 英寸—OmniClass 表 49—属性
  - 高度：48 英寸—OmniClass 表 49—属性
  - 面饰：白色—OmniClass 表 49—属性
  - 操作：outswing—OmniClass 表 49—属性
  - 把手：LH—OmniClass 表 49—属性
  - 上釉：保温，钢化—OmniClass 表 49—属性
  - SHGG：30—OmniClass 表 49—属性
  - U 值：30—OmniClass 表 49—属性
- 组件 2：24×36 铝合金双悬窗，白色—MasterFormat 08 51 13
  - 用途：窗户—OmniClass 23—30 20 00
  - 类型：双开—OmniClass 23—30 20 17 17 14
  - 宽度：24 英寸—OmniClass 表 49—属性
  - 高度：36 英寸—OmniClass 表 49—属性
  - 面饰：白色—OmniClass 表 49—属性

- 操作：outswing—OmniClass 表 49—属性
- 把手：LH—OmniClass 表 49—属性
- 上釉：保温，层压的—OmniClass 表 49—属性
- SHGG：33—OmniClass 表 49—属性
- U 值：33—OmniClass 表 49—属性

- 组件 3：6 英寸丁基窗漆—MasterFormat®07 25 00
  - 用途：窗户安装配件—OmniClass 23—35 05 17 21
  - 类型：flexible flashing—OmniClass23—35 05 17 21
  - 宽度：6 英寸—OmniClass 表 49—属性
  - 附件：自粘—OmniClass 表 49—属性

单元：B3010.07 54 00—热塑性膜屋顶

- 组件 1：0.045 英寸 TPO 屋顶防水层，白色 MasterFormat®07 54 00
  - 用途：屋顶覆盖—OmniClass 23-35 20 21 11 14
  - 类型：TPO—OmniClass 23-35 20 21 11 14 17
  - 厚度：0.045 英寸—OmniClass 表 49—属性
  - 宽度：120 英寸—OmniClass 表 49—属性
  - 面饰：白色

- 组件 2：合成的，水基，低挥发性 tpo 胶粘剂—MasterFormat® 07 54 00
  - 用途：胶粘剂—OmniClass 23-20 40 17
  - 类型：水性的—OmniClass 23-20 40 17 14
  - VOC：<250g/L—OmniClass 表 49—属性

- 组件 3：保温紧固件及板—MasterFormat 07 22 16
  - 用途：机械紧固件—OmniClass 23-20 40 11
  - 类型：绝缘螺丝—OmniClass 23-20 40 11 14 24

- 组件 4：3 英寸硬质聚异氰酸酯屋顶保温—MasterFormat®07 22 16
  - 用途：隔热—OmniClass 23-20 50 24
  - 类型：聚异氰酸酯—OmniClass 23-20 50 24 24
  - 厚度：3 英寸—OmniClass 表 49—属性
  - 热阻：R-8.1—OmniClass 表 49—属性
  - 抗压强度：25 psi—OmniClass 表 49—属性

单元：C3010.06 46 00—墙面装饰和装修

- 组件 1：1″×4″ 殖民地风格窗饰条—樱桃木，S4S
  - 聚氨酯罩面漆—MasterFormat®06 46 13

- 用途：窗饰条—OmniClass 23-35 10 34 17
- 类型：樱桃木—OmniClass 41-30 30 14 11 14 21
- 宽度：1 英寸—OmniClass 表 49—属性
- 深度：4 英寸—OmniClass 表 49—属性
- 样式：殖民地风格—OmniClass 表 49—属性
- 表面：S4S—OmniClass 表 49—属性
- 面饰：聚氨酯—OmniClass 表 49—属性
- 组件 2：1″×2″ 带凹槽的椅扶手—樱桃木，S4S，聚氨酯罩面漆—MasterFormat 06 46 13
  - 用途：护墙板—OmniClass 23-35 10 34 17
  - 类型：樱桃木—OmniClass 41-30 30 14 11 14 21
  - 深度：1 英寸—OmniClass 表 49—属性
  - 高度：2 英寸—OmniClass 表 49—属性
  - 样式：凹槽—OmniClass 表 49—属性
  - 表面：S4S—OmniClass 表 49—属性
  - 面饰：聚氨酯—OmniClass 表 49—属性
- 组件 3：$\frac{5}{4}″×6″$ 底饰条—松木，S4S，底漆—MasterFormat® 06 46 19
  - 用途：底饰条—OmniClass 23-35 10 34 17
  - 类型：松木—OmniClass 41-30 30 14 11 11 11
  - 深度：1.25 英寸—OmniClass 表 49—属性
  - 高度：6 英寸—OmniClass 表 49—属性
  - 样式：阿拉伯风格—OmniClass 表 49—属性
  - 表面：S4S—OmniClass 表 49—属性
  - 面饰：底漆—OmniClass 表 49—属性

工作成果组织

工作成果：06 46 13—木窗框

- 组件 1：1″×4″ 殖民地风格窗饰条—樱桃木，S4S，聚氨酯罩面漆，
  - 用途：窗饰条—OmniClass 23-35 10 34 17
  - 类型：樱桃木—OmniClass 41-30 30 14 11 14 21
  - 宽度：1 英寸—OmniClass 表 49—属性
  - 深度：4 英寸—OmniClass 表 49—属性
  - 样式：殖民地风格—OmniClass 表 49—属性

- 表面：S4S—OmniClass 表 49—属性
- 面饰：聚氨酯—OmniClass 表 49—属性

工作成果：06 46 19—木质底饰条

- 组件 3：5/4″×6″ 底饰条—松木，S4S，底漆
  - 用途：底饰条—OmniClass 23-35 10 34 17
  - 类型：松木—OmniClass 41-30 30 14 11 11 11
  - 深度：1.25 英寸—OmniClass 表 49—属性
  - 高度：6 英寸—OmniClass 表 49—属性
  - 样式：阿拉伯风格—OmniClass 表 49—属性
  - 表面：S4S—OmniClass 表 49—属性
  - 面饰：底漆—OmniClass 表 49—属性

工作成果：06 46 23—木质护墙板

- 组件 2：1″×2″ 带凹槽的椅扶手—樱桃木，S4S，聚氨酯罩面漆
  - 用途：护墙板—OmniClass 23-35 10 34 17
  - 类型：樱桃木—OmniClass 41-30 30 14 11 14 21
  - 深度：1 英寸—OmniClass 表 49—属性
  - 高度：2 英寸—OmniClass 表 49—属性
  - 样式：凹槽—OmniClass 表 49—属性
  - 表面：S4S—OmniClass 表 49—属性
  - 面饰：聚氨酯—OmniClass 表 49—属性

工作成果：07 22 16—屋面板保温材料

- 组件 1：3 英寸硬质聚异氰酸酯屋顶保温
  - 用途：隔热—OmniClass 23-20 50 24
  - 类型：聚异氰酸酯—OmniClass 23-20 50 24 24
  - 厚度：3 英寸—OmniClass 表 49—属性
  - 热阻：R-8.1—OmniClass 表 49—属性
  - 抗压强度：25 psi—OmniClass 表 49—属性
- 组件 2：保温紧固件及板
  - 用途：机械紧固件—OmniClass 23-20 40 11
  - 类型：绝缘螺丝—OmniClass 23-20 40 11 14 24

工作成果：07 25 00—气候屏障

- 组件 1：6 英寸丁基橡胶窗户防雨条
  - 用途：窗户安装配件—OmniClass 23—35 05 17 21

- 类型：柔性防雨条—OmniClass23—35 05 17 21
- 宽度：6英寸—OmniClass 表 49—属性
- 附件：自粘—OmniClass 表 49—属性

工作成果：07 54 00—热塑性膜屋顶

- 组件 1：0.045 英寸 TPO 屋顶防水层，白色 MasterFormat®07 54 00
  - 用途：屋顶覆盖—OmniClass 23-35 20 21 11 14
  - 类型：TPO—OmniClass 23-35 20 21 11 14 17
  - 厚度：0.045 英寸—OmniClass 表 49—属性
  - 宽度：120 英寸—OmniClass 表 49—属性
  - 面饰：白色
- 组件 2：合成的，水基，低挥发性 tpo 胶粘剂—MasterFormat®07 54 00
  - 用途：胶粘剂—OmniClass 23-20 40 17
  - 类型：水性的—OmniClass 23-20 40 17 14
  - VOC：<250g/L —OmniClass 表 49—属性

工作成果：08 51 13—铝合金窗

- 组件 1：36×48 平开铝合金窗，白色—MasterFormat®08 51 13
  - 用途：窗户—OmniClass 23—30 20 00
  - 类型：平开—OmniClass 23—30 20 17 21 14
  - 宽度：36 英寸—OmniClass 表 49—属性
  - 高度：48 英寸—OmniClass 表 49—属性
  - 面饰：白色—OmniClass 表 49—属性
  - 操作：外弧—OmniClass 表 49—属性
  - 把手：LH—OmniClass 表 49—属性
  - 上釉：保温，钢化—OmniClass 表 49—属性
  - SHGG：30—OmniClass 表 49—属性
  - U 值：30—OmniClass 表 49—属性
- 组件 2：24×36 铝合金双悬窗，白色—MasterFormat®08 51 13
  - 用途：窗户—OmniClass 23—30 20 00
  - 类型：双开—OmniClass 23—30 20 17 17 14
  - 宽度：24 英寸—OmniClass 表 49—属性
  - 高度：36 英寸—OmniClass 表 49—属性
  - 面饰：白色—OmniClass 表 49—属性
  - 操作：外弧—OmniClass 表 49—属性

- 把手：LH—OmniClass 表 49—属性
- 上釉：保温，层压的—OmniClass 表 49—属性
- SHGG：33—OmniClass 表 49—属性
- U 值：33—OmniClass 表 49—属性

现在这些信息已经被区分和分类，这意味着什么呢？这些信息根据需求者的不同可以从一个基于 UniFormat™，MasterFormat® 或者 OmniClass 编码的 BIM 模型中组织与导出。成本估算者希望从以 UniFormat™ 编码分类的模型中得到所有东西的一系列清单。通过 MasterFormat® 编码来组织信息可以使用项目手册的最终信息，基于 OmniClass 编码可以执行一系列的模型查询。

对于 LEED 的认证，如果有人想查询在项目中有多少 FSC 认证的木头，他可以通过 OmniClass 41-30 30 14—"木头"来查询模型并且通过"属性–认证"筛选模型，这样只有 FSC 认证的材料被统计。

对油漆和涂料的挥发性有机化合物水平进行室内空气质量研究时，相关信息可以在 OmniClass 23-35 90 00—"应用涂料"中找到，可以通过位置筛选，并且按 VOC 等级与覆盖面积分类。

过程自动化

施工说明书与施工方法是一个整体。只要有项目需要被建造，说明书就会以某种形式存在。说明书的作用是提供完成一个项目所需的具体过程的书面文件和认定。它们提供基本信息，产品数据，以及对于一个项目中所需完成的不同任务的安装要求。尽管有可能将所有的信息嵌入到 BIM 组件中，但这不现实。与作为模型的一部分相比，更好的方式是将与组件的图形或分析方面无关的说明书的单元与模型链接或相关联。在 BIM 单元中的大部分信息可在给定说明书的第 2 部分——"产品"中找到。

说明书一般按广泛接受的三个部分的格式进行组织，它们分别定义了：**一般要求，产品要求和实施要求**。信息是详细但是简洁的，并最终作为项目业主和负责完成该项目的承包商（们）之间的合同文档。由于说明书概述了工作执行的范围，它是确保按实际要求来完成工作的一个基本元素。这个互相制衡的系统最大限度地减小了冲突或差异的风险，并能阐明任何过于烦琐或详尽以致无法添加到图纸中的信息。

图纸携带足够的信息来表明一个建筑物的单元是什么，它的尺寸以及它与相邻单元的关系。它通常不详细描述为什么选择这个单元，这个单元的性能方面，或者这个单元来自哪里等。例如，显示屋顶和墙体连接的一个详图携带了关于墙体类型、屋顶结构的不同层面、与连接有关的尺寸等一般信息。它一般会忽略屋顶的制造商、屋顶性能的细节、屋顶保修期限、安装前如何存放屋顶材料、安装过程，以及其他过于详细而无法加入图纸中的信息。

为补充图纸信息的所有信息都需要以某种形式存储，以便于存取和检索。无论这些信息是存储于数据库或者文档中，它都应很容易地以某一相容格式被理解，因此无论是使用 BIM 平台、CAD 平台还是绘图板来设计这个项目，都应该使施工说明书成为一个重要的和相关的文件。

规格说明书编辑的角色演变

规格说明书编辑有一个机会可以增加自己的角色以及目前在一个项目中承担的责任。表面上，似乎一个规格说明书编辑所执行的唯一任务就是一个说明书的书写者。然而实际上，他有责任确保在一定的情况下使用正确的组件类型。在当前的过程中，规格说明书编辑的基本责任是向建筑师提供一个项目手册。在 BIM 项目中，规格说明书编辑有机会协助项目早期的产品选型和实施，让建筑师和工程师有更多的资源和时间来从美学的角度来开发一个项目。

在概念阶段允许规格说明书编辑直接访问一个项目使得他可以查看和修改已经被放置在一个模型的组件，而且在放入项目前主动选择正确的产品。产品选择是一个棘手的任务，因为一个组件的选择可以影响到邻近的和周围的组件。将产品放入模型前对其选择和分析，可以避免大量的反复试错的产品选择方案。例如，一个灭火器柜的选择可能看起来微不足道和简单，基于位置和墙体厚度对凹陷、半凹或齐平模式的选择是至关重要的。在一个项目中所使用的窗户类型必须考虑很多因素。建筑物内的位置会影响所使用的玻璃的类型；控制建筑性能的规范可以影响结构等级和节能性能；操作方法（雨篷，平开窗，双吊钩等）会受到安全性及业主偏好的影响。

有人能坚守按需对产品进行选择的责任，可以使建筑师的工作流程更为顺畅。将规格说明书编辑转换成项目信息和产品知识顾问对于信息创建了一个单一责任，他们已经以项目手册的形式承担责任了。管理建筑信息模型内部的信息的人员确保了同源信息是正确、一致和相同的。一个假定是图纸和说明书被认为是互补的。由于 BIM 将施工图纸和项目说明书联系起来以创建一个单一的项目主体，它们之间的边界线在某种程度上变得模糊。当信息被置于一个 BIM 模型中时，在施工文档阶段它成为可被应用的一个数据组。确保这些数据的正确性在早期简化了项目手册的创建和减小了不一致和差错。

不断演进的规格说明书

BIM 有两个主要部分：图形与信息。建筑师的责任是确保图形是正确的并且适用于施工。规格说明书编辑的作用是代表建筑师确保项目信息是正确的。这似乎是理所当然地把 BIM 信息管理的责任放到规格说明书编辑手中。这些年来，规格说明书编辑的工具得到了改善，从开始的笔到打字机，紧随其后的是文字处理系统。规格说明书编辑正在再一次经历一个改进的过程，这一过程必然地将他带领到了*数据库*。

数据库包容了说明书的显著的部分以便容易和重复地检索，同时保持最终交付说明书的一致性。*Office master* 就是最常见的例子。大多数的规格说明书编辑和建筑师事务所都有一再使用的指南说明书，用来简化说明书编制的任务，这是使项目信息的数据库可以被反复使用的一个基本而有效的方法。*Office master* 的缺点是，它需要就过去几年产品、建筑规范和设计需求变化进行不断的产品维护。

ARCAT SpecWizard，BSD SpecLink 和其他类似的在线"指南说明书"库可以进行项目手册的简化创建，在提供现成的格式化说明书基础上，它可以根据所需性能参数、工业标准或实际产品在项目中很容易地予以实现。使用的最合适类型取决于用于一个给定项目的项目交付方法。这些在线图书馆正在让路给从 BIM 模型中信息集成的概念，BIM 模型带有提供单一数据库的产品手册，这个数据库中存储了多种产品的产品信息。当说明书和 BIM 对象来自相同的位置并且由相同的数据库驱动，这种程度的一致性不容易通过其他方式实现。

可以创建一个短篇或简要的说明书、一个长篇说明书，以及一个 BIM 组件，都采用同一系列的下拉方式。不要认为规格说明编辑只要提供一个打印文档作为交付材料，而要考虑选择最合适的组件对于一个给定项目是多么重要。如果审查和选择项目产品和系统的能力扩展到基于所需功能和外观特征来对 BIM 组件进行格式化，那么最终的项目文档和说明书将大大得以简化。

说明书的概念是提供特定项目单元的文档。它详述*什么*被选择、解释*为什么*选择。如果我们依据其设计目的来考虑说明书，它大部分被分解为属性和数值组，属性是*什么*而数值是*为什么*。这是从数据库创建说明书的基本概念。一些属性与数值组的例子如下：

- 颜色：绿色
- 长度：12 英寸
- R 值：19
- 抗拉强度：1000ksi
- 保修期：10 年

然而并非所有说明书的方面都可以分解为这些组，它可以包含即使非全部也是大多数的产品选择和实现的关键方面。说明书的均衡性可通过预定义格式的指南说明书的开发进行格式化——用于填写数据的表格。

改变规格说明书编辑的工作流程

随着设计和施工过程的大规模变化，规格说明书编辑的工作流程也发生了变化。应将这种变化视为短期阵痛但长期获益。如果有人投入到新技术的学习中，他可以把自己定位成拥有独特的提供一种服务的能力：提供BIM集成说明书服务的能力，这种能力是规格说明书编辑所不具备的。从历史上看，规格说明书编辑只在项目的施工文件阶段具有相关责任。在项目整个生命周期的信息和文档顾问的加强角色，可以转化为更多的责任并且增加更多的收入。

需要执行某些任务，无论是通过规格说明书编辑或者其他成员，当提供一个对建筑师、承包商、设备经理和业主都有用的模型时，让BIM模型从概念到设备管理。我们可以把项目分成两类，其中规格说明书编辑可以大幅增加项目的整体成功性：招投标前和后。

招投标前

拥有必要的确定满足设计标准的特定产品的信息对于在设计阶段进行模型分析来说是至关重要的。就像航空航天工业创建建设之前的数字原型飞机一样，建筑行业开始发展相似的能力。将项目作为一个整体分析，无论是成本估算，性能分析，规范校核，或者结构完整性，每个组件的信息都需要是正确且可用的。很大程度上，这可能需要维护大量信息，因此那些最具有产品和信息的知识和专业技能的人（员）应负责提供和维护信息。除了产品知识，有效地组织和分类信息的能力也是至关重要的。规格说明书编辑对这两个领域都是最基本的，因此他是承担这一任务的理想人选。

在设计阶段，规格说明书编辑可将他的角色提升为设计团队的顾问或负责BIM数据的知识经理。为了使整个设计流程顺畅，规格说明书编辑可基于时间轴线在特定领域提供帮助。当规格说明书编辑与建筑师交谈以确定初步的项目描述时，他能获得关于项目范围和需求的一个概念。在交谈过程中，规格说明书编辑能确定需要用于项目中的单元的类型，业主可能的需求，以及将被使用产品所必需的性能要求。所收集的信息应足以开始创建一个说明书的提纲，以及规定项目中能使用的BIM单元的格式。无论是亲手创建它们，或使用通用的或制造商提供的BIM组件，规格说明书编辑可以在项目建模前或过程中输入单元的属性和数值，这些属性和数值对于项目中单元的成功至关重要。

根据与建筑师交谈所收集的信息，规格说明书编辑可以选择创建一个说明书提纲，这个提纲功能上是导出最终的详尽的说明书章节的工作文件。随着项目的推进，提纲性的说明书变得越来越详细，到所有信息都获取和确定时，提纲将演变为最终的说明书。当获取了单元的信息、做了关于特定组件的决策、选择了实际产品时，规格说明书编辑可以修改他这一端的BIM组件，并提供给建筑师供其使用来修改项目。

招投标之前，一个BIM项目的图形和信息是随更多的设计选择而不断变化的。因此，与变化相关的信息也必须随之改变。一个合格的规格说明书编辑能够在整个项目中更新模型以确保信息是最新的，并实现准确的BIM分析。模型分析的精度取决于所提供数据的精度。为了准确描述一个建筑将消耗的能量，需要考虑实际的组件，因为项目中所使用的设备、装置及配件都会改变性能参数。

基于整个设计过程所提供的和 BIM 所导出的信息来创建详细的说明书。利用累积的信息可以节省研究和组织工作中的大量时间。另一种更为高效的方法是创建一个说明书提纲，它在项目发展过程中可以扩展和修改——是一种发展变化的工作文件。最终的文件将携带所有的信息，仅需一些小的修改，就可以组织成一个最终的项目手册。

尽管规格说明书编辑可能并不精通 BIM 平台的使用，但还是有机会使他在招投标之前向项目添加数值。他可以选择成为 BIM 平台使用的专家，也可以雇用一个专家作为 BIM 数据建模师，数值都可以添加到整个项目中。并非是规格说明书编辑实际创建与考虑中的产品或系统相关的图形，而是他要有足够的能力来操作现有的 BIM 对象以满足项目的需要。

招投标后的询价

说明书与产品的主动分析

通过进行说明书与产品的主动分析，BIM 包含的信息可以使招投标评审更为顺利。在招投标审查中，模型的一个备份可被用为一种"控制"，据此可对竞争投标者的适用性进行分析。投标人模型的数据可以与控制数据逐行对比，以快速淘汰劣质或不合适的产品。除了建筑师可以根据模型数据来选择产品外，承包商可以使用相同的过程来选择分包商，依据其所建议的产品、工作的成本、分配给项目的时间等。

以这种方式分析投标的能力减少了进行招投标所需的时间和工作量。此外，还有一种以滚动方式、而不是以全部的"快速通道"式项目的方式进行招投标的可能性，在不同的时间段对项目中部分工作进行招投标与实施。规格说明书编辑通过准备有关竞争厂家提供的实际产品的信息参与评标，进行逐个产品的对比。

产品比较——窗户　　　　　　　　表 12.1

生产商	类型	传热系数	太阳能得热系数	HVHZ 是否批准	（美元）费用
设计原则	30×46 竖铰链窗	.30	.30	是	$400.00
生产商 A	30×46 竖铰链窗	.27	.30	否	$355.00
生产商 B	30×46 竖铰链窗	.35	.46	否	$265.00
生产商 C	30×46 竖铰链窗	.27	.29	是	$410.00
生产商 D	30×46 竖铰链窗	.30	.30	是	$380.00

从这个表中，我们可以看到项目中窗户的重要方面是适当的 U 值和太阳能得热系数（SHGC），高风速地区（HVHZ）的应用认证，以及 400 美元的最高费用。满足设计要求的这些数值以粗体形式显示。

设计基础带有这些指定数值，制造商提供他们的信息（以设计团队自己输入的数据的形式，或者提供 BIM 组件，这些组件同时包含其产品的图形以及相关的进行准确产品比较所必需的数据——这里是 U 值，SHGC 和 HVHZ）。成本是典型的所添加的与组件无关的数值，因为价格始终在变并且由于船运或其他因素而随所在地区而改变。成本信息最好在招投标时就获取，并且在已经考虑了所有设计标准后的进行特定的比较时输入。例如：

- 制造商 A 具有合格的 U 值和 SHGC，但没有获得 HVHZ 认证。
- 制造商 B 具有较差的 U 值和 SHGC，且没有获得 HVHZ 认证。
- 制造商 C 具有合格的 U 值和 SHGC，并获得 HVHZ 认证。
- 制造商 D 具有合格的 U 值和 SHGC，并获得 HVHZ 认证。

根据设计标准，可以考虑由制造商 C 和 D 提供产品，因为他们满足所有设计标准。将成本信息添加到产品，更深入的数据分析表明，制造商 C 比要求略贵，但也有一个更好的业绩记录。制造商 D 在所有类别中的数值都合格。通过进一步研究整体的模型，以及针对产品之间的价格差计算最高效窗户的潜在节能性，可以进一步分析在制造商 C 和 D 之间如何进行选择。

使用 BIM 来分析这类说明书信息可以节省大量的时间，并且可以将建筑物视为一个整体来观察其性能方面从而研究一个产品对整个项目可能产生的影响。

单元更新

一旦定标并选择了产品，更新模型的可选服务就有进一步参与的可能性。即使设计完成、定标、施工开始后，项目也可能更改订单和替换产品。只要更改和替换产品，规格说明书编辑可以分析这些产品的更改，确认它们与设计标准和意图的符合性，再次准备产品模型，使设计团队可以使用它们来修改模型。

尽管这一设计详细层级对于规格说明书编辑和设计团队来说没有任何好处，然而业主依然愿意支付额外的费用，以获得项目的*竣工模型*，供日后分析。一个竣工模型使设备经理可以根据产品生命周期或产品制造商的建议安排维护和更换。它还可以进行这类工作的预算。携带整个建筑所有实际信息的一个 BIM，包括每个组件的尺寸和位置、性能、使用寿命和成本信息等，等同于整个项目的数字用户手册。

结论

因为 BIM 在很大程度上处于起步阶段，大部分建筑师只知其皮毛。它主要被用作 3D 建模工具来加快设计过程，但并未使用其中可以获取和使用的数据。大部分原因在于 BIM 和规格说明书编辑之间的脱节。目前，规格说明书编辑在 BIM 模型的发展中没起作用，并被排除在任何可能发生的整体项目协同工作外。通过将规格说明书编辑带入 BIM 模型，并允许他为项目规定系统与产品，规格说明书编辑就可为设计团队、承包商、设备经理和业主提供并维护项目内遗失的数据。本质上，规格说明书编辑有机会承担额外的作用，这将不仅有利于设计专业人员，也同样有利于任何涉足竣工建筑物的人员。

当前，在设计过程中，大多数 BIM 项目的开发基于通用的产品和系统，而不是制造商特定的携带单个产品性能、生命周期、影响和效率等数据的组件。在设计完成后，要求设计人员基于制造商特定的组件更改整个项目会很昂贵且时间上也不允许。如果规格说明书编辑有机会通过 BIM 模型实时规定，产品和系统在设计阶段就能被尽早指定，并且通过实时设置可获取与可见的性能标准就能使招投标过程极为顺畅。

首先，规格说明书编辑需要了解 BIM 对建筑环境意味着什么，以及 BIM 对于他的工作和当前的工作流程能带来什么益处。一旦理解了它为什么而设计，更重要的是它能够做什么，那么就没有理由不为此而改变、不跃入建筑信息模型的美丽新世界中去。

第三部分

BIM 内容类型

第 13 章

墙体

构造

墙体是由多种产品或材料组成的组装，它们共同工作以作为建筑物内部空间的分隔或外围护。可以在项目内创建与应用无数的墙体类型的组合。然而，还是存在墙体的基本分类，可以基于用于墙体的特定组件来进行信息的组织。框架墙体具有某些类型的结构构件，如木材或金属龙骨，由内外部的衬板包裹、包含内外装饰面。空心墙，正如其名称所示，在外墙面和外护层之间有一个空腔。这类墙体通常用于砌体结构，允许累积的潮气在进入内墙之前顺墙面流出到建筑物外。可用单片墙这个词来形容实心结构的墙体。可能用词有些不当，因为它包括具有填充或不填充的空腔的混凝土砌块。然而，单片这个词是用来指墙体的整体结构方面，而不是单独的材料或组件。

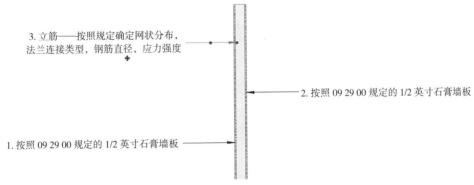

图 13.1 典型的框架墙构造
1.外墙衬板；2.内墙衬板；3.结构框架

在一个成熟系统的墙体中，每个组件都应该有准确指定产品或类型的名称。墙体中每个组件都携带一组自己的信息，并因特定理由而被选用。如果我们考虑墙体上的开孔，以及如何处理其框架与防水，我们就能看到特定墙体只能采用特定产品，并且很多产品厂家都规定自己产品适用的基材或表面。

墙体必须有某些类型的结构组件作为支承体系。无论是现浇混凝土、2×4木框或干堆石，结构组件是墙体核心单元。因为这类组件本质上起结构作用，它具有模型内必须考虑的物理性能，以进行结构分析从而生成适当的文件。对于现浇混凝土，除其他事项外，我们必须考

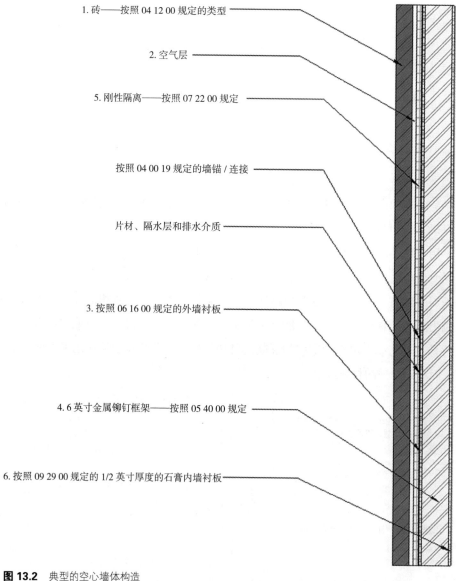

图13.2 典型的空心墙体构造
1.外墙装饰；2.空气层；3.外墙衬板；4.结构组件；5.隔离层；6.内墙衬板

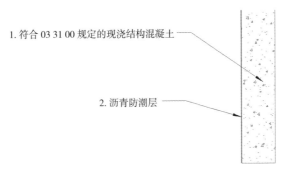

图 13.3 典型的单片墙体构造
1. 外墙；2. 防水 / 防湿

虑其抗压强度、钢筋类型和布置，以及墙高度、长度和厚度。木和钢框墙体的设计要基于框架构件的间距和墙体高度、厚度和长度。这些考虑了作为一个没有开口的整个墙体的结构方面。顶头梁必须放置在洞口位置以支承其上荷载，但不采用典型的墙工具而是采用结构组件来考虑它，本书稍后将对其进行讨论。

设计内部或外部的衬板以作为结构组件的表面覆盖，并为最终的装饰层提供表面。使用最广泛的室内衬板是石膏板。因为它不易燃的性质，易于安装、防火，使它可以接受从油漆到墙纸及瓷砖的几乎所有的外装饰产品。在许多情况下，防火或防潮的石膏墙板也用于提高防火或防潮等级。胶合板和定向结构刨花板是最常用的外衬板类型。石膏和玻璃纤维基的衬板也可以，但所有这些材料均服务于同样的目的，覆盖建筑物的外表面以进行最终装饰。

注意事项

因为墙壁以材料为主导，创建材料的标注是墙体的一个重要方面。墙体都会有自己的标注，用于独立组件的标注减少了相关性。合同及施工图纸都要用到墙体剖面，因此组装应能够包含所有的组件，并标注其公称厚度，并能够将其应用于组装、转接与端部的截面视图形式的工程图纸中。在整体组装中不会找到每一个最终细节，因为组装只属于墙体，墙体开孔处或墙体相交表面处就不适用了。

如果我们考虑将瓷砖放到墙上，我们看到的不止瓷砖的一个表面或一片。瓷砖生产商可能会建议或要求使用防水墙板或水泥衬板。在基层上面会使用一种胶以黏结瓷砖，瓷砖之间会使用水泥灌浆。组装中使用的每种材料应清晰可见，并且许多情况下，应使用不同颜色使用户可以在视觉上区分各层。当几个薄层彼此相邻时这一点尤其重要。因为墙体组件的这种性质，只有墙两侧的面层是真正可见的，所以这些是唯一需要精确渲染外观的。

石膏墙板是一种通用的描述一类内部衬板的术语。就设计和规格说明而言，一个 5/8 英寸的 X 型石膏墙板可用于需要防火分隔的区域。一个 1/2 英寸防水墙板可用于具有大量潮气例如浴室这样的区域，1/2 英寸的墙板可用于整个建筑物的公共区域。组装中组件的称呼应反映其特性，如同现实世界中那样。石膏墙板不是一个产品，但 5/8 英寸 X 型石膏是。

应基于逻辑结构和设计方式创建墙体。它们可能需要达到特定的热工或防火等级或具有特定的声学性能。应将这类信息始终添加于组装本身，必要时添入组成组装的各个材料中。作为一个例子，墙体组装中每一组件都有一个 R 值，使用尽可能小的热阻或 R 值。墙体组装件中使用的保温材料占了 R 值的大头，但是如果我们从所有其他组件中累加其热阻特性，就可以统计墙体的总热阻。

像墙体这样的组装中的一个重要方面是建立截面视图和快速标注每一组件的能力。即使一个像气密层这样的组件因太薄无法表示其实际厚度，它也应该能够以软件显示其最小厚度。同样，可能不覆盖整个表面的那些组件，但其仍是组成墙体的一部分。外墙上的绝缘紧固件及砌体墙连接筋就是绝好的例子。不是对墙体中能够发现的每一紧固件进行建模，而是创建一个代表紧固件或墙体连接筋的墙体层，使得能够标注组件以及列出其放置密度。如果紧固件以每 2 平方英尺一个的方式分布，并且标记在墙体组装的组件材料中，紧固件的大致数量可由墙体的面积除以紧固件的密度推算得到。

当创建墙体时，底线是需要将组装考虑为一个整体或考虑为其各部分的总和。组装中每种材料都应携带关于产品的相关信息，作为一个整体的组装也必须携带与组装性能相关的信息。与性能和建筑规范相关的墙体信息方面应始终是准确的，而不是假设的。假定一个墙体的防火等级没有测试导致不可靠的数据和不准确的信息，最终可能因不符合规范而终止使用。如果有人在模型中发现一条不正确的信息，他可能会考虑到所有的信息都是不正确的。

图形

墙体的图形主要在详细层级上，提供适当的表面和切面模式获取良好的视觉表现。墙体图形的功能是用于表示创建墙体的材料，因此更重要的是在材料层级创建图形，并利用它们来显示墙体的外观。墙体组件表面的材料图形是最重要的，因为它们具有渲染表面外观及在表面和剖面图中显示填充图案的功能。因为墙体表面在模型中占据了大量的区域，因此用于创建渲染外观的图像文件应尽可能准确。这可以最大限度减少创建表面所需的拼贴数量，并提供更加真实的视图。

剖面和表面的填充图案常由统一的图纸标准（UDS）和/或国家 CAD 标准（NCS）决定。为不同种类的材料使用合适的图案，可以使得每种材料可以被反复使用多次同时易于创建类似的材料。一个项目中可能会用到两种类型的填充图案：模型图案与详图图案。两者见图 13.4 所示。两者之间的主要区别是它们如何被使用的。模型图案适用于它们所放置的表面，因此无论从任何角度观察，它准确显示真实外观。它通常用于表面图案。详图图案适用于它

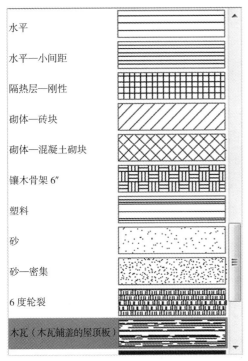

图 13.4 模型填充图案和详图填充图案

图 13.5 典型的渲染效果图文件

们所放置的视图，随着视角改变，图案会变化。通常用于剖视图中的图案，因为视角永远不会改变。

对于表面材料，我们需要考虑产品的整体外观，包括它的颜色或图案，透明，半透明或不透明，光泽度，反射率，以及可能包含的表面纹理。这是大量的信息，它的准确性应建立在项目的需求或模型的目的上。如果没有渲染的必要，那么材料本身可以被简化到没有渲染的外观。应当在办公室中进行相当数量的渲染，开发具有高品质渲染属性的材料库可在项目发展中进行更专业的效果渲染。在许多情况下效果图文件是一种非常实用的方式，有时这是开发表面图案以充分表达材料的唯一方式。图 13.5 是一个用于表达表面铺满砖的渲染外观的一个效果图文件的例子。并不是尝试对墙上每块砖建立模型，而是增加一个相似外观的表面填充图案，加上一个具有砖的尺寸形状、灌浆、用于渲染视图的实际颜色的效果图文件，这也可用于模型视图。

在模型中墙体具有不同的表达，取决于它们的格式。它们高于材料，是组装内部的层。实际工程中两面墙相连，某些层环绕墙角，其他层没有。如果在开发墙组装时考虑到这一点，建立一个项目的模型以确保墙的正确连接就会很容易。典型的具有两侧石膏墙板的框架墙中，墙板被设计成环绕墙角，而框架本身没有。对于一侧衬条和石膏墙板另一侧沥青防水的现浇混凝土墙，沥青防水、混凝土、石膏墙板应设计成环绕，而衬条不环绕。

BIM 软件使我们可以为一个组装中的每一个层分配一个目标，并把它标注为核心的一部分或者核心的外部。把核心设想为墙体的结构方面。考虑一个普通的框架墙，它应该包含框架构件。在现浇混凝土墙中，它应该是混凝土。这不仅有助于软件确定材料是什么，还能确定它如何表达与整体项目中相邻组件的关系。

墙体立柱以特定的间距放置，保温材料放置在立柱之间，紧固件以设计间距或密度固定于组装。指望任何人把每个紧固件都放置在项目中以计算其所需数量是不切实际的。相反，我们可以向组装中添加名为"紧固件"的材料，并分配其一个特定的紧固率，并且根据材料所占面积计算紧固件的数量。

材料

正如其他组装，材料主导了墙体组装的外观和性能。墙体最显眼的两个相关层是内、外面层。正如前文所提，这是因为其在渲染和三维视图中具有图形相关性。除了属性数据，还应注意考虑这些材料的渲染方面。在面层之下的层的材料只有在剖视图中才可见。因此最重要的方面是用于标注材料是什么的填充图案和模型中所使用的颜色。

详细的组装内部可能有 20 层，因此对不同的墙组件使用对比颜色有助于在剖视详图中创建注释。这是创建一系列墙层所属分类的好方法。例如，创建结构组件、热工组件、室内装饰组件、外墙装饰组件、气密层组件的分类等，使得在项目后期需要使用的材料易于组织与检索。如果每个分类分配一种颜色或者一个色彩范围，设计团队就有关于用于墙体的组件类型的视觉提示。例如，保温隔热材料是深红色，结构组件是深灰色，气密层是深灰色等。用于单个材料的填充图案进一步细化了哪种给定分类内的材料正在被查看。因为没有关于产品类别着色的规定。开发一种专用于团队的着色标准是可行的，只要参与项目的每位都了解并能熟练使用这样的标准。

> **提示**
>
> 更详细的组装内部可能超过 20 层，因此对每一墙体组件使用对比颜色有助于在剖视详图中创建注释。

组装中每种材料都具有关于它为什么被选择用于组装的相关信息。保温隔热材料具有热阻性能，内部装饰具有外观性能，也许具有室内空气质量性能，气密层具有渗透性能，结构组件具有强度性能。即使设计团队无意执行任何类型的分析，这些信息可以在以后的说明书和设施管理中被提取。建筑信息模型大于任何单一的项目参与者，因此包含其内的信息应适

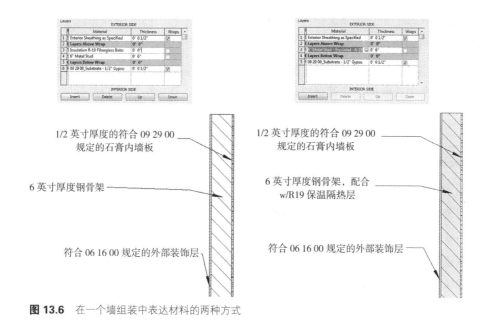

图 13.6 在一个墙组装中表达材料的两种方式

用于作为一个整体的项目,而不是参与发展模型的专业。规格说明书编辑可能需要模型内某些信息,而建筑师需要其他无关的信息。同样参与了这个项目的工程师和承包商对模型信息也有需求。考虑这个模型为谁而建,以及它的目的是什么,有助于了解何种类型的信息应该被包含在内。

某些情况下在单一层内两种材料可能彼此结合。保温层作为框架单元通常属于同一层。墙的竖剖面将显示这一点。图 13.6 显示了如何使用两种方法的一种来代表这个项目中的两个层。

(1)通过创建一个不具有厚度的层,可以在组装信息内表达两个相互叠置的材料的一种。虽然在目录表中它会作为组装的一部分显示出来,但在剖视图中,它不可见,因此不能带有自动生成的标注。

(2)通过将两种材料合并为一个,可以同时具有关于两种材料的图形与非图形信息。如果我们合并墙体框架材料和保温材料为一种材料,那么我们就可以创建 4 英尺金属立柱 –16 英尺 OCw/R–13 玻璃纤维保温材料。

数据——属性与方程

下面是一系列常用的墙体组装属性和墙体材料属性。显然,这不是一个详尽的列表,但它包含了在一个 BIM 项目中创建任何类型墙体都应该考虑的最重要的方面。仔细考虑一个属性是否属于墙体内部或属于材料内部是非常重要的,向墙体注满信息再试图从墙体中提取信息时可能会弊大于利。如果我们考虑一个汽车时，数千种不同的组件组成了这个汽车，每一个相关的信息理所应当地储存于各个组件中。如果用户手册中包含每个组件的每个性能，它可能无法放入储物箱，所以用户手册携带及其整体性能的信息，而辅助文件可在关于每个组件的销售手册中获取。这样就可以创建一个信息层级，让每个人达到他所试图达到的详细程度。

墙体组装属性

- 防火等级：以 A，B，C 类表示等级，它表示抵抗火焰在墙体组装上蔓延的能力
- 组装的 R 值：整个墙体组装的热阻，表示为 $ft^2 \times F \times H/BTU$
- 声音传播的分级（STC）：一个分区中声音的衰减等级
- 露点：在墙体内水蒸气凝结成水的点
- 墙体用途：根据使用目的对墙体的分类（即内隔墙、承重墙、剪力墙、基础墙、挡土墙）

墙体材料属性

- 抗压强度：最大的强度，一种材料（通常为混凝土和砖石）所能承受的最大的压力。
- R 值：一种特定材料的热阻，表示为 $ft^2 \times F \times H/BTU$
- 渗透率（perm）等级：允许通过建筑材料的潮气的总量，表示为 perms。
- 等级：建筑材料的行业公认的质量分级。
- 厚度：材料厚度或其所需采用的厚度。
- 颜色/表面处理：材料的表面质地和外观。
- 使用率：基于其常用分布单位（如：gal，ft^2，ft）的材料的使用率。
- 表面数值：在墙体组装中使用的每个模块组件（如 CMU，砖）的面积。

一些用于工程估量的基本方程在下文介绍。在整个估算过程中，每个人都有不同的方法，因此估算方程作为起步导则，而不是严格的计算规定。通常在一个墙体目录表内创建墙体组装的计算，通过操作两个或多个尺寸值来进行计算。

- 公式：
  - 紧固件数/胶粘剂用量：墙体面积/使用率
  - 螺纹钢/钢筋长度：（墙长/钢筋间距）× 墙高
  - 普通墙立柱栓数：（墙长/立柱间距）+2（每面墙考虑墙角区域，墙立柱数增加 2）
  - 单位计数：墙体面积/表面数值

特别在材料层级，要将一些特定性能值赋予墙体组装中可能采用的材料。油漆和涂料要注明挥发性有机化合物（VOC）和固体含量的数值。瓷砖的耐擦伤性和抗冻性和石膏墙板的面层材料是重要的属性。在决定是否把这类属性加入到模型内时，我们应该仔细思考为什么

数据——属性与方程

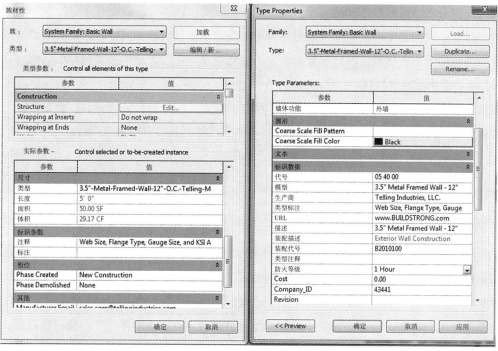

图 13.7 典型的墙体组装数据组

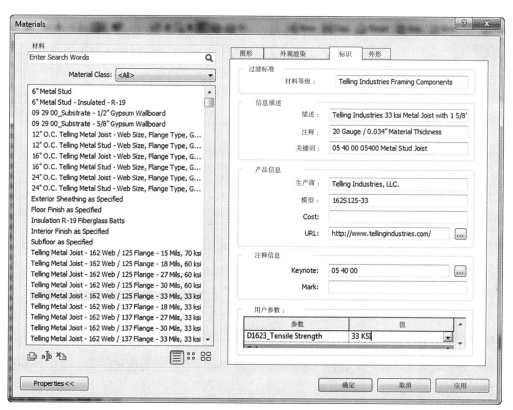

图 13.8 典型的墙体材料数据组

这些属性是相关的。如果数据仅是用于信息目的，而非用于模型分析，则将其链接到一个制造商的产品信息网页上比将其植入模型更为实用。当向一个材料添加属性时，重要的是注意到该属性将应用于所有材料，因此在目录表中不过滤信息，可以无意中添加属性的数值，而这些属性未必应用于特定材料。

当添加应用于特定材料的属性时，为每种材料类型创建一个目录表以查看数据是一种好的方法，否则，目录表本身可能会变得非常宽，会有几十个栏目，其中的大多数行是空的。

应用——使用信息

在当前 BIM 中，一个墙体组装内的信息的最常使用方法可能是工料估算。上面提到的是可以基于植入组装内各组件的属性来计算工程量的公式。第三方软件厂商正在开发应用程序，可以分析许多这些数据以进行规范检验、能耗模拟、结构性态分析，以及其他可能的工作。如果我们认真观察工料估算的能力，基于添加进组装与材料的属性而建立的简单公式可以节省项目竞标所需的时间，因为基准单位价格可以通过模型获取，而不需要我们通读数以百计的图纸。

参与基于 BIM 项目开发的工程承包商和分包商所具有的独特机会变得越来越明显。今天设计建造公司的发展使之更为明显。如果承包商和分包商愿意成为建筑师或设计团队在方案设计或设计发展过程中的顾问，他们能够提供设计所需的实际组装，这样这些组装件可以根据准确的图纸而不是假设值来进行合适的布置。一个项目中工种越多，这个就越重要，因为当决定分隔墙体在哪里以及如何布置、墙体厚度多少、防火等级多少时，结构组件、暖通空调管道系统、管道和电气都可以同时进行考虑。

BIM 具有光明的未来，因为将信息储存于模型中可以被任何人所使用，包括将来的设计师、设备管理者、城市规划者甚至应急人员。设想消防队员有这样一个设施，则可以告诉他们在发生火灾时什么路径是关键出口。建筑信息模型中携带了建筑物内每一墙体、地板、顶棚防火等级的信息。如果这类信息被置于全市的现场急救数据库，消防队员、医护人员和执法者可以清楚地知道如何基于他们所处环境处理当前的情况。这听起来像是一部好莱坞大片的动作片，但这并非遥不可及。

在较小规模工程中，建筑信息模型已经可以集成建筑系统并且通过一个参考点来控制它们。如果火警响起，建筑信息模型可以定位并且激活摄像机以及相关措施。电气传感器及设备可以控制温度和照明。将这些集成到一个项目模型中可以添加一个三维用户界面到公式中，通过界面设备管理者或者建筑工程师可以点击一个房间从而改变其温度或照明，或点击一个照相机对一个空间进行观察。

墙体组装及其属性组的例子

图 13.9 典型的内墙组装
- 防火等级：90min
- 组装的 R 值：15
- 声音传播的分级（STC）：29
- 墙体用途：内隔墙
- 结构：
  - 边 1 饰面：5/8″ X 型石膏墙板，
  - 结构单元：4″ 金属立柱 –16″ O.C.
  - 边 2 饰面：5/8″ X 型石膏墙板

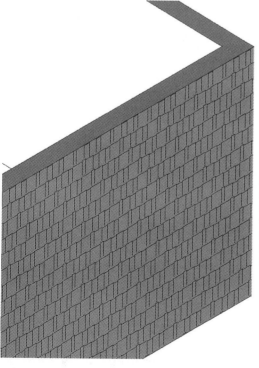

图 13.10 典型的外墙组装
- 防火等级：90min
- 组装的 R 值：22.5
- 声音传播的分级（STC）：35
- 露点：从外表面 1.6″
- 墙体用途：外承重墙
- 结构：
  - 内部饰面：1/2″ 石膏墙板，
  - 结构单元：2 × 6″ SPF 木立柱 –16″ O.C.– 由 w/R–19 玻璃纤维条隔离
  - 外基底：1/2″ CDX 胶合板
  - 气密层：浸沥青建筑纸 –ASTM D226 I 型
  - 外墙涂层：木墙板 –6″ 外露 #1 杉木面
  - 外部饰面：油漆 – 乳胶面 – 橄榄绿

图 13.11 典型的基础墙组装
- 防火等级：3h
- 组装的 R 值：14
- 声音传播的分级（STC）：42
- 露点：从外表面 1″
- 墙体用途：结构基础
- 抗压强度：4000psi
- 结构：
  - 结构单元：8″ 现浇混凝土 – 钢筋 w/#5 钢筋条 48″ O.C.
  - 防潮：交会处沥青涂装 ASTM D 449

第 14 章

屋顶

构造

建筑物的屋顶是多个组件的组装，组件共同工作以创建一个防水或排水系统。屋顶的作用是阻止或禁止水平或接近水平面的水分传递到建筑物内部。除了屋顶的覆盖区域，屋顶系统还包含阻止水分渗透屋顶以及水分终端面的组件。有两类基本的屋顶组装——低坡屋顶和陡坡屋顶——其设计与用途都有显著差异。

偶尔我们也会看到一个完全平坦的屋顶。低坡屋顶的斜率通常在 1/3-3 英寸 / 英尺之间，通常将其设计为一个防水单元。它们通常不被认为是一个美观的设计单元，因此就建筑信息建模而言减小了其表面的整体外观效果。为创建一个有效的低坡屋顶组装，我们必须考虑所有的包含其内的单元以便于在剖视图中描述它们，这通常用于创建防水的细部。对于低坡屋顶俗话说，细节决定成败。这就是为何不仅只创建屋顶表面，还要创建屋顶与墙体之间的交叉、终端、转接等细部。这些细节通过屋顶与墙体或屋顶与防水层的剖视图的副产品，并且带有在合适位置说明组装中每一组件的标注或注释。组装中的许多组件太薄以至只能用线条进行描述，但是以 1/16 英寸的尺寸标注它们总比完全省略它们有效。

BIM 能够准确地描述结构构件，因此创建一个低坡屋顶最有效的方法是创建组装的每一层，从底层或者屋面板，到涂装或覆盖屋顶的表面。结构构件可以显示或不显示，这取决于屋顶框架的类型。例如，为了简化设计过程常将木框架包含于组装中。桁架和其他重型金属框架单元通常在屋顶下被创建，以使其能用于建筑物的结构分析。图 14.1 给出了一个低坡屋顶中不同组件的基本构成，其顺序通常自底部到顶部进行标注。

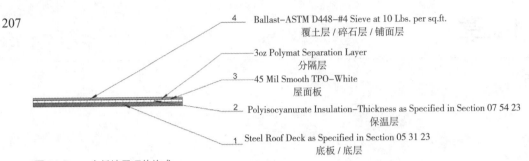

图 14.1 一个低坡屋顶的构成：
1. 底板/底层；2. 保温层；3. 屋面板；4. 覆土层/碎石层/铺面层

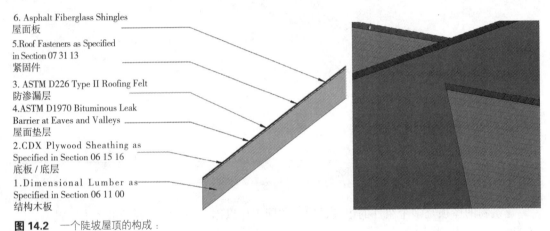

图 14.2 一个陡坡屋顶的构成：
1. 结构构件；2. 底板/底层；3. 防漏层；4. 屋顶垫层；5. 紧固件；6. 屋面板

基于 BIM 考虑一个屋顶构成，必须决定哪些组件必须包含在内、哪些组件应该被忽略。除了屋顶组装本身，还有一系列的屋顶与墙体之间的交叉、终端与转接。在所有情况下图形表示每一组件或许是不切实际的。屋顶组件表达的精细级别随项目范围与正在进行的工作类型而急剧变化。

数百根管道可能穿透屋顶，其中每一根都需进行防水处理，为每一根水管提供防水组件是不实际的。不是对单个水管描述防水组件，屋顶组装自身可以携带这样的属性，它向用户提供一系列从生产商或合适的行业协会处得到的防水详图。虽然有无数的屋顶防水措施，但穿过屋顶的管道数量是可以计数的。

屋顶与墙面转接处，或防水基层，通常要在模型里表示，因为它们一般都是由制造商指定的其自身的组装，并且携带许多在估价过程中必须考虑的材料。一个防水基层可以由同样的材料或一组特定材料组成以作为屋顶卷材层。屋脊屋檐终端、砂石层端部、排水沟通常也要进行表示。许多情况下，它们的可见度取决于它们被选择进行图形建模的原因，但它们的存在使它们能够被计数。转接和终端两者都根据线段长度进行计数或表示，这样它们可以容易地被"线段导向"的对象所表示，这样的对象可自动计算组件的行程长度。

注意事项

屋顶组装由多种产品组成，它们共同工作为建筑物或者其他结构提供防水或排水系统。屋顶可被分为两个基本类别，低坡屋顶与陡坡屋面。低坡屋顶用来描述坡度小于每12英寸上升2英寸的屋顶。陡坡屋顶用于描述大于2英寸的屋顶坡度。低坡屋顶的设计主要考虑到热工和防水方面，而陡坡屋顶更多考虑美观和外形。

低坡屋顶

低坡屋顶是主要由一个或多个附着于底层（屋面板）的防水卷材组成的防水系统。许多情况下，添加保温层到系统中以提供热阻性能，阻止热空气逸出。除了屋顶组装，还有一些组件或"防水板"被放置于穿过屋顶的其他组件，如水暖管件或天窗。

无论是在模型中图形化、加入到2D图纸或作为BIM数据植入，正确地描述低坡屋顶的各个方面可以确保它遵循屋顶的设计意图，并尽量减少不适当的穿越屋顶布置。一个低坡屋顶不仅仅是连接于建筑物顶部的橡胶或塑料片材。它具有结构组件（屋面板），热阻组件（保温材料），以及防水组件（卷材），它们共同工作以提供保温与防水系统。就像一顶帽子使我们的身体可以躲避严寒，一个屋顶系统中的保温层可以阻止热量通过建筑物的顶部而逸出。

低坡屋顶最重要的一个方面就是它的连接方式。低坡屋顶与其底层的三种常见连接方式为：机械式，粘接式或压载式。机械连接屋顶使用一系列螺丝，钉子或其他锚固件；粘接屋顶使用特定的屋顶胶粘剂；压载屋顶使用专门的砾石或铺路石。不管采用何种连接方式，都应将其建立在BIM模型中，以供图纸或工程量计算调用。连接件以一定的比率安装，以每平方英尺或每英尺计数。无论哪种方式，我们都是处理一个数字，需要赋予一个属性以用于计算目的。这样不仅使承包商能够确定需要多少胶粘剂或多少连接件，也可表达正确的安装过程以满足制作和建筑规范。

陡坡屋顶

当处理陡坡屋顶时，高质量的渲染在创建功能性模型时是至关重要的。通常情况下，渲染效果取决于代表一种特定屋顶类型的效果图文件，因此效果图分辨率越高，渲染效果越好。

屋顶覆盖有不同的几种类型，从沥青瓦到金属板、到高性能的聚氯乙烯和TPO等热塑卷材。每类屋顶覆盖都需要考虑其设计、性能、安装以及维护属性。

屋顶设计基于一系列的行业标准和原则，例如工厂互保（FM Global），保险人实验室（UL），屋顶顶棚产业协会（SPRI），屋顶咨询研究所（RCI）和国家屋顶承包商协会（NRCA）。这些标准决定了在特定情况下需要考虑哪些内容。在发展屋顶模型时必须考虑行业标准以提供一致和合适的屋顶构造。

建筑规范决定了为抵御外部荷载可以在何处使用特定的屋顶构造以及在何时需要采用强化措施。组件应该携带足够的信息来判断屋顶系统是否满足相应的建筑法规。并非一定要将这一方面植入屋顶组件的信息。

屋顶是由两个共同工作的基本组装组成的系统，以为结构的顶面提供排水或防水覆盖。

- 屋顶覆盖：屋顶覆盖是一系列叠置的组件，为一个建筑物建立基本的防水功能。
- 屋顶防水：任何屋顶均有某种形式的穿越式洞口或环绕式终端。无论是屋顶边缘、屋顶与墙体的连接处，或者是管道穿过屋顶的洞口，每个屋顶系统均应包括各种防水材料类型。

图形

通过绘制一个区域和选择一个屋顶形式可以图形生成屋顶覆盖。用户预定义屋顶类型并在其项目中将其具象化。通过对一系列组成屋顶系统的层进行组合可以创建屋顶类型。每一层是其自身的材料，携带材料特性与一个厚度。当处理屋顶这样的组装时，必须使其厚度大于实际尺寸。例如，一片屋面板片厚度小于 1/16 英寸，在项目中难以细化。因此，该薄层应该以 1/16 英寸或更大的尺寸表示。由于 BIM 软件可以进行结构计算，很多情况下结构构件不属于屋顶系统中的一部分，但它们都具有对应的实体，这将在以后其他章节中介绍。本章将讨论自底层向上的每一部分。

屋顶的底层或保护层通常是基层并由项目中常见的六种类型中的一种组成。钢材，木材，轻质保温混凝土，结构混凝土，胶结木质纤维和石膏组成当今工程中最常见的屋顶底层。

保温层并非总是用于屋顶系统，但当应用时应仔细考虑，因为它对建筑物的能耗模拟很重要。保温层在一个系统中的应用应使用户可以容易地修改其厚度以适应项目需要。如果可能，基于保温层厚度计算得到的 R 值只有很少用户才能修改，而更多地用于计算机分析。除了与保温层有关的图案及为了区分不同类型的颜色外，在发展组装内屋顶保温层时几乎不需要太多的图形信息。

板层片组成了低坡屋顶的防水区域。它们通常不会出现于陡坡屋顶，除非是作为屋顶衬垫或防漏卷材。然而，这些都不被考虑为屋顶系统的防水性能。在低坡屋顶中在任何给定屋顶系统中都有一个或多个板层片，并且通过胶粘剂或机械方法连接它们，或者铺设通过表面重物压住。板层片通常太薄以至于无法准确地表示它们的厚度，因此将它们表示为 1/16 英寸是一种有效的方法可以使它们在工程图纸中显示。不只是板层片，这还是分别显示每一胶粘层或连接件层的好方法。这可以使软件能够计算在项目中需要多少胶与多少个连接件。当模型内容开发得以适当发展时，准确的计量清单将成为模型的一个副产品。

屋顶覆盖物，如木瓦、筒板、瓷砖、卷材或片材在某种程度上是可以互换的。对于这本书而言，我们可以以相同的方式处理他们，因为它们只是屋顶的顶层。从概念的角度，这是屋顶组装件中最重要的一个方面，因为它显示了屋顶外观。当处理陡坡屋顶时，通过它们的外观来选择木瓦、筒板、瓷砖、石板或其他屋顶类型时，必须对其准确地表达以显示其在项目中真实的外观。屋顶覆盖图形有两个方面：表面图案和渲染外观。表面图案只在模型视图中显示，更多的是一种对绘图者正在观察什么的视觉提示。当用于概念或外观研究而对项目渲染时，渲染外观决定了屋顶看起来像什么。两者都同样重要，但在很多情况下对每一类可能的屋顶覆盖获取渲染效果图是不实际或不可能的，因此对屋顶渲染视图可能只能采用基本颜色。

材料决定屋顶

　　材料确定了用于一个项目的实际产品。使用 BIM 而不是传统 CAD 方式的最主要益处就是可以进行它们的计算、保质与定量。因为这样的原因，需要列出特定的材料，以区别那些具有少许不同属性的类似材料。这不仅可以对来自不同制造商的不同材料进行比较，还可以对被使用的每一种材料用量进行计算。当处理连接件或胶粘剂这样的组件时，逐个对它们进行建模是不切实际的，因为在任何给定项目中其数量都是成千上万的。在一个给定项目中确定使用了多少连接件或胶粘剂的有效方法是将这些项目作为组装的层而列出，同时分配它们一个安装比率。软件可以自动确定屋顶的总面积，将其除以安装比率就可以推算连接件及胶粘剂的数量。

　　除了材料清单，因为 BIM 使用颜色、填充图案与矢量图一起来显示不同层之间的差别，模型内的总外观就变得很重要。当处理叠合在一起的非常薄的层时，重要的是采用视觉上的对比颜色来代表它们，而不是采用与实际产品接近的颜色进行显示。这使设计团队能更好地通过视觉提示来表示产品之间的差异，因为施工图最终还是以黑白或灰度显示在图纸上。

　　材料自身携带一系列的性能属性，这些应该在材料层级而不是屋顶组装层级植入。尽管并非总是必须在模型中建立信息层级，但它是项目内的基本信息层，随着科技的进步，将可以进行模型分析并帮助说明书编辑决定哪些组件将用于项目中。如果我们把它考虑为花生酱和果冻三明治，就像在试图决定采用哪个品牌时关注卡路里数值一样。将属性添加进材料也有助于完成数量清单。用于一个屋顶组装的胶粘剂会以一个特定覆盖率被采用。增加一个属性来考虑这一点将能够导出一个从覆盖率转换到采购时进行成本估算要用到的单位数量的计算公式。

数据——属性与公式

　　屋顶组装携带了属于屋顶整体的信息。材料自身携带了属于单个材料性能的信息。例如，屋顶的防火等级并不取决于其覆盖层，而是取决于从底板到装饰表面的组装，因此防火等级属性应位于屋顶系统而不是材料内。图 14.3 和图 14.4 显示了一组常用的屋顶属性。然而这份列表没有囊括全部，它只是包含了屋顶对象最少应包含的那些属性。

图 14.3 典型的屋顶组装数据组

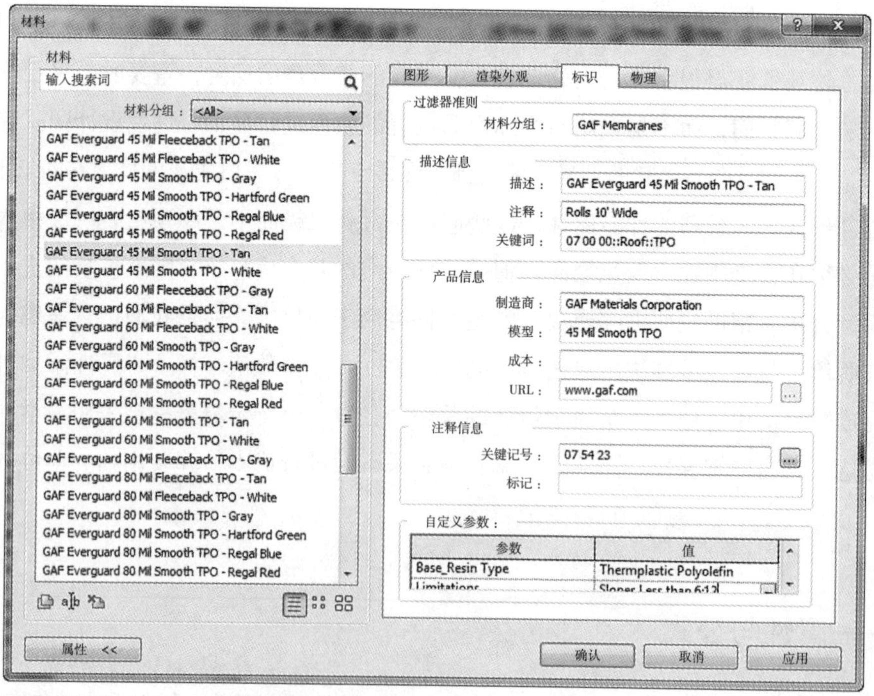

图 14.4 典型的屋顶材料数据组

屋顶组装属性

- 防火等级：评级表示为 A，B，C 级，它对抵抗火灾和火焰在屋顶组装上蔓延的能力进行分类
- 风吸力评级/设计压力：一个对屋顶因内压力而吹脱的可能性进行评估的等级
- 连接件密度：应用于屋顶的机械锚固件的比率
- 胶粘剂应用比率：应用于屋顶的胶粘剂的比率
- 基底板类型：屋顶底板所使用的材料类型（即胶合板，混凝土，22—Ga 钢板）
- 保温材料类型：应用于组装的特定保温材料（即聚异氰酸酯，聚苯乙烯，珍珠岩）
- 板片/衬垫材料类型：应用于表面层下部的特定的屋顶板材
- 卷材/屋顶覆盖类型：应用于屋顶组装的特定的表面材料

屋顶材料属性

- 覆盖率：材料所使用的比率
- 保温材料 R 值：应用于屋顶组装中的保温材料的热阻值
- 保温材料密度：保温板能够承受而不破坏的抗压强度或重量
- 卷材产品宽度：屋顶组装中所应用的卷材的单元宽度
- 卷材产品长度：屋顶组装中所应用的卷材的单元长度
- 卷材拉伸强度：屋顶卷材抗张拉抵抗力
- 卷材撕裂强度：屋顶卷材抗撕裂抵抗力
- 卷材抗紫外线率：卷材暴露于紫外线下的抗老化性能

公式

- 连接件数量/胶粘剂数量：屋顶面积/覆盖率
- 卷材数量：屋顶面积/（卷材产品宽度 × 卷材产品长度）

应用——使用信息

现在，所有与屋顶系统相关的信息都列在项目中，我们用它做什么？BIM 自身与外部设备管理软件甚至通过一系列输出表格可以进行几种类型的分析。

符合规范是屋顶组装的重要方面。屋顶需要达到特定的防火等级，有抵抗一定风速或设计压力的能力，或能够承受飓风的冲击。这要求在屋顶系统设计中，不仅考虑了它是什么，还要考虑为何选择它。我们嵌入模型中的数据使得这类分析可由计算机执行或由一个简化的

手工工作完成。

承包商通过利用建筑信息模型的数据可以获取很多信息。屋顶系统包含了许多必要信息从而实现简化估算员的工作、帮助决定工作流程以实现屋顶工作的最小化、推测材料交货"准时性"等功能。当承包商与设计团队一起工作时,他们能提供与设计单元有关的输入,这些单元在现实世界可能不存在。除了两个单元相互冲突时的碰撞检查,承包商经常能发现本质上非图形化的冲突。

说明书编辑和屋顶顾问可以使用模型中的数据快速撰写说明书、创建布局、布置保温材料、定位下水管、在施工前发现可能的隐患、在设计阶段建议修改等。说明书编辑和屋顶顾问与建筑师一起作为项目团队中的一员在设计阶段共同工作,以协助产品选择与组装设计。

随着 BIM 演变成生产商和生产商代表可以在内部利用的工具,他们越来越多地参与到了 BIM 中。当制造商代表参与项目设计,他能够在设计阶段协助工作,同时获取有关项目规模和范围的初步信息来准确确定材料用量。

业主和设备经理可以利用 BIM 内的信息进行维护与更换。不仅可以知道尺寸,还可以知道屋顶类型、它的安装者、保质期、最初设计依据等。在预测屋顶更换的费用时,业主根据屋顶尺寸和安装费用,加上一个通货膨胀比率,可以确定基于屋顶保质期或预期寿命在若干年后的预算。

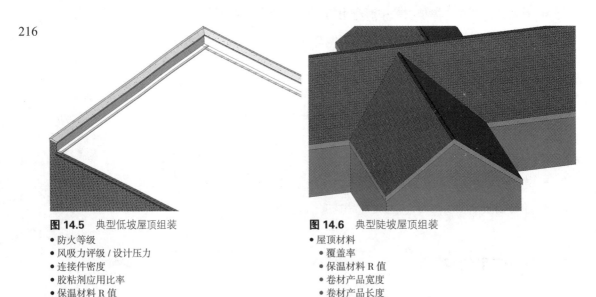

图 14.5 典型低坡屋顶组装
- 防火等级
- 风吸力评级 / 设计压力
- 连接件密度
- 胶粘剂应用比率
- 保温材料 R 值
- 基底板类型
- 保温材料类型
- 卷材类型
- 膜类型

图 14.6 典型陡坡屋顶组装
- 屋顶材料
  - 覆盖率
  - 保温材料 R 值
  - 卷材产品宽度
  - 卷材产品长度
  - 卷材拉伸强度
  - 卷材撕裂强度
  - 卷材抗 UV 性能

第 15 章

地板和顶棚

　　地板（楼板）和顶棚可以视为非常相似，某些情况下可视为相同的。两者都是通过画一系列线围成一个区域来创建的。这个区域被指定为特定的组装，定位于用户定义的标高。就其项目内角色，两者都是内部的水平单元，根据其标高来划分和保卫空间。就防火等级而言，楼板－顶棚构造要考虑每一个组件，从地板上的地毯或装饰到顶棚上的涂料或装饰，还有它们之间的一切。因为很多建筑信息模型平台同时有基于地板的和基于顶棚的主组件，适当创建这类单元会变得较为困难。

　　可能放进或靠在顶棚上的相关单元，如嵌壁式的灯或顶棚风扇，要求存在顶棚供其安装。这就提出了一个是否创建地板－顶棚组装作为一个地板或作为一个顶棚的问题。因为安装到顶棚上的组件和产品比安装到地板上的多，创建整个组装作为顶棚比作为楼板更为实用。反之，如果我们考虑的不是如何组装、管理组件，而是组件与组装如何关联，可能存在一个更有效的解决方案。与其创建安装于顶棚或安装于地板的组件，把它们创建为依托于一个表面的组件将使它们可任意放置和定位，而不管顶棚是附着于其上的地板组装或地板是附着于其下的顶棚。

构造

地板

　　地板由数种材料组成为一个组装，提供一个承受通行的结构面。根据不同的材料类型存在数千种建造地板组装的方式，将它们按图 15.1 和图 15.2 分为复合地板和板式地板可以简化楼板面的组成形式。在图形方面，地板的重要方面是其装饰面，对于地板－顶棚组装，包括

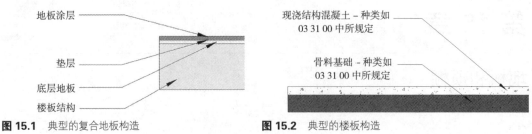

图 15.1 典型的复合地板构造

图 15.2 典型的楼板构造

顶部和底部两个装饰面。

顶棚

顶棚可以用两种方式中的一种来建立，如图 15.3 和图 15.4 所示：作为一种设计为覆盖其上部结构底面的材料，或作为一个复合顶棚，包含了与其构造相关的结构、热工和其他组件。例如，一个吊顶就是一个使用一种材料决定其表面外观的简单顶棚。石膏板顶棚可以以同样方式创建，放置于其上楼板结构的底部。一个围住其上部的阁楼或其他无人居住空间的顶棚常常包含支承其上部的结构构件。

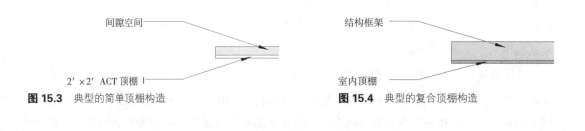

图 15.3 典型的简单顶棚构造

图 15.4 典型的复合顶棚构造

注意事项

人们通常认为在一个项目中楼板优先于顶棚，因为它们被用来承受活荷载。同样的，与组装建造有关的结构单元的适当定位是关键的。需要考虑几种不同类型的楼板。一块楼板是一种现浇的整体楼板，还需要考虑到其他方面。对于一块可能组成高层建筑上层楼板的悬挂楼板，我们还要浇筑模板。对于一块等级内或等级外的楼板，我们需要考虑其下的防潮层和粗骨料。一个复合楼板是一系列放置于一个组装中的材料，来代表与楼板有关的每个产品。某些情况下，我们考虑结构构件，但另一些情况下结构构件是独立建模的。第三类楼板是一个子组装，用于在任何结构地板上覆盖装饰层。

图 15.5 地板装配

在一个项目中存在多层地板装饰时，设计团队可能会选择创建一个结构楼板，它考虑了从结构构件到其上底层面板的每一内容，然后在其上添加仅考虑图 15.5 所示的装饰层的二级面板。使用这类楼板对于处理特定材料组是有利的。项目中的浴室地板可能有一个水泥基的底层、胶粘剂、瓷砖和水泥浆，公用区域铺有地毯且其下有衬垫。这些地板装饰位于结构楼板的上方，但其构造本质上是不同的。将地板装饰子组装发展并具象化为独立的地板类型，可以大大简化用于项目中的各种材料的数量。

> **提示**
>
> 通过发展和具象化地板装饰子组装，可以大大简化用于项目中的各种材料的数量。

另一方面，顶棚不是真正的结构件，除非它们被设计为附着于其上的结构楼板。BIM 软件平台使我们可以基于单一材料如石膏板来创建顶棚，或对围护无人居住的狭小空间或阁楼的顶棚，基于包括龙骨和保温单元等的多种材料进行创建。**组件**顶棚，如吸声砖吊顶，并不容易合理地表现。任何情况下，它们的外观取决于表面材料，它们的空间通过画一系列线条包围一个区域来生成。只要有可能，创建考虑从顶到底所有材料的楼板－顶棚组装是有效的。这样做的最主要的益处是简化了许多结构方面。负面影响是许多照明器具和基于顶棚的组件要求存在顶棚以使它们能被放置于模型。

如同墙体，楼板和顶棚很大程度上依赖于它们的材料。虽然楼板都有自己的编号，可以给出组装总的描述，但对独立组件的编号减小了关联性。组装作为整体可能被 UniFormat code 或用于大幅视图的简单注释所索用，但施工详图的剖视图将经常标注组装中使用的每一特定材料。

在发展模型时应考虑跨度和斜度。如果楼板结构中某一特定材料决定了其斜度，它应当是独立于楼板其他部分可以进行调节的。这使用户在维护楼板结构其余部分的整体性和准确性时，能快速轻易地更新斜度。这是板式楼板的一个常规功能。很多情况下，楼板会有一个很小的斜率来改善排水性能。如果在建模的楼板是含有乙烯地板的混凝土板，构建楼板时应使混凝土的厚度是可变的（但乙烯地板的厚度是固定的）。

地板龙骨既可以是地板结构的一个部分，也可以独立放置。有些情况下，这两种方法均有效。当对建筑物的结构进行整体分析并考虑结构效益时，龙骨构件总是独立放置的。当用于出租准备或是一个商业内部项目时，建筑物的结构几乎仅涉及尺寸，这时把龙骨构件与其余地板组件捆绑将能大大节约时间。

图形

当考虑与地板和顶棚相关的图形时，最重要的是创建它们使之能准确代表项目中所使用的组装。如果我们从创建每一种情况的地板和顶棚开始，我们可以在其他情况下很快复制和修改它们。第一步是创建一系列的地板，考虑所有结构组件选项，如规格木材、金属、不同尺寸的工程节点以及现浇轻质混凝土。为每一种构造添加必要的防潮层、底层地板、底盘和衬底要求，这样我们可以创建一个小的库，从中可以快速建立自定义组装。一旦我们开发了一个组装仓库，可以考虑我们所承担项目中可能发现的所有构造，我们就可以按需修改它们以添加其他组件，改变厚度和材料，按当时情况定制它们。这些地板和顶棚可以成为我们的结构楼板选项，适用于大部分项目。

创建地板装饰组装不仅可以轻易地划分地板区域和放置合适的装饰层，而且可以简化材料表。因为相比于仅考虑地毯，更多地要考虑地毯安装，子组装不仅能携带装饰材料，还有地毯衬板、胶粘剂、周长尺寸（因为这是它自身的装配件）。能够从组装中解析出这类信息，将协助预算员处理地板材料表，因为与地板安装相关的许多材料不仅取决于平方英尺面积，还取决于周长以及区域的形状。

建立一个楼板和顶棚组装的库是一个不间断的过程，因为一直会使用不同的地板装饰。与其为每一个被使用的瓷砖开发一个组装，还不如开发一个考虑瓷砖用途的组装和一系列代表每一个瓷砖外观的材料。这将使组装能一再用于不同的项目，并不是仅适用于某特定的瓷砖。如北美瓷砖委员会（TCNA）这样的工业组织有一系列地板瓷砖使用的标准构造。将每一种构造建立为地板类型，把"按指定"的瓷砖留在组装中，可以将必要的相关材料带入项目中，而瓷砖本身可在其后被选择。

材料

材料决定了地板和顶棚的外观和性能，如同在墙体和屋顶中。视觉上，地板和顶棚最重要的方面是其外表层，因为它与渲染和三维视图的图形相关。除了属性数据外，还需关注这些材料的渲染效果。面层下部的层材料仅在剖视图中是可视的，所以最重要的方面是填充图案和颜色，前者用以对所用材料进行视觉标注，后者用于在模型中表示材料。最常见的一种顶棚是隔声吊顶板，比吊顶更常见。

大多数建筑信息模型系统中的顶棚工具并不允许使用传统顶棚工具来控制不同类型的格栅和面板。不是对它们进行图形化建模，每一类板都有赋予它们的材料，材料采用效果图文件来生成渲染外观。虽然这减小了我们对与顶棚相关的不同组件进行精确计数的能力，但这是一种发展这些类型顶棚图形方面的快速方法。

采用相同的方法来控制地板表面材料的外观和性能。完全不可能的是：设计团队把每一个瓷砖放在一个图案中或把每一个铺路材料放在一个天井中。与其用图像模型来代表这类装饰，还不如开发一种符合外观的材料，允许大面积的视觉外观快速被置换。当我们处理许多不同类型的装饰时就会遇到困难。当我们考虑与一个瓷砖地板相关联的不同材料、颜色、尺寸和灌浆颜色时，或是考虑与木质楼板有关的无数染色颜色时，需要大量的工作量来维护它们。如果有太多的选项来为它们创建材料，一种有效的方法是创建一种材料，比如"硬木地板——按规定染色的"，并让用户基于RGB值或者与地板有关的效果图文件来决定采用什么染色。

虽然顶棚通常只由一种或两种材料组成，但当我们考虑与瓷砖安装有关的所有的底层、卷材、胶粘剂和砂浆时，详细的地板组装内部层数可能超过10层。对每一个组件使用对比色将有助于在剖视图下创建注释。为层建立一系列分类目录是较好的做法。正如墙体，为结构组件、保温隔热组件、内部装修构件、外部装饰组件和气密防潮组件创建分类目录，将易于实现项目后期可能用到的材料的组织和检索。如果某种颜色或者甚至某个颜色范围被分配到每一个分类中，设计团队对墙中的组件类型就有一个视觉线索。将隔热材料做成红色，结构组件做成灰色，气密组件做成绿色，就是一个例子。在单个材料中使用填充图案，可以进一步明确在某个特定分类中正在被观察的是哪种材料。

组装中的每一种材料会携带为什么它被选择用于组装中的相关信息。隔热材料会携带热阻特性，地板装饰会携带外观特性或许还有耐久特性，胶粘剂携带相关的黏合性能，结构组件携带强度特性。即使设计团队没有执行任何一种分析的意图，这些特性的存在将允许信息能在后面被提取用于文件撰写和设备管理。建筑信息建模比任何一个单一的项目参与方都要庞大，所以其内包含的信息应该应用到项目整体中，而不是建立模型的专业人员。

某些情况下两种材料在一个层中可能相互对齐。条毯式隔热层是一种经常与框架构件位于同一层的材料。在地板或顶棚的剖视图中，我们将看到隔热材料和框架在同一层中。可以采用以下两种方法中的一种来代表项目中的这两个层。

1）通过创建一个没有厚度的层，可以在组装的信息内代表两种冲突材料中的一种。虽然作为组装的一部分它会出现在计划安排中，但在剖视图中它是不可见的，也无法携带自动生成的注释。

2）通过把两种材料合并为一种，我们可以允许同时携带关于这两种材料的图形和非图形信息。如果我们把地板框架材料和隔热材料合并为一种材料，作为一个例子，我们可以创建 2×12wood joists-16″ O.C.w/R-19 玻璃纤维条毯式隔热层。

数据——属性、约束和方程

下面是一系列常用的地板和顶棚组装属性及一些样品材料属性。重要的是仔细考虑某一属性是属于组装内还是属于材料内。加入太多的信息在试图从模型中提取信息时可能得不偿失。当向组装中添加属性时，要意识到应用于一个组装的属性将应用于所有组件目录的组装。如果我们创建一个关于瓷砖安装的子组件，所添加的关于瓷砖的属性将最后在关于木楼板、乙烯瓷砖和地毯的子组件中结束，因为它们是用于地板的对象类别的一部分。通过向材料添加更多的信息，或者链接信息到网站或其他数据存储位置，数据将保持可获取、但位于外部而不是作为模型本身的一个部分。

地板和顶棚组装属性

- *防火等级*：等级按照 A 类、B 类或 C 类来表示，它区分了地板和顶棚组装防火灾或火焰蔓延的能力
- *组装 R 值*：整个墙体组装的热阻值，表示为：$ft^2 \times F \times H/BTU$
- *声音传播分级（STC）*：地板或顶棚声音衰减能力的分级
- *面积*：地板或顶棚组装的总面积
- *周长*：地板或顶棚边缘的总长度
- *活荷载*：组装必须能承受的总允许静荷载。这也可能作为材料属性添加
- *恒荷载*：组装必须能承受的总允许动荷载（雪、交通）。这也可能作为材料属性添加
- *净跨*：结构构件能够无支承跨越的最大净距离。这也可能作为材料属性添加

材料属性

- *抗压强度*：一种材料（如混凝土和金属）受压时能够承受的最大（额定）强度
- *R 值*：特定材料的热阻值，表示为：$ft^2 \times F \times H/BTU$
- *渗透性分级*：允许透过建筑材料的水分的量（表示为：perms）

- *等级*：行业接受的建筑材料质量分级
- *厚度*：材料或它要求应用的深度
- *颜色/装饰*：材料的表面质地和外观
- *使用率*：基于常用分布单位（如 gal、ft^2、直线 ft）的某种材料的使用率
- *版式*：在组装（如瓷砖、面砖）中使用的模数化组件的尺寸和形状
- *单位面积*：在组装（如瓷砖、面砖）中使用的模数化组件的每单位的面积

有公式可以用来工料清单和估算。就估计过程而言，每个人有不同的方法，公式作为开始工作的导则，而不是严格不变的计算规则。通常在地板或顶棚进度安排中创建地板和顶棚组装的计算，通过操作 2 个或更多数量或维度的数值来实施。

公式

- *胶粘剂数量*：地板面积 / 使用率
- *单位计数*：墙体面积 / 单位面积
- *勒脚或踢脚板单位计数*：周长 / 单位长度

尤其在材料水平，有应用于地板或顶棚组装中的特定性能值。油漆和涂料会记录挥发性有机物（VOC）的量和固体成分。瓷砖和石膏墙板面层材料的抗划伤和抗冻性能，也是重要

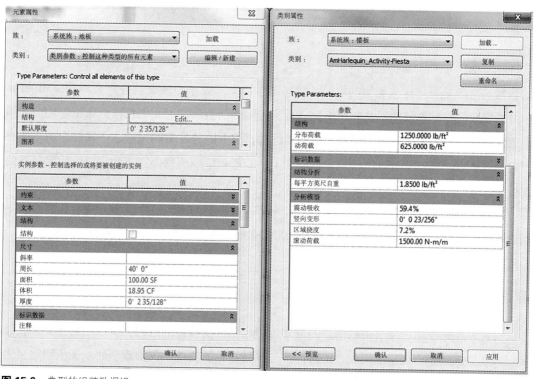

图 15.6 典型的组装数据组

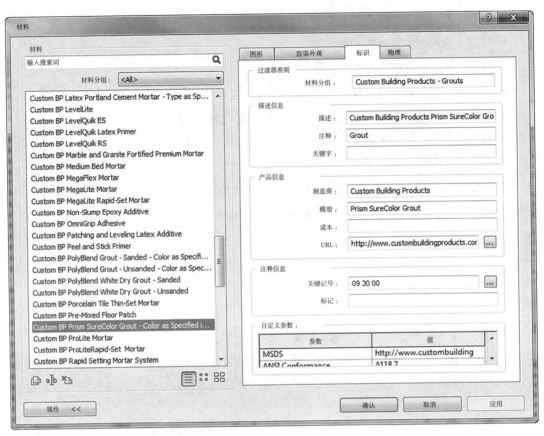

图 15.7 典型的材料数据组

的属性。决定是否把这些类型的属性放到模型中时，需要小心地衡量为什么属性是相关的。如果数据仅限于信息目的而并非用模型分析，连接到制造商的产品信息网页比把它们植入模型要实际得多。正如同组装，向材料添加属性时，重要的是注意到记录这个属性会用于所有材料，因此在列表中没有过滤信息，可能会不小心把数值添加到那些不会应用于特定材料的属性中。

当添加那些应用于特定材料的属性时，为每一材料类型创建一个列表来观察数据是不错的做法。否则，列表本身会变得非常宽，有非常多列，许多列中的行都是空的。

应用——使用信息

对包含在地板和顶棚组中的信息的最常规用途是可能执行的结构分析和工料估计。软件不仅自动生成面积，也生成周长。因为许多与项目相关的组件不仅依赖于面积还依赖定义为周长属性的长度，包含其内的信息会提供更精确的数量和费用估计。为了获得单位计数，单位尺寸必须附加到项目相关的每一材料中。即使和地毯一起使用的**勒脚**只应用到周长，如果它作为一种材料被添加到组装中并且记录为单位长度，所需的**勒脚**单位的数量（件或盒）也可以被计算出来。

许多材料在估算时需要获取重复形式。当试图进行工料估算时会产生某些困难。例如，地毯或许有类似情况，所需材料数量可能会远大于所估算的面积。为了对一个面积确定所需地毯的估数量，可以创建一个简单的详细对象，它是一个矩形，具有一个可作为覆盖的基准点。图 15.8 所示的矩形可能被做成地毯卷的宽度，放置在所考虑的区域，重复使用基准标志。这使预算师可以进行试错工作，也可通过寻找其他可用的地方将废料最小化。

与地板和顶棚组装有关的声传播分类，可以用来决定如何在一个建筑物中有效地规划空间，如需要安静环境的房间时，在哪里设置特定区域。由于其产生的音量需要将被隔离的组件放置于一个被高等级 STC 隔墙封闭的空间中。通过创建注释来标注组装的声音传播等级，可以创建一个视图用来标注每个墙体、地板、顶棚和屋顶组装的对应值。

放置于模型中的信息可以由某些想从中受益的人所控制。在这方面建筑信息模型是非常动态的。与其考虑我们从模型的信息中能获得什么，不如考虑我们想从模型中要什么，以及为了能在日后提取它而在组件中建立合适的信息。

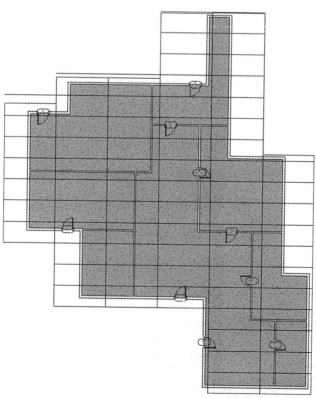

图 15.8 可铺设地毯区

229 **典型的地板和顶棚组装以及它们的属性**

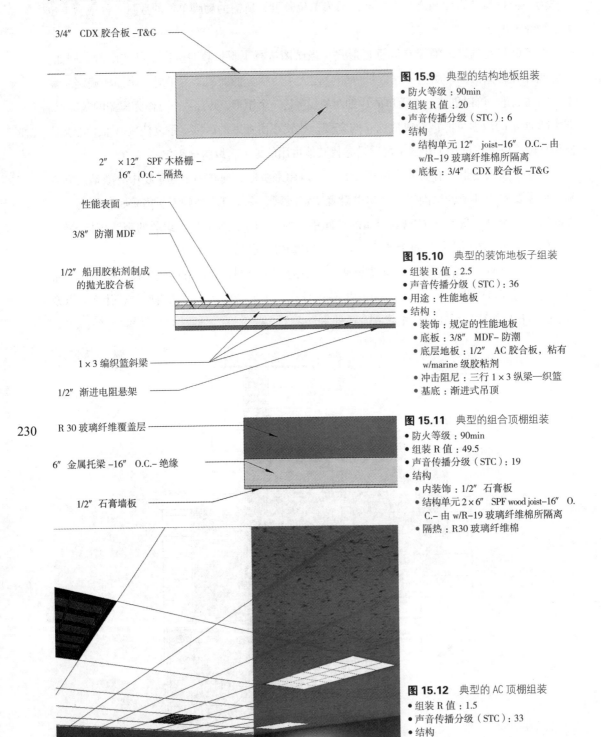

图 15.9 典型的结构地板组装
- 防火等级：90min
- 组装 R 值：20
- 声音传播分级（STC）：6
- 结构
  - 结构单元 12″ joist–16″ O.C.– 由 w/R–19 玻璃纤维棉所隔离
  - 底板：3/4″ CDX 胶合板 -T&G

图 15.10 典型的装饰地板子组装
- 组装 R 值：2.5
- 声音传播分级（STC）：36
- 用途：性能地板
- 结构：
  - 装饰：规定的性能地板
  - 底板：3/8″ MDF– 防潮
  - 底层地板：1/2″ AC 胶合板，粘有 w/marine 级胶粘剂
  - 冲击阻尼：三行 1×3 纵梁—织篮
  - 基底：渐进式吊顶

230

图 15.11 典型的组合顶棚组装
- 防火等级：90min
- 组装 R 值：49.5
- 声音传播分级（STC）：19
- 结构
  - 内装饰：1/2″ 石膏板
  - 结构单元 2×6″ SPF wood joist–16″ O.C.– 由 w/R–19 玻璃纤维棉所隔离
  - 隔热：R30 玻璃纤维棉

图 15.12 典型的 AC 顶棚组装
- 组装 R 值：1.5
- 声音传播分级（STC）：33
- 结构
  - 净空：4″
  - 装饰：2′×2′ ACT 白色 w/white 网格

第 16 章

窗户与天窗

构造

一扇典型的窗户由两个基本组件以及一系列选项与次级组件组成。窗户最重要的方面是窗框和窗扇。窗框是嵌在墙里的外部组件,而窗扇则是固定或可动的包含玻璃的单元。窗户的次要方面是其开启和锁定机构、五金件、窗格条、玻璃分隔、竖框,它们将窗户和玻璃连接起来。图 16.1 给出了基于开启方式的大部分常用窗户类型。所有窗户对象携带窗框和窗扇是合适的,当需要时也可以添加描述其开启与外观的次级组件。

图 16.1 典型的窗户类型

注意事项

窗户和天窗的目的是在限制空气与水分渗进的同时允许光线穿过,以及在紧急情况下作为出口。设计窗户与天窗时,重要的是不仅要考虑到图形上的需求,还要注意什么数据与单元的选择和分析有关系。

窗户与天窗有多个组件,通常来源于多个制造商。为了准确地对单个组件保质保量,需要创建它们并添加到窗户或天窗模型中,而不是以简单文字进行引注来标明产品或组件是什么。在窗户或天窗中使用的玻璃类型通常由给定地区的建筑规范所决定,它对能耗的影响很大。防水板的类型可随屋顶而变化。包括组成单元的组件的那些特性能说明为什么选择那些组成窗户或天窗的独特的组件。这样就能够基于特定的环境与条件来选择合适的产品。

许多情况下,在单元间共用公共框架的那些窗户可以聚合在一起。当发展窗户对象时,对聚合单元应该关闭图形来建立它们,或在同一个开孔中发展考虑两个或多个窗户的特别单元。对于组里每个窗户必须是独立可调节的情况,发展这些类型的单元通常会较困难和混淆,特别是带窗扉单元。如果图形被简化,单个窗单元可以相互对接或交叠来模拟一组窗户。这虽然很生动,但是开孔毛尺寸和所需安装尺寸相关的实际信息量是有限的。图16.2 所示的是分隔玻璃窗的多个单元与窗格的一些常用构造选项。

五金件、防水板、挡风雨条等组件都是维护物品。在窗户或天窗模型里将它们作为组件来创建能使它们记录数据,或者反之将它标记为独立于窗户或天窗单元的其他方面。这可以在建筑物生命全周期来考虑单元的维护。

透光性或许是一扇窗户或天窗中最值得关注的方面,通常也是安装这个单元的目的。然而这个值与这个单元自身的相关性却是不太重要的,适当的透光性值可以进行日光研究以决定在一个给定空间中应该在哪里以及布置多少人造光。

窗户与天窗的尺寸通常会令人困扰。在实际方案中,它们一般是名义尺寸。一扇标注有宽 30 尺寸、高 46 尺寸的窗户实际上可能是 29.5 尺寸 ×47.25 尺寸。实际尺寸的准确性是保证一扇窗户能适合实际开孔的关键。另外,要考虑开孔毛尺寸以确保现场创建的开孔是为该单元而设计的。边框的厚度也是相关的尺寸,因为边框的厚度并不总是设计为与墙厚一样。

图 16.2 典型的窗户构造

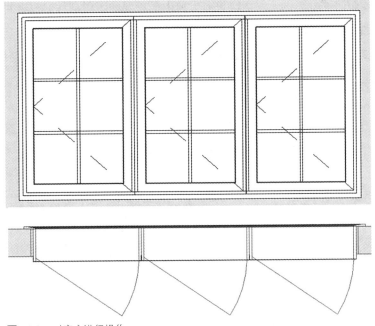

图 16.3 对窗户进行操作

标注边框厚度尺寸通过图形与数据两方面向建模者通告了边框或其他装饰条件必须与一个给定窗户或天窗单元一起被考虑到。

窗户与天窗的性能表现是最重要的方面。它们可能没有图形的相关性但允许通过分析模型来进行耗能和光照的研究。能耗规范要求特定的热值,放置位置要考虑特定的声学性能,风与地震方面要考虑某些特定的结构性能规定。没有这些额外的性能属性,窗户基本就是个图形代号,而不是所需的功能齐全的分析工具了。

大部分 BIM 编辑工具能让我们通过一次点击就改变构件的定位。我们可以通过一个控制器将窗户从左旋改为右旋,或从上开到下悬。尽管这简化了对象的创建,但我个人是反对的,因为它要求用户手工进行单元处理,这就限制了门洞列表的精确度。如果一扇窗户的操作是单独的且是作为一个独特类型的对象创建的,那么这个操作可以被自动地予以考虑。

图形

窗框与窗扇

窗楣和边框组件本质上来说是一扇窗户或天窗的基本框架,通常也是宿主对象或主要对象。所有其他组件,包括窗扇、玻璃、五金件和窗格栅等,在类型、颜色、外观、性能等方面都可变化。尽管窗框同样也能有不同的特征甚至有不同的类型、形状或材质,但只有它才能固定在宿主对象上,这也让它最适合成为主要对象的组件。

窗扇是最显眼的部分，也是一扇窗户或天窗中最重要的图形部件。窗扇封装了玻璃并提供了窗户中最明显可视的方面。当有图形细节被添加到一扇窗户上时，窗扇是能够提供可视化效果的最佳位置。窗扇可以是一个相当标准化的组件，因为它适用于不同使用方式的窗户。如果将窗扇创建为独立的组件并嵌入到窗户中，其尺寸和构造可被修改以代表固定窗、篷式天窗、下悬窗、双悬窗或任何其他类型的窗。通过创建一个合适的插入点，两窗扇可以放置在悬窗或旋转窗户中，而单窗扇适用于所有其他窗户。将窗户发展为一系列的模数可使子组件在其他对象中反复被利用，或被更换为其他类型。

> **提示**
>
> 如果将窗扇创建为一个独立组件并嵌入到窗户中，其尺寸和构造可被修改以代表固定窗、平开窗、篷式天窗、下悬窗、双悬窗或任何其他类型的窗。

窗户或天窗框架的剖视图通常很详细。并不需要把框架的每一个侧面都标识出来。目的是传递设计意图并提供如何设计与安装一扇窗户的信息，而不是如何制造它。较好的做法是图形上最小化到能显示单元的大致特征，而不是精确地显示其外观，如图 16.4 所示。关于详图程度一个好的经验法则就是考虑组件安装时以离 5—10 英尺可见进行建模。如果在该点不可见但仍携带与模型相关的内容，那么可将其创建为一个二维的详图组件。

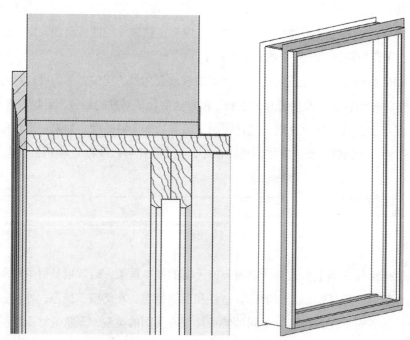

图 16.4 窗和天窗框架

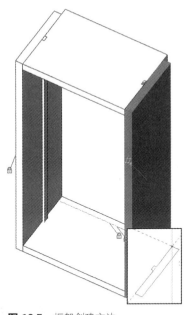 

图 16.5 框架创建方法

图 16.5 所示为框架图形可以多种方式进行创建，这取决于它的复杂程度以及所需的详细程度。在需要越详细的地方，窗楣、窗台、窗边框可以被创建为独立组件；在不需要那么详细的地方，用一个连弯件或单纯的挤出件就能简捷地表示图形。使用连弯件的另一个好处是可以通过使用轮廓来控制它的外观。如果不清楚框架轮廓看起来像什么，可以在设计阶段初期进行简化。一旦获得了更多信息，可以更换一个更详细的以及包含所使用窗户的精确外观的轮廓。另一方法是，按与窗扇同样的方法处理窗框——作为其自身的嵌入处理。

玻璃

玻璃、视窗、窗格所有这些都指的是同一组件——窗户或天窗中能够透射光线的那个部分。从图形上来说，光透射是应主要考虑的因素。创建有适当的光透射的玻璃能在 BIM 模型里进行精确的光渲染。玻璃可被考虑为一个实体组件或一种材料，这取决于它所安装的单元以及该模型需要的精确程度。将玻璃创建为一种材料是最简单的办法，它能够携带必要的特性，如传热系数以及太阳能得热系数（SHGC）等，这些对于确定是否满足能耗规范是必需的。玻璃的冲击性能很大程度上取决于夹层玻璃面板中夹层的厚度与类型。玻璃的颜色通常取决于面板或有色夹层。决定玻璃是作为材料还是实体组件进行创建取决于玻璃被反复使用的频率。

将玻璃创建为一种材料较为省力，但其精确传递单元全部信息的能力有限。如果我们想要在许多不同的对象中使用相同的玻璃构造，有意义的做法是将玻璃创建为独立的对象，使其能够安装到窗户、天窗、门或幕墙面板中去。当玻璃是如图 16.6 所示的其自身的组件时，其构造会更加精确，同时会考虑到中空玻璃单元有多个组件。中空玻璃单元的典型组件是不

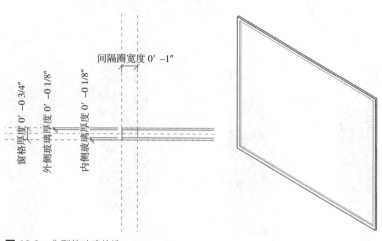

图 16.6 典型的玻璃构造

同类型的玻璃面板、间隔圈、格条、低辐射涂层,以及在窗格之间常有的惰性气体。通常来说并不需要提供这样的详细程度,但也有个别例子是需要的。当一个玻璃被创建为其自身对象时,很容易提取关于玻璃的信息,甚至于它被嵌入到另一个对象中。如果正确地将其格式化为一个次组件,就能在明细表中显示出来并允许建筑师或说明书编辑审视其所有的性能数据。添加玻璃作为其自身对象的另一个好处是能够基于玻璃厚度与类型来修改其性能值。传热系数与太阳能得热系数会随用于窗户中的玻璃类型有很大的不同。因为大多数制造商会提供多种类型的玻璃,将玻璃类型作为用户定义的选项能减少手工数据输入量以及潜在的用户错误。玻璃包携带了其自身属性,随其厚度或尺寸而改变,所以为了使信息传递到模型中而不采用多重的玻璃及玻璃尺寸选项,将玻璃作为自身对象嵌入到窗户中看起来是最有效的方法。

五金件与零配件

　　窗格条(或格栅)是分割窗户玻璃的分隔物。它们可以安装在表面或者在玻璃面板之间,有各种外形与规格。它们通常属于用户所决定的可选项,所以重要的是可以控制窗格条的效果,要么通过一个参数来控制它的开关或者作为取决于玻璃类型的一个可选功能项。窗格条能够影响窗户的耗能值,所以如果它们与玻璃一起创建,就能考虑这个值,实现更精确的建模并减少用户的数据输入量。通过将窗格创建为取决于玻璃的实体几何模型,玻璃类型的创建可以包括或不包括它们。在性能数据与窗格条无关的情况下,将窗格条创建为窗户而不是玻璃的一个组件更为实用。就可视化与外观而言图形的功能性相同,但对数据的控制更弱。

　　五金件包含多种组件,像是曲柄把手、铰链、转轴、挡风雨条以及遮雨板,它们可以被单独地创建为窗户或天窗的一部分,也可不创建。是否创建以及如何创建它们很大程度上取决于单元的销售方式。如果五金件是单元的整体组件且没有颜色以外的其他选项,那么添加这些组件的唯一真正目的就是为了图形精度。

单个制造商提供的与组件相关的数据最好存放在辅助文件中而不是直接包含在 BIM 模型里。这类信息通常用于参考目的而不是实际产品的决策。

材料

材料共同决定了产品是什么，就玻璃来说，决定了它的表现方式。重要的是要认识到用于模型的材料包含了许多分析所必需的信息并提供图纸中的标记。剖面中的标注与注释就是使用材料的一个功能，所以提供准确的材料描述能够自动显示详图与注释而无须手动输入文本。

甚至当使用特定装饰的效果图时，我们应该认识到一定要看见真实产品。尝试创建一个材料或装饰的完美复制是不实际的，一些情况下也是不可能的。BIM 软件的渲染能力与专门设计用于模仿精确外观的高性能渲染软件不在同一级别上。从网站上添加链接到调色板或可获取的装饰类型可使设计人员在模型中表现该装饰，也能为更准确的外观提供更多信息。

窗框与窗扇材料对于决定一扇窗户在二维与三维视图中是什么样子至关重要。使用合适的填充图案以进一步自动生成二维详图以及在图纸上改进建筑详图的精确性。为了进行三维渲染，使用效果图文件代替软件中内置的默认装饰来表达装饰会更加精确。这在处理未上漆的具有独特纹理与质地的木材或金属组件时更为显著。

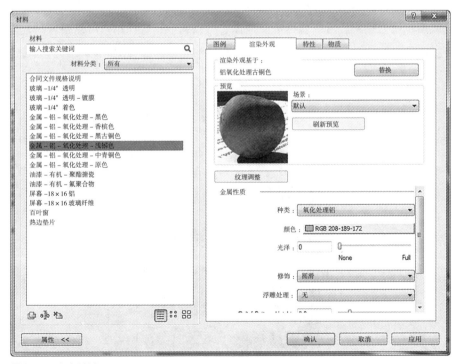

图 16.7 窗户材料

玻璃提供了进行耗能和日光分析的能力。不管玻璃被创建为材料还是组件,它都应该携带合适的光透射数值。玻璃的着色与不透明度应足以精确到分析高质量的日光与眩光。创建的玻璃材料应当具体到厚度、类型、颜色以及其他直接影响窗户或天窗中玻璃性能表现的属性。简单地将材料创建为玻璃是不可行的,因为特定的玻璃类型要用在特定的位置上。因此,模型应该可以解析出用于这些位置的玻璃类型以供分析。

在渲染时五金件和零配件材料与窗框和窗扇组件同样重要。通常来说,五金件的选取都是根据其装饰与形式而不是它的功能性,所以提供合理的色彩与装饰表现能够给设计者更多的便利。

数据——属性、约束和方程

通过利用模型中所有的数据,从墙体、地板、屋顶的 R 值到窗户、门以及其他开孔的 U 值以及太阳能得热系数,可以进行能耗规范验算。每一扇窗户或天窗都包含这些可用的信息就能减少人工数据的输入。

通过建立一个简单的条件要求来审视开孔宽度、净孔面积,以及窗台高度以严格符合当地规范,可很容易地完成窗户组件里的出口规范计算。如图 16.8 所示,假定建筑规范要求净开孔面积 5 平方英尺和净宽度 30 英寸,模型中的数据能满足这些数值的要求。如果规范给竣工楼板设置了一个最大高度,窗台高度就可以考虑到这个。出口的要求是不同的,取决于级别高度或窗户所处楼层。所以要尽可能地让它可以调节,这样用户可以很容易地修改规范要求以适应项目。

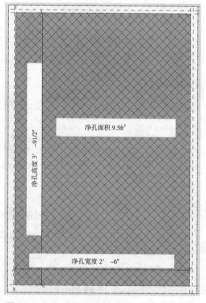

图 16.8　典型的出口规范尺寸要求

常用窗户与天窗的属性

尺寸

- **单元尺寸**：单元尺寸通常表示为宽度与高度，是准确的尺寸。不能与制造出于售卖目的所用的名义尺寸相混淆。
- **边框深度**：从框架的外表面到内边缘的深度。对于使用钉子在外墙面上安装的窗户来说，当涉及非标准墙厚时通常需要添加外延的外边框。
- **毛开孔尺寸**：告知建筑师与承包商的为适当安装窗户所必需的净开孔的尺寸。通常来说，一个毛开孔要在窗户每边留下 1/4 英寸或更多的空间以适应框架误差。
- **净开孔宽度**：用于决定窗户是否满足出口规范的尺寸。它决定于满足一个人能够通过的横向净距。通常这个尺寸是作为数据添加的，而不是计算值或模型尺寸。
- **孔洞出口面积**：同样是用于决定窗户是否满足出口规范的要求。决定于紧急情况下能够通过的总面积。因为各地建筑规范不尽相同，其要求决定于窗户位于项目的何处，所以注意到开孔洞出口面积比它是否符合出口规范要求更为有效。
- **上／下框高度**：用于在墙上垂直定位窗户。有些情况下，上框高度是相互关联的，例如可能会与门顶部相平齐。而另一些情况下，可能下框高度更为相关联，例如以楼板的间距为设计依据时。
- **有效光照面积**：帮助确定有多少自然光线射入室内。宽大的窗扇框会减小窗户的有效光照面积，所以一个有 1 英寸窗框和 2 英寸宽的窗扇框的名义上 36 英寸 × 36 英寸的窗户可能最后仅有 30 英寸 × 30 英寸的有效光照面积。

性能

- **太阳能得热系数（SHGC）**：与玻璃开孔有关的性能值，指的是阳光透过玻璃照射而导致的温度上升。表示为被吸收的太阳能与抵达窗户而被反射的太阳能的比例。太阳能得热系数越低，窗户阻隔太阳光热就越有效。
- **U 值／U 系数**：用于测量通过玻璃的热传导率。R 值反映的是热阻，而 U 值反映的是热传导。在较冷的气候下，该值用于测量有多少热量通过窗户流失以及确定窗户是否满足能耗规范要求。U 值越低，通过玻璃流失的热量就越少。
- **传声等级（STC）**：用于评定窗户对声音的衰减程度。隔声窗就是基于 STC 等级进行评定。它被表示为未被降低的分贝，该值越大，窗户隔声效果就越好。
- **透风性**：基于 ASTM 标准用于测量在特定气压下可以渗透一扇窗户的空气量。因为大多数窗户是可开启的，它们允许一定量的空气透过。空气通过得越少，就越有效。渗风量通常表示为给定风压下的每平方英尺通过的空气体积（立方英尺／（平方英尺·分钟））。
- **透水性**：基于 ASTM 标准用于测量使水渗过窗户所在位置周边空隙所需的气压。通常表示为这一临界点的气压值。
- *结构试验压力/设计压力*：用于测量在气候事件下打碎一扇窗户所需内或外压力，如飓风这样的气候事件下出现极大的内外压力是很正常的。
- *强行闯入等级*：用于确定一扇窗户阻止强行闯入的效果。

窗户和天窗组件例子及其属性组

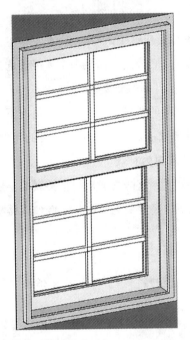

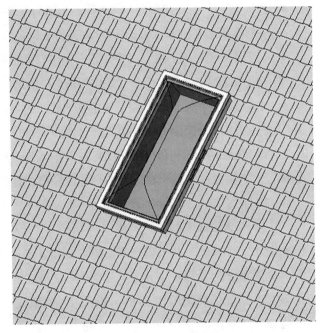

图 16.9 典型的窗户对象
- 宽度：$36\frac{1}{2}''$
- 高度：$48\frac{3}{4}''$
- 毛宽度：$37''$
- 毛高度：$49\frac{1}{4}''$
- 边框深度：$4\frac{9}{16}''$
- 玻璃类型：Low E，充氩透明钢化玻璃
- 开启：双悬
- 透风性：根据 ASTM E283，1.57psf（25mph）下最大 $0.08\text{ft}^3/\text{ft}^2$
- 透水性：根据 ASTM E547，6.0psf 下测试不渗漏
- 结构试验压力：根据 ASTM E330，正负 52.5psf
- U 系数：0.30
- SHGC：0.25
- STC：29
- 强行闯入：根据 ASTM E588，D 类，20 级

图 16.10 典型的天窗对象
- 宽度：$24''$
- 高度：$48''$
- 毛宽度：$25\frac{1}{4}''$
- 毛高度：$48''$
- 边框深度：$3''$
- 玻璃类型：Low E，充氩透明夹胶玻璃
- 开启：固定
- 透风性：根据 ASTM E283，1.57psf（25mph）下最大 $0.08\text{ft}^2/\text{ft}^2$
- 透水性：根据 ASTM E547，6.0psf 下测试不渗漏
- 结构试验压力：根据 ASTM E330，正负 52.5psf
- U 系数：0.30
- SHGC：0.25

第 17 章

门

构造

什么是门？通常来说，门是为了在一幢建筑内的两个空间之间通行而设计的开孔。在很多情况下，门也设计为在限制空气与湿气进入的同时允许光的透射。当设计一扇门时我们必须考虑到，对于门的选择哪些是图形上最重要的部分，哪些又是与之相关的数据。不同类型的门既可以按材料分类又可以按操作方式分类。可以有木门与钢门，也可以有弹簧门与卷帘门。当提及一扇门不能仅考虑它像什么，还要顾及它是什么，如何安装，如何使用。图 17.1、图 17.2、图 17.3 分别显示了按照使用方式的不同进行分类的门。

图 17.1　典型的推拉门

图 17.2　典型的滑移门

第 17 章 门

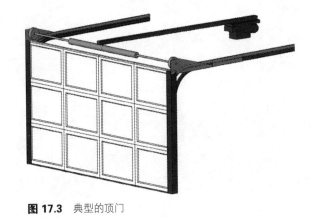

图 17.3　典型的顶门

注意事项

　　门有多个组件，通常来自多个制造商。对于每个需要精确计数和确保质量的组件，需要通过创建较大的可视组件的图形以及创建用于次级组件如铰链、挡风雨条、通道五金件和附件的简化图形或简化数据注释，来真实创建它们并将其植入模型。很重要的一点是要记住来自门生产商的五金件并不一定总要表示为图形或数据。可以省略像是铰链或挡风雨条这种标准配件且没有替代选项的项目。

　　一扇门最常见的识别符是它的宽度与高度以及门板或门扇的外观。当测量或调用一扇门时，最好是先注意它的高度与宽度。有多种不同的门板，如平板、双面板、四层板、六层板以至无数的特殊类型。门可以是实心也可以是空心的，也可以由实材组成。在图形中内部核心也许是看不见的，其信息与规格说明必须记录其类型，因为它决定了声音的传导、热阻以及防火等级等性能。

　　在很多情况下门包括玻璃或是可视玻璃板，能够允许光线穿过。使用合适的尺寸与材料能让软件考虑通过开孔（如门）进入项目内的自然光量，使用它，并分析模型以确定在建筑中要布置多少人造光。有关门玻璃创建的细节层级可能会比较微妙。创建大量的详细图形来表现门框会导致模型运行变慢，所以简化图形可以使它们能被显示同时不会使项目负载过多。

　　大部分门可以是单扇或双扇的，所以创建门对象时必须考虑到这点，如图 17.4 所示。不宜将门板作为对象内的几何实体来创建，更有效地做法是将门板创建为其自身对象并把它插入到较大的门对象中。这一方法也适用于其他与门有关的所有组件。如果我们将铰链、把手、安全出口标志、闭门器、门框架或其他附件创建为其自身组件，就可以把它们像建筑砖一样使用，并在给定的项目中按需快速地替换它们。

　　建模时，如五金件、挡风雨条这种的组件是需要维修的项目，需要考虑其独立于其他组件。许多关于是否以及如何创建这样的层级或附属组件的决定由模型的意图所决定。如果设计团队之外没有其他人会使用这个信息，那么花费时间去创建它们是没有意义的。把附件创建为

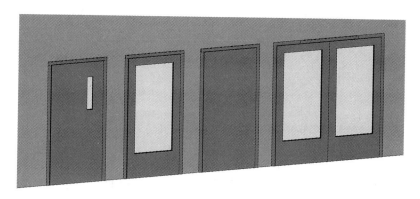

图 17.4 典型的门构造

单独的组件使其可以被记录日期或者从开孔的其他方面注释它们，可以考虑建筑物整个生命周期的维修。

尺寸/尺度

　　标准的尺寸格式是英尺和英寸，并在两个尺寸之间用乘号连接。如 2′-6″×6′-8″ 或者 3′-0″×7′-0″。当建立一个对象时，给定制造商的所有尺寸都应该被创建以减小用户错误或创建一个实际并不存在的对象的可能性。尺寸的另一方面是门边框深度。许多情况下，尤其对于木门，会有特定的边框尺寸。BIM 软件会重新定义类似边框这样的项目的尺寸来与门匹配，但通常它不会考虑边框必要的延伸。对此有多种解决方法，取决于被建组件的需求。图形上，一旦将一个延伸的门框装到门上，它就不再可视了，所以在对象中简单标注边框深度对那些接收完整的门明细表的人员有帮助。

　　门的实际尺寸大于标注尺寸，因为标注尺寸考虑的是门开孔的尺寸，而不包括框架及其适当地固定与安装所需空隙的全部尺寸。实际尺寸被称为毛开孔尺寸，应当通过计算或对象内的参数值进行考虑。

　　大部分 BIM 编辑工具都允许我们通过一次简单点击来转换构件的方向。使用一个控制，一扇门可以从左开向右，一扇窗可以从篷式天窗转为上悬窗。尽管这简化了对象的创建，我还是不建议这样做，因为它要求用户手动操作单元，它限制了门明细表的精确性。如果一扇门或者窗的操作是独立的，且创建为对象的独特类型，其操作可以被自动考虑。

> **提示**
>
> 添加一个注释门操作的复选框可以创建精确的门明细表。

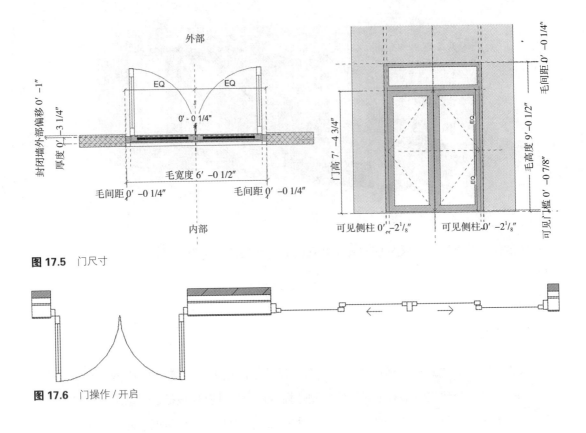

图 17.5 门尺寸

图 17.6 门操作 / 开启

性能

与门有关的性能标准有很多，但在许多情况下其中只有少数才是一个特定类型的门在项目中使用的决定性因素。以下是一些在一扇门中可见的最普遍的性能方面，它们应被植入在需要进行数据管理的项目中应用的每个门对象里。

出口 / 无障碍通道：决定出口和通行适用性的特定尺寸。应该建立这些尺寸使其在目录表中可见，并能被模型分析软件获取。一般而言，出口 / 无障碍通道的适用性取决于门的净开口尺寸，包括净开孔宽度以及门安装的楼层。重要的是要记住出口 / 无障碍通道的要求随项目位置而变化，所以不建议为确定这个尺寸而添加计算。不应注意它是否符合规范要求，而应注意规范用来确定适用性所采用的数值。时刻检查是否与当地规范相符以获得最新的信息。

能量效率：一扇外墙门最重要的方面是其能量效率。在可持续设计与绿色建筑的时代，尽可能节约能源已经成为最重要的设计考虑。就像一堵墙要采用隔热措施且携带一个特定的 R 值，包括门在内的开孔也携带 R 值。在进行计算时考虑这些值以确定作为整体的建筑物的能量效率。BIM 使我们能考虑开孔尺寸和 R 值变化，将建筑作为一个整体进行分析，而不是取其各部分的和。当门包含玻璃及其他类似材质时也使用 U 系数与太阳能得热系数。在模型中建立这些值可通过第三方软件进行更强大的计算以方便与简化能量模拟。

物理性能：在全国不同的地区的许多规范，尤其是飓风多发区域，要求外墙门进行气密性、水密性、结构设计和抗冲击标准的测试。在飓风中门要能够抵御强风、雨水、压力，确保人员安全，必须进行合理的设计。添加这些属性以确定性能标准能让建筑师与规格说明书编辑迅速而容易地确定门是否满足地方或业主/建筑师提出的系列设计规范。

声音传播：无论内墙门还是外墙门都会有传声等级分类（STC）以确定多少声音能够穿透门。这是多种类型建筑物设计中的一个重要方面，包括旅馆、医院、住宅或录音棚。模型中包含 STC 属性可使建筑师或规格说明书编辑能快速确定门是否满足必要的设计标准。

图形

框架

门的框架由门楣以及边框组件组成，通常作为宿主对象或主要对象。所有其他组件，包括叶片、饰带、玻璃以及五金件等，可以有不同的类型、颜色、外观和性能。甚至框架都可以有不同的特性或是类型，作为固定在其宿主组件——墙上的一个组件，顺理成章地被用为主要组件。框架的详细水平是主观的且基于项目需求而变化。相比于竖框，实际的门楣看起来更为不同，模型中没必要表达到这个精细程度。更重要的是显示门板在框架中的定位，以及整体外框的定位，因为这些能影响相邻的组件和门的开启。

玻璃

玻璃以及可视配件都是指的同一种组件——光线可以穿透的那部分单元。图像上来说，最首要考虑的因素就是光的传播。创建有合适光传递的玻璃能保证在 BIM 内准确的光渲染。可将玻璃考虑为一种实体组件或者是一种材料，取决于其所被安装的单元以及模型所需的精确性。最有效的方式是作为一种材料，因为它能携带必要的特性如 U 值和太阳能得热系数，这些对于确定是否满足规范是必需的。

真实的隔热玻璃面板由两层或更多的玻璃面板、垫片以及填充在内的空气或其他惰性气体组成。这种精确水平通常是不必要的，如果曾经见过也是很少的情况。如果需要表达每一个玻璃面板的组成，更好的处理方式是将其作为一种列在对象数据组里的材料。

门板/页片/门帘

门板、页片或门帘是最醒目的部分，许多情况下是门最重要的图形部分。就可操作组件的外观而言，门有几千种不同的类型。当创建一个 BIM 组件来表示这些门的时候我们应该将图形做到怎样的详细程度？大多数时候这取决于公司的需要和设计后的模型的用途。如果模型不再会被渲染并且模型内实际外观关联性不大，那么一个简化的带有标识符的平板对于每个项目来说就足以快速判别每一扇门。另一方面，如果外观是模型的首要驱动并且渲染已经完成，可能就要详细到建立门板模型的程度了。

一个好的中间解决方法是提供一个门板的基本外观，其轮廓细节可以在 15 英尺外观察到。这样可以渲染以提供门的一个大致的外观而不会使文件增大到无法管理的程度。门一般是高度装饰的对象，具有凹凸面板或精美雕刻的做工，所以注意文件大小十分重要。不要尝试对小于 1/8 英寸的任何东西建模，把面板轮廓简化到一个可管理的水平。

门五金件

门五金件由若干组件组成，它们可被创建为门的一部分或其自身组件。任何时候对各类门五金件都有一个选项，建议将其创建为一个可用在门上的独立组件。

操作杆和门把手可能是最常用的出入口五金件形式。当门里嵌入有若干组件时，它们一般没有什么图形上的关联。一般不会有人在模型内会取门的剖面，其中安装的组件是不可见的，所以它们图形上的联系几乎为零。从门内外都可见是操作杆和门把手重要的特征。重要的是要牢记，这类零件在一个项目中可能出现在成百上千的位置上，所以像是锁眼和指旋器这样的图形就不用建模了。很多情况下门五金件的图形是无关联的。如果不准备渲染门五金件，就可以简化全部图形。这就能使它变成一个占位符，可以在完工目录表中发现它，同时提供一个图形记号来代表门五金件。在一些特别情况下可以将门把手简化为一个圆柱体。

出口装置以及关门器是商业上用于允许、限制以及自动化的门通道装置。许多这些组件在图像上都能做得非常精细，但如果建模过度就可能降低模型运行的速度。总的来说，它们的存在是 BIM 中需要它们，所以适当简化它们的图形是完全可以接受的。很多情况下用一个简单的矩形代表它们就足够了。

附件

铰链通常是门制造商所提供的原配件。一些情况下也可采用特定的铰链。监狱、医院和学校可能会对铰链类型有特殊要求。当添加铰链时，它们应该出现在五金件目录表里，并有备用替换类型。

基于需要、其存在的必要性或是简化模型的目的，门槛和挡风雨条可以添加或者不添加到门的模型里。而铰链通常是门制造商的原配件。这类组件可以被忽略，因为可从参考制造商产品信息中找到它们。添加这样的组件时，要有满足对象的性能的可被替换的类型。

门脚护板与门推板通常是为了图形目的而单独添加的。如同其他附件和五金件一样，如果它们出现了，就应在五金件目录表里可查询并有可替换类型。

材料

总的来说材料决定了产品是什么，产品是如何表现的。门框架的材质本质上决定了一扇门是否能达到其防火等级。页片材质能让我们深入了解门的重量，需要多少力才能开门以及门能达到哪种隔声程度的相关信息。玻璃则决定了有多少自然光能进入建筑内以及光的色泽。

基本门组件：一扇门可以被绘制成任何颜色，所以重要的是合理标注其材料并"按规定"进行装饰，这样建筑师就可以随选择插入任何颜色。然而重要的是门由什么材料所构成。钢门与木门不同，也与空心门不同。通常可基于材料来选择门的类型，所以重要的是明确定义门的材料这样它们就可以在门的目录表中被调用。某些情况下制造商会给出对门装饰的选项，这些可以被调用和创建以减少用户错误，也可创建制造商没有提供的装饰类型。

玻璃：玻璃不仅仅是让光通过开孔的透明实体。有多种玻璃类型，每一种都有不同的特性，并且特定类型要用在特定位置上。经常可以看见在浴室要求用钢化玻璃或是在飓风多发区使用夹层玻璃。在确定门是否符合规范要求时必须考虑特定类型的玻璃。最常见的玻璃类型是夹层、钢化、退火以及热强化的。在特定场景下我们可能会看见别的类型，像是含有金属丝的玻璃，但在本书中上述类型就足够了。此外，除不同类型的玻璃外，在玻璃中添加颜色或色彩也会改变进入建筑中的光照情况。为不同类型玻璃创建多种颜色也同样重要，它可允许模型的光照研究而无须用户自己创建一些可能无法获得的颜色。

五金件和附件：通过像美国国家标准协会（ANSI）、美国建筑五金制造商协会（BHMA）之类的组织，与门五金件相关的材料已经标准化了。这些组织建立起了不同金属的材料类型、颜色以及金属纹理的标准成品与目录。很多情况下项目中五金件与附件的使用不仅决定于其性能与用途也决定于其外观，所以能从门的五金目录表中提取它们是一个基本要求。

数据——属性、约束和方程

尺寸

- *单元尺寸*：单元尺寸可表示为宽度与高度，是指真实尺寸。不能与制造商用于销售的名义尺寸相混淆。
- *边框厚度*：框架从外安装面到内边沿的厚度。对于使用钉片镶嵌安装于外墙上的门来说，当处理非标准墙厚时通常需要加上延伸的边框。
- *毛开孔尺寸*：用于提示建筑师与承包商的净开孔尺寸，它对于正确地安装一扇门是必要的。一般而言，毛开孔在门的两侧可以为框架的误差提供 1/4 英寸或更多的空隙。

性能

- **太阳能得热系数（SHGC）**：玻璃门的一个性能值，反映了太阳光透过玻璃照射而引起的温度上升。对于门来说表示为吸收的太阳能与反射的太阳能的比例。太阳能得热系数越低，门阻隔太阳能就越有效。
- **传热系数值（U 值）**：用于测量玻璃的热传导率。R 值反映的是热阻，而 U 值反映的是热量传导。在较冷的气候下，该值用于测量有多少热量通过门流失以及确定门是否满足能量规范。U 值越低，通过门损失的热量就越少。
- **传声等级（STC）**：用于测量门对声音的衰减程度。用降低的分贝来表示，该值越大，门的隔声效果就越好。
- **渗风量**：基于 ASTM 标准用于测量在特定气压下一扇门允许多少空气通过。因为大多数门是可开启的，它们允许一定量的空气透过。空气通过得越少，门就越有效。渗风量通常用给定气压下每平方英尺通过的空气体积来表示（立方英尺 /（平方英尺·分钟））。
- **透水性**：基于 ASTM 标准用于测量使水穿过门所在位置的周边空隙所需的气压。通常用该临界点的气压值表示。
- **结构试验 / 设计压力**：用于测量在特殊气候，如常出现极大内外压力的飓风下，打破一扇门所需的内压或外压。
- **强行进入等级**：一个分级系统，用于确定一扇门在抵抗外力进入时的效果。

应用——使用信息

门目录表

目录表是标准化的文件，显示用于项目的所有门与门五金件的组件。门通常基于其功能和用途分类。目录中每扇门都有特定的五金件、具体的防火等级、传声等级，以及其他决定门使用目的的内容。门的目录表可以随需要简化或者详细。规格说明书编辑可能需要包含大量信息的目录表，这些信息可用于完善项目说明书。另一方面，承包商可能只需要名字、尺寸以及每扇门与门五金件组件的可识别特性。为不同的对象团体创建不同的目录表是很常见的。

因为目录表在软件中创建，专业设计人员可以以表格形式分析信息。以前，没有简单的办法来观察同一个目录中的两个产品并确定它们的可使用性和性能。如果建筑规范要求一扇门符合某个特定防火等级，或是抵抗飓风的冲击，包含在模型中的信息可以帮助专业设计人员在评标时审视门的多个制造商，基于设计需求来决定选取那个厂商的产品。

图 17.7 和图 17.8 展示了门目录表的两个例子，一个是简化的而另一个是更加详细的。建筑师与规格说明书编辑可能会使用详细的那个版本来进行产品分析和处理建设文档，而简化版则可能在征求报价、编制成本数据以及采购时使用。

门窗详表

数量	类型	制造商	样式	描述	宽度	高度	防火等级	E283—空气过滤	E547—防水	E330—结构测试压力
Assembly_Door_SDI										
1	As Specifi	Steel Door	As Specifie	SDI Steel Door as Specified in 08 11	3'- 0"	7'- 0"	As Specified in 08	.06 cfm/square foot	No Leakage @ 22.5 psf	No Deformation at 90psf
As Specified in 08 11 13: 1										
Assembly_DoubleDoor_SDI										
1	As Specifi	Steel Door	As Specifie	SDI Steel Door as Specified in 08 11	5'- 0"	7'- 0"	As Specified in 08	.001 cfm/square foo	No Leakage @ 15 psf	No Deformation at 120psf
As Specified in 08 11 13: 1										
DbDoor-2-Panel										
1	(2)-3-0 x 8	Generic	Generic	6-0 x 8-0 Raised 2-Panel Steel Dou	6'- 0"	8'- 0"	90 Minute	.003 cfm/square foo	No Leakage @ 12.5 psf	Not Tested
1	(2)-3-0 x 8	Generic	Generic	6-0 x 8-0 Raised 2-Panel Steel Dou	6'- 0"	8'- 0"	90 Minute	.003 cfm/square foo	No Leakage @ 12.5 psf	Not Tested
(2)-3-0 x 8-0 Steel: 2										
Door_Astragals_Amweld										
1	Door_Astr	Amweld In	Astragals	Double Door Astragals	6'- 0"	7'- 0"	As Specified in 08	Not Tested	No Leakage @ 22.5 psf	As Specified in 08 11 13
Door_FullLight_BulletResistant_BulletGuard										
1	As Specifi	Bulletguar	Full Light	Bullet Resistant Door as specified in	3'- 0"	6'- 8"	1 hour	Not Tested	Not Tested	Not Tested
Door_Sidelite_CGI_Transom										
1	As Specifi	CGI Windo	As Specifie	Hurricane Resistant Door as Specifi	3'- 0"	7'- 0"	1 Hour	As Specified in 08 5	As Specified in 08 57 00	As Specified in 08 57 00
Door_SolidCore_w_Lite_BulletResistant_BulletGuard										
1	As Specifi	Bulletguar	Solid Core	Bullet Resistant Door as specified in	3'- 0"	6'- 8"	1 hour	.06 cfm/square foot	As Specified in 08 57 00	Not Tested
1	As Specifi	Bulletguar	Solid Core	Bullet Resistant Door as specified in	3'- 0"	6'- 8"	1 hour	.06 cfm/square foot	As Specified in 08 57 00	Not Tested
1	As Specifi	Bulletguar	Solid Core	Bullet Resistant Door as specified in	3'- 0"	6'- 8"	1 hour	.06 cfm/square foot	As Specified in 08 57 00	Not Tested
As Specified in the Contract Documents: 1										
Door_Transom_CGI										
1	As Specifi	CGI Windo	As Specifie	Hurricane Resistant Door as Specifi	3'- 0"	3'- 0"	As Specified in 08	As Specified in 08 5	As Specified in 08 57 00	As Specified in 08 57 00
As Specified in 13 20 00: 4										
DoorSlab_Stamped_SDI										
1	Door as Spec	Steel Door	As Specifi	SDI Steel Door as Specified in 08 11	3'- 0"	7'- 2"	As Specified in 08	As Specified in 08 1	No Leakage @ 15 psf	Not Tested
1	Door as Spec	Steel Door	As Specifi	SDI Steel Door as Specified in 08 11	3'- 0"	7'- 2"	As Specified in 08	As Specified in 08 1	No Leakage @ 15 psf	Not Tested
As Specified in the Contract Documents: 1										

图 17.7 典型的门目录表——详细版

特征				
数量	类型	制造商	模型	描述
装配_门_SDI				
1	按规定	钢制门研究所	按 08 11 13 规定	SDI 钢门按 08 11 13 规定
按 08 11 13 规定：1				
装配_双开门_SDI				
1	按规定	钢制门研究所	按 08 11 13 规定	SDI 钢门按 08 11 13 规定
按 08 11 13 规定：1				
Ob 门 – 双面板（ObDoor–2–Panel）				
1	（2）–3–0 × 8–0	通用	通用	6–0 × 8–0 凸双面板钢制双开门
1	（2）–3–0 × 8–0	通用	通用	6–0 × 8–0 凸双面板钢制双开门
（2）–3–0 × 8–0 钢：2				
门_半圆形挡水条_Amweld（Door_Astragals_Amweld）				
1	门_半圆形挡水条_Amweld	Amweld 国际	半圆形挡水条	双开门半圆形挡水条
门_半圆形挡水条_Amweld：1				
门_全轻_防弹_子弹防护				
1	按规定	子弹防护	全轻	防弹门按 13 20 00 规定
按 13 20 00 规定：1				
门_侧边照明_CGI_横梁				
1	按规定	CGI 门窗	按 08 57 00 规定	防飓风门按 08 57 00 规定
按照合同文件规定：1				
门_实心_w_Lite_防弹_子弹防护				
1	按规定	子弹防护	实心_w/Lite	防弹门按 13 20 00 规定
1	按规定	子弹防护	实心_w/Lite	防弹门按 13 20 00 规定
1	按规定	子弹防护	实心_w/Lite	防弹门按 13 20 00 规定
1	按规定	子弹防护	实心_w/Lite	防弹门按 13 20 00 规定
按 13 20 00 规定：4				
门_横梁_CGI				
1	按规定	CGI 门窗	按 08 57 00 规定	防飓风门按 08 57 00 规定
按照合同文件规定：1				
门板_冲压_SDI				
1	门按规定	钢制门研究所	按 08 11 13 规定	SDI 钢门按 08 11 13 规定
1	门按规定	钢制门研究所	按 08 11 13 规定	SDI 钢门按 08 11 13 规定
按 08 11 13 规定：2				
无				
1	无	无	未指定面板	门系列（Constellation）需要面板
1	无	无	未指定面板	门系列（Constellation）需要面板
1	无	无	未指定面板	门系列（Constellation）需要面板
1	无	无	未指定面板	门系列（Constellation）需要面板
1	无	无	未指定面板	门系列（Constellation）需要面板
1	无	无	未指定面板	门系列（Constellation）需要面板
1	无	无	未指定面板	门系列（Constellation）需要面板
1	无	无	未指定面板	门系列（Constellation）需要面板
1	无	无	未指定面板	门系列（Constellation）需要面板
1	无	无	未指定面板	门系列（Constellation）需要面板
1	无	无	未指定面板	门系列（Constellation）需要面板
1	无	无	未指定面板	门系列（Constellation）需要面板
1	无	无	未指定面板	门系列（Constellation）需要面板

图 17.8 典型的门目录表——简化版

模型分析

BIM 可以基于门对象中的信息进行出口与通行分析。一个模型可以观察空间，确定空间是什么，分析其用途、功能以及为达到设计意图与项目所应满足规范所必需的组件。某些情况下，为对建筑进行完整的分析仍然需要进行人机互动，但是通过向对象中添加额外的属性，特定的方面可以自动进行或被简化。对于无障碍通行要求，一扇门可能需要一定的宽度。假如这扇门准确地描述了这个尺寸，那软件就只要考虑门的尺寸和门在空间的功能。

能量模拟软件必须能考虑到建筑的墙体和外墙上的开孔。外墙可能构成了大量的表面面积并极大地改变建筑物的能量性能。玻璃门就是个很好的例子。U 值、太阳能得热系数和 R 值是包含在给定的门中的，这些信息可以被提取和被分析，以确定建筑的实际能耗表现。

设备管理员可以利用门对象内的信息进行维护与预测。比如，防火门要定期进行测试，所以标注每一扇防火门能让设备管理人员快速容易地确定有多少门需要被测试，它们上一次测试是什么时候以及它们所在的具体位置。门的维护设备，如电子器件的电池或是挡风雨条等，可以标注上安装日期。这使组件能有效地进行维护并减小由于设备损坏而停工的风险。

门属性例子及其属性组

图 17.9 典型的内推拉门对象
- 宽度：30″
- 高度：80″
- 毛宽度：$33\frac{1}{4}″$
- 毛高度：$80\frac{3}{4}″$
- 门框深度：$4\frac{9}{16}″$
- 面板材料 / 面饰：实心组合
- 面板类型：6 面层
- 门框材料 / 面饰：FJ 松树—包层
- 开启 / 操作：左侧
- 功能：内部通道
- 防火等级：30min
- STC：29

259

图 17.10 典型的外推拉门对象
- 宽度：36″
- 高度：80″
- 毛宽度：$39\frac{1}{4}''$
- 毛高度：$80\frac{3}{4}''$
- 门框深度：$4\frac{9}{16}''$
- 面板材料／面饰：钢蜂窝芯
- 面板类型：6 面层
- 门框材料／面饰：FJ 松树—包层
- 开启／操作：左侧
- 功能：外部防火门
- 防火等级：90min
- R 值：8.0
- 气密性：根据 ASTM E 283 在 1.57psf（25mph）下 0.08ft^3/ft^2
- 水密性：根据 ASTM E 547 在 6.0psf 下测试不渗漏
- 结构测试压力：根据 ASTM E 330 正负 52.5 psf
- STC：29
- 强行破门等级：根据 ASTM F 588 D 类，等级 30

260

图 17.11 典型的外玻璃推拉门对象
- 宽度：36″
- 高度：80″
- 毛宽度：$39\frac{1}{4}''$
- 毛高度：$80\frac{3}{4}''$
- 门框深度：$4\frac{9}{16}''$
- 面板材料／面饰：松木—北部白松木
- 面板类型：单面玻璃
- 门框材料／面饰：清水松木
- 开启／操作：左侧
- 功能：外部防火门
- 防火等级：30min
- R 值：8.0
- 玻璃类型：5/8″ IG—透明钢化玻璃
- U 值：0.30
- SHGC：0.25
- 气密性：根据 ASTM E 283 在 1.57psf（25mph）下 0.06ft^3/ft^2
- 水密性：根据 ASTM E 547 在 6.0psf 下测试不渗漏
- 结构测试压力：根据 ASTM E 330 正负 52.5 psf
- STC：35
- 强行破门等级：根据 ASTM F 588 等级 10

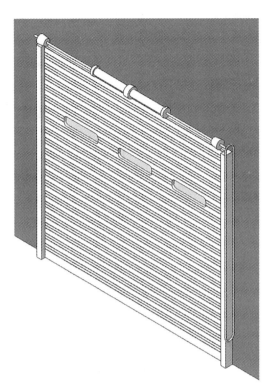

图 17.12 典型的升降门对象
- 宽度：96″
- 高度：120″
- 毛宽度：94″
- 毛高度：116″
- 面板材料 / 面饰：实心组合
- 面板类型：6 面层
- 门框材料 / 面饰：FJ 松树—包层
- 开启 / 操作：左侧
- 功能：外部防火门
- 防火等级：2h
- R 值：4.0
- STC：21

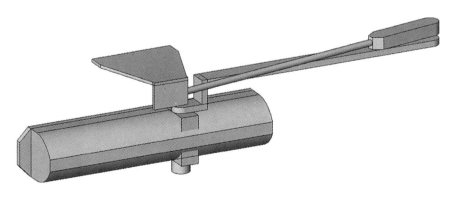

图 17.13 典型的出口设施对象
- 颜色 / 面饰：605 亮黄铜
- 安装：表面
- 弹簧尺寸：3
- ANSI 等级：A156.3 等级 1
- 防火等级：仅恐慌时 +
- 功能：出口延时

第 18 章

楼梯和栏杆

构造

楼梯

一个典型的楼梯由三个基本组件组成：斜梁、踏步以及竖板。斜梁作为结构支撑支承台阶表面，踏步是踩踏的表面，竖板是覆盖两个踏步间区域的竖向组件。BIM 软件简化了使所有这些组件共同工作的对象的创建。大部分 BIM 软件都有一系列的楼梯工具可以自动组装这些组件，并基于水平与垂直移动的距离对踏步的深度和竖板的高度进行计算。建筑规范与设计经验两者确定了踏步的最小深度，而竖板高度应该介于最大与最小值之间，并且在整个楼梯中踏步之间的高度都要相等。

在楼梯可能有拐角或者两个楼板之间垂直距离过大的情况下，在楼梯段之间要添加一个楼梯平台。大多数情况下楼梯都是结构组件，支承于墙体或被上下层支承。典型的 BIM 楼梯工具都能添加楼梯平台，但是不会准确细化构造尺寸或支承位置，这些需要手动操作完成。

其他楼梯类型包括弧形楼梯、螺旋形楼梯以及由混凝土构成的整体楼梯。这些楼梯的基本构造与设计过程都有相同的要求，但是其构造差异是明显的，当创建 BIM 对象时需要仔细考虑。例如，螺旋形楼梯，有踏步与竖板，但是没有作为结构支承的斜梁。它们使用中心柱并通过节点板将踏步与竖板悬挑支承于轴柱。整体楼梯就如同其名，通常是一个现浇或预制混凝土的单个组件。其踏步、竖板以及结构支承都包含于一个整体单元中。

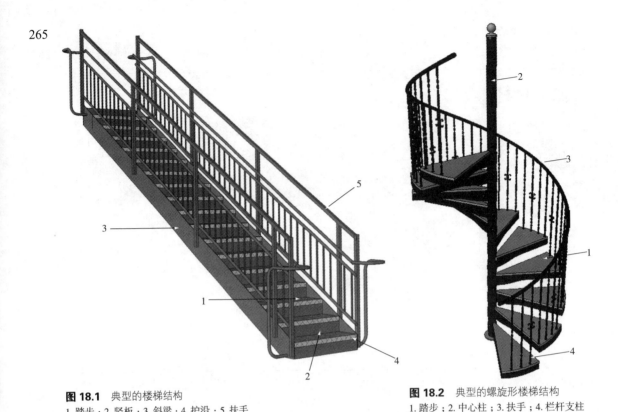

图 18.1 典型的楼梯结构
1. 踏步；2. 竖板；3. 斜梁；4. 护沿；5. 扶手

图 18.2 典型的螺旋形楼梯结构
1. 踏步；2. 中心柱；3. 扶手；4. 栏杆支柱

栏杆

栏杆由三个基本组件组成：水平扶手、竖撑杆和填充。可能有几种不同类型的填充，从垂直桩到水平索再到实心板，每样都在中间。当创建栏杆对象时，必须仔细考虑柱的间距、扶手和扶手杆高度以及填充的间距。建筑规范与结构要求通常控制了其规格，建模时必须尽量与真实尺寸一致或接近。BIM 的实际情况是，它一旦被创建，本质上就是一个静态图形。也就是说不管实际的填充间隙是多少，没有人会真正地试图通过 4 英寸直径的球体去确定栏杆是否符合规范要求。其概念是更多地展示栏杆的大致外形，更多地关注单元长度和结构考虑而不是单个组件的精确放置。

就像楼梯一样，BIM 软件通常有一系列工具基于所选扶手、立柱和填充来生成完整的栏杆。这大大简化了对象的创建，但同样也有限制，因为软件并不足够智能来理解判断拐角的形状以及连接的角度。因此尝试去创建一个有真实位置和尺寸的栏杆并不实际，因为连接部位不可能非常吻合，除非加入大量人工的操作。许多情况下，栏杆在 BIM 项目的渲染中起整体部件作用的。创建桩或是其他看起来相似的填充类型是很重要的，但倘若尝试做精确的外观，尤其是连接处与端部，那就需要在渲染前投入大量精力。

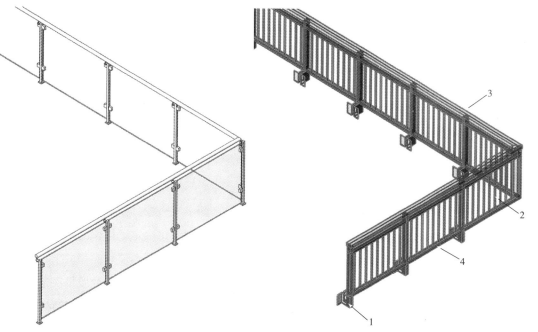

图 18.3 典型的栏杆构造
1. 立柱；2. 支柱 / 填充；3. 扶手；4. 底部围栏

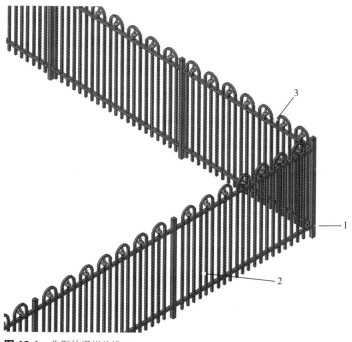

图 18.4 典型的栅栏构造
1. 立柱；2. 填充；3. 扶手

我们会注意到的其他与栏杆相似的组件就是栅栏了。它们也是用相同的方式进行创建，使用水平扶手、竖杆与一些填充或栅栏构件。在 BIM 软件中使用栏杆工具能够快速创建视觉效果较好的栅栏。尽管如此仍需提醒，当处理网格与栅栏构件时，将它们作为实体创建而不是试着模拟铁丝网的外观会更简单和便捷。表面图像与渲染图像根本上来说是提供整体渲染外观最有效的方法，但必须保持快速的建模。

注意事项

如前所述，楼梯由多个组件组成，通常包括斜梁、踏步与竖板。楼梯构造自身决定了斜梁是在踏步下面或是在其旁边。考虑到这个是很重要的，因为这决定了楼梯的实际宽度。在封闭尺寸的情况下，偏离 1½ 英寸都会导致是否符合建筑规范或者是否支付高昂的工程变更代价的问题。一些 BIM 软件包在处理楼梯与栏杆时可能优于其他软件，软件的质量决定了楼梯的图形元素。如果可能的话，标注斜梁的剖面为 C 形、木质 2×12 规格或平板钢等可能更好。斜梁剖面对楼梯结构支承的位置与方式有较大影响。

踏步主要由外观及创建它们的材料所影响。楼梯踏步的前沿可能是弧形的、斜角的，或包含与周围相适应的特殊轮廓。可能的情况下，添加这些细节能够提供更精确的渲染图以及索引一个指定的楼梯踏步。这不仅能帮助建筑师的设计还能帮助说明文档编写、评估成本计算以及输出目录明细表的精度以保证承包商的利益。当向楼梯添加表面材料与图案时，将其添加到踏步上通常通过将其添加到楼梯整体来实现的。这样就将材料与表面图案添加到了每一个踏步上，而不管其有多少。如果我们将表面材料与图案赋予每一个踏步，那么当踏步数增加时，有可能新增加的踏步并没有被赋予该特性。

竖板是直接和简单的组件，有时存在有时不存在。可以倾斜也可以竖直，可以向其添加材料与表面图案。除手动给竖板添加定制外形之外，没有过多修改它们的方法。

螺旋形楼梯是比较复杂的组件，BIM 开发者花费了无数时间去完善其表现方式。传统楼梯工具处理螺旋形楼梯时并不能处理中心柱，所以需要额外的组件来精确地描述整个单元。踏步也是复杂的部分，因为螺旋形楼梯的踏步通常是面向中心柱呈锥形状。创建螺旋形楼梯需要足够的耐心以及充分的创新考虑。在本章稍后将更深地讨论一些创建螺旋形楼梯的好方法。

可以考虑多种栏杆扶手类型：固定于楼梯或楼板的基本扶手，以及通常用于阳台的护栏。这些类型中柱子要么附着在楼板上要么倚靠在垂直表面上。创建能够包含多种安装方式的组件是十分重要的，因为处理扶手时要优先考虑其结构性能。达到这个目的而不需要创建一系列对象的最简单方法是创建一个垂直与水平偏移，这样就能移动扶手而不用改变决定其位置的参考线。总的来说，最简单的参考线是楼板、楼梯或其他扶手所倚靠的表面边界。创建一个简单的边界偏移可以使扶手随需要移动而不必每次都重新绘图。

水平扶手可能是其中最简单的组件了。水平扶手主要基于其轮廓或剖面，采用简单的线条创建并加载到项目中去。使截面参数化可以精简文件，减少向项目中加载其他对象的需求。这对矩形或圆形截面有效，对于更多装饰的形状来说就可能要付出更多不值得付出的努力。无论怎样，轮廓草图可以让我们仅用一次简单的鼠标点击就随意地改变扶手外观。涉及支承柱的扶手起始与结束位置通常要使用偏移来处理。支承于柱子顶上的扶手可能始于柱的一侧，而支承于柱子间的扶手则可能开始于另一侧。设置偏移可以使模型创建更合适的外观。

楼梯与扶手工具也有些局限，要求大量的手工操作以达到满意的外观。例如，以楼梯开始栏杆结束的装饰墙对于有效建模来说是十分困难的。很多情况下最好假设这种图形是现成的，而不是花费大量时间去尝试创建它们。因为哪怕是楼梯角度的最细小变化都会改变栏杆的连接，大部分软件都无法达到这种程度的图形精确水平。尝试做一组楼梯的时候要一直保持注意，因为你可能会发现自己花费了太多时间在与项目大图形有关或无关的细节上。

除了与一组楼梯和栏杆相关联的基本组件外，还有一组信息属性与设计、说明书编制和楼梯组的装配有关。建筑规范和设计考虑决定了这类信息的大部分。设计者必须考虑到踏步深度与竖板高度的绝对最小值，净距是指踏步之间的边缘到边缘的距离。竖板不应高于 $7^3/_4$ 英寸，所有竖板间的误差不应大于 $3/_8$ 英寸。建筑规范同样要求踏步和其上阻挡之间有个最小净空，常规来说是 6 英尺 8 英寸高。

栏杆和扶手必须放置在特定高度并在楼梯段全长连续。它们同样有最大与最小尺寸以保证一只手方便地抓住。为了安全，建筑规范也规定了栏杆柱之间的距离。常规来说，楼梯中的栏杆柱间距不能穿过 $4^3/_8$ 英寸的球体，在扶手处不能穿过 4 英寸球体。

尽管它们更多地影响的是建筑美观方面，楼梯也应当作为一个实际组件具有尺寸大小。BIM 软件工具的局限性是不能有很好的美观质量控制，以及楼梯栏杆的结构设计的图形表达。除非我们尝试进行大量的手动操作来改进楼梯与栏杆的整体外观，保证简化到踏步和竖板的外观将能满足项目渲染的需要。尽管结构方面并没有精确的图形表现，依据数据为不同组件创建选项能拉回信息并用于说明书编制及施工。

图形

在一些 BIM 软件工具中开发楼梯的图形限制降低了楼梯的外观精度。不花费相当数量的人工操作而修改斜梁的轮廓或使用特定装饰的踏步可能很困难，某些情况下甚至是不可能的。楼梯图像很大程度上是由所使用的材料驱动的。如前所述，楼梯更多的是与美观有关，经常显示为渲染视图，所以当为踏步和竖板创建材料时，要考虑到渲染时它们及模型视图是什么

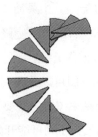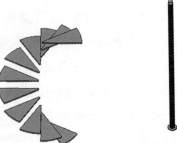

图 18.5 铺设螺旋楼梯组件

样子。踏步边沿轮廓是楼梯组内图形的另一个驱动。不同的制造商有不同的边沿轮廓，所以当我们为特定制造商创建一组楼梯时，我们要提供与之配套的轮廓并为每一种轮廓创建特定的楼梯组，这样设计者可以较容易选择相应的楼梯而不用自己做出大量的修改。

栏杆为组件提供了更多的图形和外观控制方式。创建装饰栏杆柱、立柱及扶手，用以匹配期望的轮廓或外形。通过沿栏杆长度方向创建重复图案，可以展现栏杆柱和立柱之间的间距。这是考验 BIM 软件智能程度的地方。栏杆的水平与垂直角度可以基于其连接方式而改变，它们可能采用焊接、紧固连接或装配连接。此外，软件经常会在栏杆未完成其图案时发生错误，通常用户需要手动调整组件尺寸或重新生成栏杆来纠正其外观。

我们必须将螺旋形楼梯更多地作为独立组件而不是整个楼梯组，如图 18.5 所示。这主要是为了适应软件内楼梯工具的局限性。因为它们不能考虑螺旋形楼梯组的中柱以及踏步的外观，每个踏步实际需要作为其自身的组件。楼梯工具可以创建组件所在位置的轮廓，但最好的方法是通过建立一个具有支柱的踏步类型并使栏杆工具给每一个踏步分配一个支柱来使栏杆创建每一个踏步。即使安排不恰当，它们会提供所需的外观，并最终给设计人员一个可以在模型中使用的楼梯组的复制品。

数据——属性和方程

与楼梯组和栏杆有关的大部分属性和方程实际上都植入了 BIM 软件平台。更确切地说它与可以有效输出信息并写入信息的建模安排有关。栏杆结构方面有一些额外属性，例如均布荷载与集中荷载，因此，很大程度上楼梯与栏杆并不需要除外观属性之外的其他信息使它们对建筑师、规格说明书编辑和预算师有帮助。软件同样能计算每个组件的数量与名义尺寸，所以并无必要基于方程等。下面是一些可能用于楼梯和栏杆组中的典型属性。

- 典型楼梯属性组
  - *踏步宽度*：对给定踏步的墙、斜梁或栏杆之间的距离；这是可以踩踏的有效宽度。
  - *踏步深度*：两个相邻踏步边沿之间的水平距离。
  - *竖板高度*：两个相邻踏步顶面的垂直距离。
  - *踏步材料*：水平踩踏面的材质与面饰。
  - *竖板材料*：楼梯竖直封闭面的材料与面饰。
  - *斜梁材料*：楼梯结构支承构件的材料与面饰。
  - *踏步边沿类型*：踏步边沿的外观。

- 典型栏杆属性组
  - *扶手类型*：用于栏杆设计的顶部、底部和中部的扶手外观。
  - *扶手高度*：顶部扶手顶端的高度。
  - *扶手材料*：用于栏杆设计的顶部、底部和中部的扶手材料与面饰。
  - *支柱/填充类型*：用于栏杆的支柱或其他填充的外观。
  - *支柱/填充间距*：用于栏杆的支柱或其他填充之间的间距。
  - *支柱/填充材料*：用于栏杆的支柱或其他填充的材料和面饰。
  - *立柱类型*：用于栏杆的垂直支承构件的外观。
  - *立柱间距*：用于栏杆的垂直支承构件中到中的间距。
  - *立柱材料*：用于栏杆的垂直支承构件的材料与面饰。
  - *集中荷载*：在给定点和给定方向栏杆必须承受的最小荷载。
  - *均布荷载*：栏杆沿其全长必须承受的最小荷载。

应用——使用信息

期望楼梯制作者可以在实际工程中使用 BIM 软件平台中的尺寸来建造楼梯是不切实际的，因为不同的制造商使用不同的误差、不同的设计方法和不同的结构单元。楼梯组中所包含的数据更多的是对规格说明书编辑编写施工文件以及建筑规范官员判断楼梯是否满足建筑规范有帮助。然而制作者可以提取楼梯材料、特定装饰以及与楼梯美观相关的组件的信息。楼梯与栏杆是装配式组件，也就是说它们是符合特定设计考虑而制造的。当制作者设计一组楼梯以及栏杆组时，其中最重要的元素是总尺寸以及分配给楼梯组的空间限制。就信息利用而言，确保这些信息可以通过模型传递是最需要的。

274 楼梯和扶手组件及其属性组例子

图 18.6 典型的楼梯对象
- 楼梯宽度
- 踏板深度
- 竖板高度
- 踏板材料
- 竖板材料
- 斜梁材料
- 踏板边沿剖面

图 18.7 典型的螺旋形楼梯对象
- 楼梯宽度
- 踏板深度
- 竖板高度
- 踏板材料
- 竖板材料
- 斜梁材料
- 踏板边沿剖面

楼梯和扶手组件及其属性组例子 201

图 18.8 典型的扶手对象
- 扶手类型
- 扶手高度
- 扶手材料
- 支柱类型
- 支柱间距
- 支柱材料
- 集中荷载
- 均布荷载

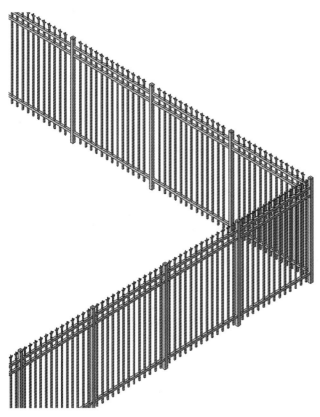

图 18.9 典型的栅栏对象
- 扶手类型
- 扶手高度
- 扶手材料
- 支柱类型
- 支柱间距
- 支柱材料
- 集中荷载
- 均布荷载

第 19 章

幕墙和店面墙

幕墙可以被看作是由外边框内镶嵌面板的一面薄墙。很多情况下会有包含特殊五金件的中间框架构件来确保面板的横向安全性。在图形方面，基本上是一个网格，其中线条代表了竖框或骨架构件的位置，而面板是其中的填充。通常来说，幕墙是非结构单元，不像承重墙那样承受楼板或屋顶荷载。幕墙一般在建筑外围起围护作用，但是也被用于内部分隔。店面墙在构造上类似幕墙，但与窗户或门更接近。它们嵌入在结构墙内，由门楣或过梁横跨开孔长度。

就建筑信息模型软件而言，幕墙工具可以提供比传统围护墙或店面墙更多可能的内容。它们可用于开发活动隔断、笼屋或其他依靠垂直和水平组件及某类填充物的建筑类型。一个独特的机会是使用幕墙工具来开发结构框架组件。如果把框架线条看作柱子，把面板看作是隔离墙，那么实际上就可以用一根线来勾画出整个墙框体系。

构造

要使用 BIM 软件开发一个幕墙、店面墙或任何其他单元，有三个基本组件：面板或填充、线条或框柱，以及决定项目中框柱外观的剖面。幕墙工具让我们可以通过定制顶部、底部、左侧、右侧的框柱以及内部水平及竖直的线条来有效控制一个组装的外观。可以将竖框按特定距离或特定数量配置，设置框柱的最大最小间距以及在转角处使用不同的框柱。面板也可以定制以适应任何情况，从简单的矩形玻璃面板到高度装饰的几何结构。同样要注意的是框柱与面板可以同时被删除，允许生成重复图案而不需要手动设置每一个组件。

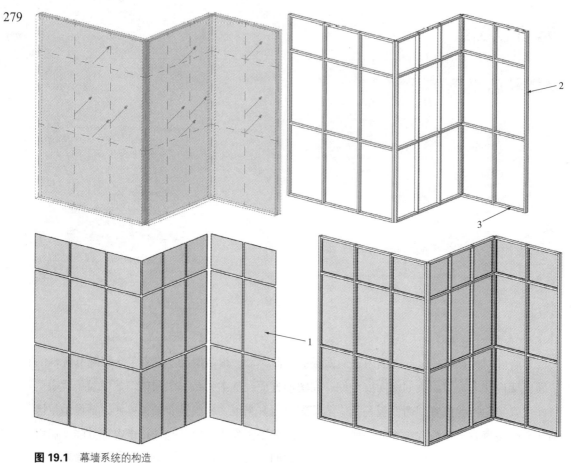

图 19.1 幕墙系统的构造
1. 面板/填充；2. 竖直框柱；3. 水平框梁

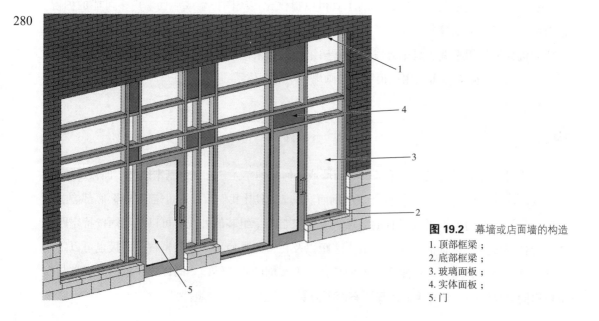

图 19.2 幕墙或店面墙的构造
1. 顶部框梁；
2. 底部框梁；
3. 玻璃面板；
4. 实体面板；
5. 门

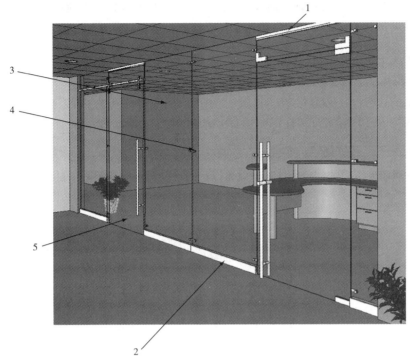

图 19.3 玻璃分割的构造
1. 顶部框梁；
2. 底部框梁；
3. 玻璃面板；
4. 连接五金件；
5. 门

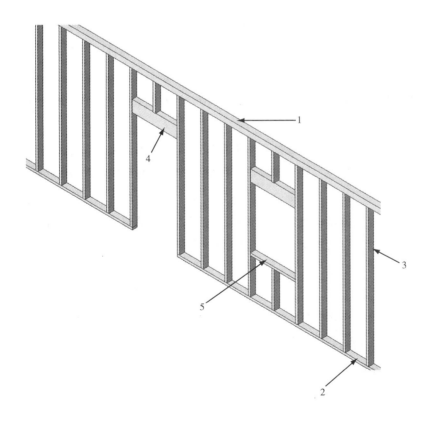

图 19.4 框架墙的构造
1. 上梁板；
2. 下梁板；
3. 立柱；
4. 过梁；
5. 窗底梁

幕墙工具不局限于应用在墙体或垂直墙面，也可用于在任何均匀表面上创建网格图案，只要有实体能嵌入其中。创建玻璃穹顶的一个简单方法是建立一个合适尺寸的实体，并在其上示例一个具体的玻璃幕墙系统。软件工具可智能地实现曲面终止于一点，这不同于墙体终止于某一高度。这样可以按一个特定的间距设置起始竖框并使其向某一中间点靠近。

幕墙如同其他类型的墙一样，必须允许开孔。门与窗可以用一个特殊的、可以被任何面板替代的幕墙面板创建，开孔尺寸也可重新设置为期望值。一般来说门不会被创建、嵌入到幕墙面板中，但特殊情况下也可以创建。如果门、幕墙及一般墙体同时使用，一个好的方法是基于一个面而不是一面墙进行门的创建。这样做就可以让同一个对象服务于两个目的。

> **提示**
>
> 幕墙工具可用于在任何均匀表面上创建网格图案，只要有实体能嵌入其中。

注意事项

幕墙工具除了受限于软件自身外，几乎没有其他使用限制。一定要知道面板是基于矩形的，所以我们在处理复杂形状时经常会发生错误。尽管软件可以在复杂曲面上设计幕墙系统，但很多情况下在尝试排列竖框时会出错。不过就表达而言，这通常不是个大问题，因为那些复杂几何体已经创建好，而且几何形状的作用也仅用于表达。但是当我们尝试渲染时，最终可能得到一些不太美观的效果。

幕墙系统建模的关键是减少人工操作。在处理角部框柱和沿整个墙体重复布置图案时尤为重要。将端柱同时作为角部竖框柱，能减少精确建模的工作量。就竖框柱而言，要尽量减少对其细节的苛求。虽然一些幕墙与店面之间的差异仅在于竖框柱的建筑形式，但这些微小的区别几乎是不可见的。当幕墙设置隔热装置后，对于其内部结构、垫圈、玻璃压条以及竖框柱的其他相似方面，通过数据来表现会比图形方式更好。幕墙工具需要大量的资源来创建图形。对于负载过多的图形，这将大大降低模型的表现和重新生成能力。

创建一个辐射状的或是沿复杂曲线生成的幕墙体系可能需要大量的试错操作，从而使其看起来是合适的。当采用固定数量的横竖框柱创建幕墙体系时，就不需要花费太多的功夫。像穹顶这样的外形，在中部有个顶点，其面板不是矩形的。当矩形面板不适合时，软件会自动采用一个适合的标准形状来填充，所以当我们试图获得一个特定的外观时，通过材料而不是几何实体来创建这个外观将简化整个过程，并使我们能得到所期望的外观。如图 19.5 所示，

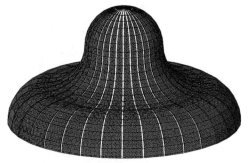 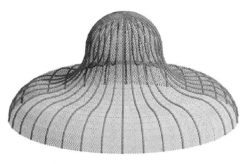

图 19.5 通过使用幕墙系统沿复杂曲面创建一个鸟舍

假想我们在一个非常复杂的形状上创建一个有网格框架的鸟舍。我们可以使用标准幕墙系统来创建一个框架，同时创建一个网格材料对其进行填充，这样在每个面板上即可形成网状外形。

图形

框架 / 框柱

幕墙的框架由框柱组成，这些框柱由沿着代表外边界和面板分隔的线条的一个或多个截面创建而成。和这些框柱相关的细节层级需要与所期望的渲染精度相称。如果渲染无关紧要，框柱截面可以是圆形或矩形的。框柱图形越精细，软件生成幕墙需时就越久。所以如果项目中有大量的幕墙，就应尽量将其细节层级保持为最低。截面只需考虑其外观，而不需要考虑其内部的精确构造，因为在一个成品模型与渲染视图中，没人可看到框柱的内部构造。应该使用详细对象而不是剖面框柱来描述精度水平。

某些情况下，框柱可以因为墙体构造而被完全省略。使用特殊五金件连接的墙板、雨幕和玻璃就是这种情况。不同于框柱被用作框架组件，五金件成了面板的子组件。当为每个拐角都设置了简单的视觉参数后，五金件就可以基于其在墙内的位置而设置为开或关。如果一扇门放置在面板边或面板在拐角处，五金件可能需要被关闭或是替换为其他类型。在其余情况下，框架放置在前面而面板被忽略。在结构墙框架中，创建的框柱应能代表墙柱、底板、窗台板、门楣以及墙开孔处的特定框架组件。

创建幕墙竖框要从截面开始。截面是用于幕墙系统中的特定格式化对象，它包含确定其拉伸形状的封闭线条。我们可以定义一个单参数的剖面，称之为"规格型材"，可以借助一个单独的对象考虑从 2×4 至 2×12 的所有可能性。截面被植入用于特定目的的框柱对象内，赋予其材料和一系列属性以说明其是什么以及性能如何。由于每个幕墙系统都有少许的不同，为所有可能的组合创建一系列框柱，可以使很多人能快速地自定义其想要的系统，也可以为厂商展示其提供的每种挤压型材的图形及关联数据。

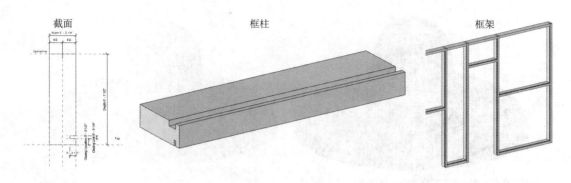

图 19.6 截面－框柱－框架

框柱可以赋予幕墙系统的左手、右手、顶部、底部以及填充网格线。每一种都有可能不同，其中一些或是全部都可以被忽略。

玻璃

玻璃、可视部件都指的是相同的组件，单元中光可以透射的部分。图形上的基本考虑是光的传播。创建有合适光传递值的玻璃能够在项目模型中进行精确的光照渲染。玻璃可以创建为实体面板或一种材料，取决于其所安装的单元形状。创建为材料是最有效的方法，它同时适用于简单或复杂的形状，也可以携带必要的性能属性，如传热系数、太阳能得热系数以及可见光透射率等。

BIM 软件使用幕墙系统时开始于默认的实体和玻璃面板。如果我们创建一系列材料来代表各种可能使用的玻璃类型，就不再需要面板对象了。简单地向一个面板赋予一个材料就足以代表玻璃了。这些材料不仅可以管理身份信息、能量、结构性能表现，还能管理颜色、透明度、反射率以及表面纹理。不管是否创建定制的面板，都要为每一种玻璃类型创建精确的材料以模拟真实的玻璃形态。

幕墙玻璃需要采用真实面板对象的情况是很少的。创建它们的主要理由是以一个完整程序包精确地展现特定制造商的产品线。材料可以方便地从一个项目转换到另一个，所以在图形上要尽可能简单，一个特定制造商的幕墙面板可能包含有关玻璃类型、性能值与可选项等大量信息。一旦对象载入到一个项目中，面板或材料自身就能转换到幕墙系统中。这个操作的执行很大程度上基于用户的偏好。

面板

幕墙面板代表了幕墙系统内网格线之间的填充。无论是玻璃、铝合金还是墙体保温，都应该创建一些使用网格结构的填充类型而不是独立表面。这是个不用花费大量工作而代表基于面板的组装的非常有效的方法。无论我们是要代表金属建筑的面板、内隔声墙板、壁柱间隔断或是办公隔间，画一条轮廓线、同时显示高度、厚度和形状都是很节省时间的。根据我们如何来创建面板，它既可以设置在框柱之间又可以设置在框柱表面。就面板墙而言，通常面板竖直放置于一系列作为水平横梁的檩条上。对于玻璃或是墙体保温腔，面板设置于每个框柱之间。单元是否被创建决定了仅面板、仅框柱或两者均使用，幕墙工具能合理地表现我们可能碰到的任何情况。

板墙系统和雨幕是不需要框柱的幕墙的很好例子。面板之间相互重叠，创建了一个防雨外层，通常在拐角处斜接或是制作有特殊的转角面板。幕墙系统工具不能轻易地创建类似特殊面板的角部情况，所以通过重叠或角部斜接我们可以方便地在图形上描述面板。对于那些想要计算出每一块面板以及精确统计用量清单的人员，这可能不是最好的解决办法，但是这类墙以平方英尺而不是以详细的面板数量进行估算可能更好。

不使用框柱的面板需要采用某些装置附着在其他物体上。设计特定的五金件组件附着在这些板的背面或角部，使其能相互联结或联结在后面的墙上。这些五金件类型应是板的一部分且可以在任何位置控制它们的存在。一块在四个角都有五金件的面板应当可以对每一个位置进行控制，允许选择五金件类型，或者选取无五金件。在面板可能添加到的墙体开孔位置，五金件类型可以各不相同或是不显示，这样就能方便地进行修改。

为了表现结构墙体框架，如轻钢或木龙骨，可以只用数个格式化为不同框柱的截面对象来创建幕墙组装，它们可以代表框架组装的核心组件。尽管可以代表几乎所有的组件，从主龙骨到短撑、从独立板到底梁，但很多情况下这并不实际。一些软件应用已经可以有效地生成这类设计，大部分的 BIM 软件平台已经开发出了能够考虑轻型框架类型的附加功能。

图 19.7 创建波纹面板

与面板相关的图形可以用来装饰，特别是在处理波纹和带肋的面板时。这类面板通常有固定的截面，波纹与肋都以特定距离间隔。由于面板可以从一端延伸到另一端，从顶部延伸到底部，所以除非依赖软件，否则很难去表现它们。如果我们基于面板宽度尝试创建一个数据组来计算数量，幕墙系统将明显降低模型的操作效率。为了有效地表现板的每一个肋，最好的办法是创建一个大于实际需要的面板，然后用空几何体在一边切割它。这样就可以创建非常详细的几何体而不用担心其计算量变大。

> **提示**
>
> 当创建带肋面板时，创建一个比实际需要的更大的面板并使用空几何体在一边切断它。

假如我们将幕墙面板想象成矩形的任意物体，开发的可能性就无限制了。我们观察四周，可以发现有无数的试图进入项目的不同产品可以使用幕墙体系。基于网格设计的任何组件类型是这类组装的候选者。从隔声顶棚到活动地板再到结构墙框架，幕墙工具可以让我们快速放置多个组件，否则可能要花大量时间去实现它们。

门

幕墙组装中使用的门完全不同于传统墙体中使用的门。很多情况下这会产生问题，尤其是在墙体类型被调整使用为幕墙时。传统的门可能用于金属建筑中，但所使用的墙可能是幕墙面板。决定如何最好地发展相关组件取决于我们选择如何工作。如果我们将门作为一个独立对象创建，那之后它们可以被安装在基于墙的或基于面板的对象中去。这可以最大化地适应所有类型的墙组装。就基于面板的门而言，门宽通常是固定的而面板则需要可变。

创建一扇幕墙面板门有两种方法：（1）将门创建为一个面板，它位于一个固定面板位置处；（2）面板内筑有一个特定的门，在一边或两边有边门。第一个方法能让门延展到任意尺寸，而第二个方法会将门限制在特定尺寸并允许边门占据剩余空间。每一种方法各有其优缺点，但两者均是完全可接受的，取决于不同的情况。

当门是一整个面板时，它需要调整到孔洞的尺寸，这个尺寸可能正确、可能错误，也可能是无关紧要的。对于制造商来说这是个很困难的问题，因为他们发现自己与那些还不存在的产品建模团队的工作有关。尽管我们不能限制门的尺寸，但这是在幕墙系统中创建门的最好方法。它们很容易放置且很少产生误差。除此之外，大多数情况下，门上及门边的面板通常是与门边缘对齐的，所以如果有其他面板放置于门边时，就会带来与相邻面板对齐的问题。当我们创建一个门，此门具有一个或多个边门的局部面板时，要清楚地认识到面板的最小尺

材料 | 211

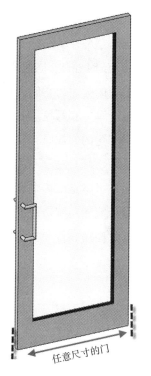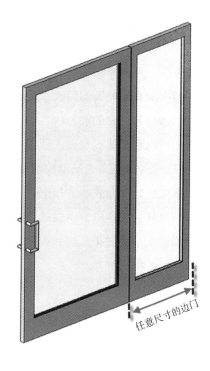

图 19.8　幕墙门类型

寸必须与孔口相适应。如果开孔太小，软件就会提示出错且不会放置面板。当创建边门面板时，在其上设置一个过梁板同样是个好办法。这可以确保在门放置好之后所有的面板都能对齐。

五金件 / 配件

面板爪件、门五金件以及和墙系统有关的特殊附件通常与任何其他紧固件的生成方式相同。门五金件应该属于门并且是可选的，所以如果需要可以替换成其他类型。如果门五金件是门制造商提供的，很容易在模型中简化它们的表示或者提供每一种五金件类型作为备选产品。当五金件属于不同制造商而不是门时，最好对五金件规格化使其能从可能加载进项目中的不同类型中进行选择。这样做可以提供更多的五金件的表示方式，并允许其出现在明细表中。

材料

框柱通常是幕墙组件的最值得关注的部分，所以精确地表现其总的外形可以获得更好的渲染。因为幕墙一般不是结构构件，不必添加很多性能属性到其材料上。幕墙组件中材料最重要的方面是其外观。很多情况下，可获得几乎任何颜色或装饰的材料，所以列出其成品类型并标注"按指定"可以给设计团队必须选择什么颜色的提示。如果制造商有提供标准颜色，生成每一种颜色就可限制设计团队只能在可获得的颜色中选择。

通过生成携带外观、性能以及光照影响等相关属性来处理玻璃材料，同窗户和门中一样。就幕墙组装而言，精确地表现玻璃如何改变光的性能是很重要的，因为它们通常出现在很大的区域且要考虑它们透射自然光的能力。对每一种玻璃类型、厚度和颜色生成特定材料看起来过度了，但当我们可以精确地表现光线随每一种玻璃类型变化的性能时，我们就可以进行非常精确的采光研究，最终形成非常高效的建筑。

当面板材料与框柱的处理方式非常相似时，大幅面的区域可能是阳极电镀或是装饰处理过，通常视觉上可获得任意颜色。当生成颜色时，我们应尽可能使用制造商提供的三原色数值以尽可能提供最准确的渲染效果。当处理阳极电镀时，通常使用软件中的工具来创建面饰会比用无阴影拍照更为有效。

数据——属性、约束和方程

常用幕墙与店面墙的属性

性能

- 太阳能得热系数（SHGC）：与玻璃有关的一个性能值，反映了太阳光透过玻璃照射而引起的温度上升。它表示为光线与窗户接触时所吸收的太阳能热与反射的太阳能热的比值。太阳能得热系数越低，窗户阻隔太阳光热就越有效。
- U值/U系数：用于测量玻璃的热传导性。R值反映的是热阻，而U系数反映的是热传导。在较冷的气候下，用于测量有通过窗户损失了多少热量，以帮助确定窗户是否满足能量规范的要求。U值越低，通过窗户流失的热量就越少。
- 传声等级（STC）：用于测量玻璃对空气传播声音的衰减程度。隔声窗性能就是基于STC等级评定的。STC用降低的分贝来表示，该值越大，窗户的隔声效果就越好。
- 渗风量：基于ASTM标准测量在特定大气压下一个玻璃开孔允许多少空气渗过。因为大多数窗户是可操作的，它们允许一定量的空气透过。空气透过得越少，窗户越有效。渗风量通常表示为给定气压下每平方英尺通过的空气体积（立方英尺/（平方英寸·分钟））。
- 透水性：基于ASTM标准测量使水穿过安装位置处玻璃开孔周边空隙所需的气压。通常表示为该临界点的气压值。
- 结构试验压力/设计压力：测量在特殊气候如飓风下打破一面玻璃所需的内压力或外压力，在特殊气候下出现极大的内或外压力是常见的。
- 强行进入等级：一个分级系统，确定一面玻璃或门防止强行进入的有效性。

幕墙与其属性组例子

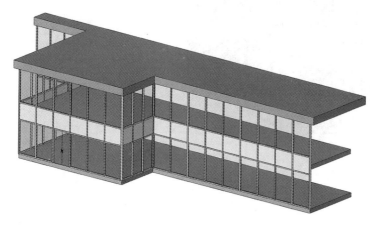

图 19.9 典型幕墙组装
- 最大面板宽度：48″
- 最大面板高度：96″
- 框柱：断热 3×4″
- 框架金属：铝—T6，阳极氧化—无色
- 玻璃类型：1″ 密封 IG 面板—low-E 充氩
- 面板材料：铝—AAMA2604 面饰—米黄色
- U 系数：30
- SHGC：30

图 19.10 典型的店面墙组装
- 最大面板宽度：48″
- 最大面板高度：96″
- 框柱：断热 2×6″
- 框架金属：铝—T6，阳极氧化—无色
- 玻璃类型：$^{11}/_{16}$″ 密封 IG 面板—low-E
- U 系数：35
- SHGC：40

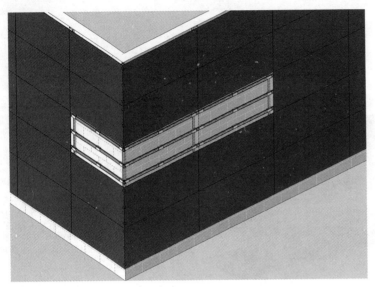

图 19.11 典型板墙组装
- 最大面板宽度：48″
- 最大面板高度：24″
- 框架竖料：铝 6063-T6
- 夹头：铝 6063-T6
- 面板材料：铝—0.060″，保温
- 面板面饰：AAMA2605 含氟聚合物——深紫红色
- 紧固件：隐蔽
- R 值：7.2

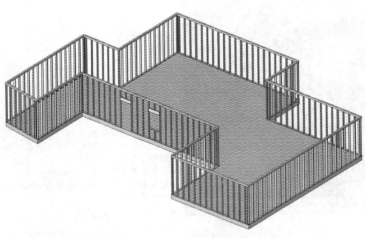

图 19.12 典型墙框架组装
- 龙骨类型：SPF
- 窗台底板：(2) 2×6
- 基础底板：(2×6)
- 立柱：2×6
- 间距：16″ 中到中
- 角部：双面平头
- 最大不加固高度：120″

第 20 章

仪器和装置

构造

显然，不同仪器和装置构成随我们所创建的对象而变化。木箱和橱柜与水槽和浴缸极不相同，这样考虑如何创建每一个组件就变得很困难。如果我们依据他们在项目中的重要性将他们分成不同的类别，我们可以更好地了解如何对这些作为 BIM 对象的组件类型进行图像表示。

设备可以被分类为与项目整体设计和尺度等方面有关的组件。不清楚它们的位置和尺寸，就不可能充分理解设计上的考虑。如果我们在项目中创建一个商用厕所，卫生间隔断将被认为是一个设备，因为它们需要一定的空间来满足建筑规范的要求。由于卫生间隔断可能会被建在墙周边，在视图和图页中放置它们对于确定是否为卫生间所需蹲位数分配了足够的空间是非常必要的。至于住宅项目，橱柜可被视作设备，因为没有它们就不能确定厨房的设计和所获得的空间大小。在两个情况中，实际的风格、设计和细节可能与整个项目无关，但是考虑其空间和外观的组件被创建了，它们应该与整个项目有关。模型内部的细节层级、组件提供的分析能力，以及它们使项目概念化的能力提供了巨大的收益，这是在项目两维尺度上简单放置它们所不能比拟的。

另一个审视设备的方式是基于其与其他组件的关系，或另一个组件与其相关性。如果能相对容易地移动一个组件，它可能是配件，而一个设备正如其名是固定在一个位置的。盥洗室的位置与建筑内管道墙的设置位置有关，所以盥洗室被定义为设备而不是配件。这种方法同样适用于淋浴室和浴缸。大多数这一类型的确定方法是基于项目最初的设计是否围绕功能

第 20 章 仪器和装置

或形式。一个功能性设计的建筑最初可能要放置其系统、管道、电气和暖通空调系统,而围绕形式设计的项目可能要基于美学质量放置特定的配件并围绕这些来设计建筑。考虑任一情况,将它们考虑为设备来生成这类组件是合适的。

设备和配件可能会也可能不会最终出现在建筑信息模型里,它们一般不会显示在高级别图纸,如平面视图中。不大可能在平面视图中显示安装在厕所墙上的给皂器或者烘手机,因为项目中这类组件的数量实在太多。它们会使这类视图显得非常杂乱,所以通常会为了加快设计进程、最少处理视图并获得图纸的理想外观而整体忽略它们。建筑信息建模软件使我们能控制哪些单元在视图中显示,哪些被隐藏。因此,与创建能自动忽略某些内容的模板视图

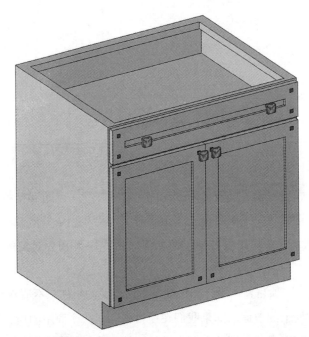

图 20.1 典型配件的构造

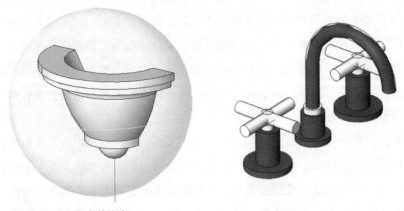

图 20.2 典型设备的构造

所需耗时相比，将每个组件加到模型中并过滤掉它们更为方便。BIM 的两个重要方面是项目的可视化能力和工料估算能力。添加诸如水龙头、烘手器、门用小五金、家具、设备等配件让我们能将项目放到环境中，当我们滚动各种不同视图时感觉更加逼真。一旦建筑完成时看到一个空的空间在渲染图中的样子是有很大好处的，它并不是把空间放到环境中。把人和配件放到项目中给模型带来了生气并让业主不仅能看到而且能感觉到他正在审视的空间。

注意事项

仪器与装置是被用来完成项目概念化的内部和外部组件。在典型的建筑设计中，通常是不添加许多这类组件的。然而通过 BIM，添加这些组件提高了整个空间精确可视化的能力。之前，仪器与装置的增加被限制为对于总体设计所必不可少的大型组件，如厨房和卫生间设备，细工家具，柜子，隔墙等。当我们利用 BIM 将一个空间可视化时，我们可以查看每个细节，所以在许多例子中，添加诸如水龙头、门五金和各种附件等更详细的组件对于确保项目达到整体美感的目标变得非常重要。

通过添加这些组件，不仅我们可以将它们可视化，而且可以给它们计数。大型项目，可能有成千上万的仪器与装置组件，例如灭火器箱，通过模型简化了估算过程，其效益是明显的。每次添加一个组件，便在数据库中记录下来，并且关于它所有的主要信息也包含在内。关于仪器与装置的相关联信息是不同的，取决于它们具体在哪个类别中。诸如书桌、椅子和圆桌等家具可能只携带有关创建它们的材料以及它们可能的最大允许重量和存储容量等信息。卫生间配件如淋浴、浴盆、水槽和坐便器可能携带稍多的信息，因为它们都是管道组件，这些将在本书稍后讨论。

添加到模型中的组件可以被分类为主要、次级和三级。如果你把这些组件的类别设想为设计单元、空间布置单元以及概念化单元，可能有助于你确定不同的组件属于哪个类别。主要组件由用于包围和到达空间的核心单元——地板、墙体、顶棚、屋顶和开孔等组成。设备属于次级类别，包含描述项目建筑系统并帮助我们有效布置空间的单元。三级组件组成了项目的细节部分，以及与结构或整个空间无关的但对空间美观和感觉至关重要的详细的设计单元。

尽管许多设备可能是不同的，但它们之间也有一些相似之处。大部分的设备由多个组件组成，它们的共同工作构成了一个产品。一个橱柜有其橱身、门、架子，一个卫生间隔间有壁柱，面板，五金件和门，一个坐便器有便桶、水箱、坐垫和五金件。不管组件是何类型，应该对产品的图形方面建模，尽管有些是可选择的。设备是功能和形式的综合，它们也是如此被选择的。橱柜有许多门及抽屉样式，依据它们的外观和储存物品的能力进行选择。在这个例子中，应在门和橱柜的图形表现上而不是柜子中有多少隔板上花费功夫，这些隔板在任何真实视图中是看不到的。在我们试图给浴缸的每个曲线和角度建模之前，我们应该考虑能看到浴缸的角度，并关注它可见的图形部分而不是那些与单元制造更相关的部分。

设计一个 BIM 模型不是为了观察现实生活中的实际产品，也不是代替这一能力。就像一个油漆厂商是不会让我们依据我们在屏幕上看到的来选择颜色，那些制造细工家具和卫生设备的厂商更愿意我们停在样品间去选择产品而不是让我们认为在屏幕上看到的就是组件真实的样子。BIM 的基本目的是创建和可视化整个项目，而不是个别组件，所以仪器与装置的细节数量应该与它们所在的视图相称。如果一个组件在任意时刻都不会被渲染，就可大大简化其图形。如果单元在渲染视图中需要被展示，那么就应该添加更多的细节。

家具在某种程度上可以被视为配件，因为它们服务于同一目的并且可任意放置在项目中。就设计而言其唯一的真正不同点是说明书和施工图纸中通常会忽略大多数家具。对于 BIM 而言，一些在模型上显示的东西并不意味着它也必须显示在图纸上。在设计中添加家具可有效规划建筑的不同区域，并且可以结合环境审视整个空间。可移动的家具无须在外观上精确，因为在设计阶段有太多选项可以考虑。更重要的是准确描述家具的整体形状和尺寸以确定它需要占用多少空间。一旦规划好空间、进行了渲染，可能就有必要创建家具更精确的描述，考虑其真实风格和材料。某些情况下，特殊照片级别表达的渲染对象可以通过 ArchVision（在 archvision.com）等公司获得，这些公司以和设备组件及人相同的方式创建了特定家具的渲染视图。

详细叙述每一种项目中或建筑材料工业中可以找到的仪器与装置是困难的。与其单独讨论每个组件，不如对所有类型的设备、配件和家具组件进行一些基本考虑。首先，考虑环境中的组件。它放置在哪里？它如何应用于项目？它与总体设计的联系？产品是如何选择的？就此而言，这三个方面是决定如何合适地对仪器与装置甚至几乎所有 BIM 对象建模的核心。

如果我们首先考虑组件放置在哪里，我们就可以获取必要的细节层级。如果组件或组件的一部分由于被埋在墙里是不可见的，那么其几何形状越简单越好。如嵌灯、覆盖固定电灯或墙上开关的电器箱或者是表面固定的肥皂容器等项目是这一类型的最好例子。尽管出于界面检查目的仍有必要表达组件的这些方面，它们所需要做的就是占用空间。在这些案例中添加华丽的几何形状是浪费时间和资源。

组件是怎样被应用于项目中的？为了理解这个问题，我们必须理解建筑师工作的流程以及产品实际使用的方式。许多这类信息被用于决定用何种模板去建造组件。它是基于墙面或是表面放置的，还是可以放置在项目任何地方？当处理电、给水排水和暖通空调等组件时，尽可能多地避免使用墙面、楼板和顶棚模板。大多数工程师并不在项目中添加墙面、楼板、顶棚和屋顶。他们依据一系列的表面工作，并让建筑师在项目中使用其设计，反之亦然。给设计团队足够的自由选择任意方式，正确的、错误的、一般的等，是非常重要的。

图 20.3 渲染视图中高度真实感的树

给皂器可以被设计为固定在墙上,可以连接于一个特别制作的后挡板,而这个后挡板是工作台面的一部分。如果给皂器用基于墙的模板来创建,在模型中实现它将是困难或者不可能的。

在我们理解了一个组件怎样应用于项目中且决定使用哪个模板后,它的细节层级在很大程度上取决于它与整体设计的相关性以及产品和组件的选择方式。就相关性而言,与设计相关的组件,根据两个基本考虑进行选择:即形式和功能。因为形式而被选择的仪器与装置需要更多的细节来恰当地表现它们。通常而言,因为形式而选择组件可为建筑物空间的整体美感增色不少,这样它更有可能在渲染视图中被展示。因为功能而被选择的组件携带更少的图形信息。烘手机和消防柜是这类组件的例子。当选择这类组件时,装修上可能考虑到,整体美感不是在模型上所展现的。尽管它可能作为一个渲染的背景,但建筑师要求一个消防柜的近景渲染是不可能的。

> **提示**
>
> 考虑环境中的组件。它放置在哪里?它如何应用于项目?它与总体设计的联系?产品是如何选择的?

图形

与仪器及装置有关联的图形本质上是非常复杂的，在许多例子中创建嵌入式对象将允许使用较少的组件达到更多的控制。以一个橱柜为例，我们将看到所有的落地柜基本上使用同样的结构，所有的壁柜基本使用同样的结构，所有的食品储藏室或全高柜基本使用同样的结构。除了角柜和专门橱柜外，都可以为每个种类的橱柜创建单个对象，将一个或多个门式样嵌入到每个种类中，以便容易地管理它们。可以设置一个控制，以便当改变一个橱柜上的门样式时就能改变这个种类所有的门样式，也可以设置成各自独立地进行改变。这些类型的组件可以作为群集工作，或者作为能从项目中其他对象中获取图形以完成其外观的对象工作。通过正确地调整对象，我们可以创造小而轻的橱柜和小而轻的橱柜门，它们可以各自独立地被加载到项目中并协同工作以创建组件的整体外观。

一些类型的设备以单个组件出现，而另一些从不独立出现，而以对象群的形式整体呈现。存物柜和分区很少以单个单元出现，而是以互相配套的一组项目出现。当开发这类组件时，非常重要的一点是要考虑到它们会共享几何图形。如果一个厕所分区或存物柜同时用左侧和右侧面板创建，把它们放在一排会使中间隔间的隔板数量加倍。如果几何图形在渲染视图中列成一排，这个不是真正要考虑的，但是这样开发组件不是一个好的做法。为面板创建图形可视化开关功能，使建筑师能绘制正确的设计图形，而无需困惑于如何使用给定的组件进行设计。

举例说明，一个分区的主要组件是壁柱、隔板和门，如图 20.4 所示。当一个分区位于房间中部时有两个隔板、两个柱子和一个门，当它们成为一排时，中间的隔间实际上只有一个隔板、一个柱子和一个门。通过给每边的隔板和柱子添加视觉控制，可以创建一个单一的适用于任何情况的 BIM 对象，不管它是一个独立的隔间，或者是在角落或者壁龛内的一排隔间。

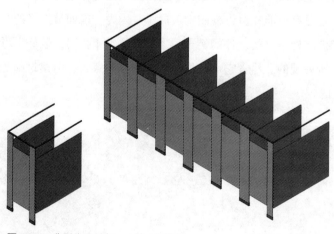

图 20.4 典型分区对象——单一与阵列

通过创建可被置换的图形选项和一系列可打开和关闭几何图形的视觉控制，少量的对象可以表达许多对象。某些情况下，这类对象构造方式可能产生比预期大得多的文件尺寸。很大一部分原因在于组件所依赖的植入对象。一个解决方案是创建多个轻质组件，它们可被独立地加载到项目中但共同工作。另一个解决方案是明确：在对象被加载到项目之前由设计团队在项目外操作它。这使设计团队能选择选项并在那些无用的植入组件进入项目前清除它。这缩小了总体文件尺寸并提高了模型的效率。

由于其美观性，大多数的设备可能在图像上很复杂。尽管生成几何可能有些困难，但作为整体的对象要大为容易，因为对象中几乎没有必需的参数控制。烘手机是典型的单一尺寸和单一外形，但大多数装饰性的轻便设备是如此的不同以至于每个都要求有它自己的对象，很难找到两种水龙头可以共用图形。这增加了用于设备所必要的对象的数量，但减少了创建每个对象所需的时间。越少的图形参数意味着对象变化越少。这转化为在维持质量控制上花费更少的时间和在生成对象自身上花费更多的时间。

材料和装修

创建参数去管理仪器与装置的几何外形通常是有益的。某些情况下，创建一个参数来说明组件的材料，另一个参数来说明组件的面饰，可以最有效地将信息传递给设计团队。对一给定产品，材料数量和面饰数量的乘积可能有数千个组合，因为在许多情况下所有材料可能具有所有面饰。用酚醛树脂或者玻璃纤维增强塑料制作的衣帽柜或隔间系列产品都可能具有相同的60种颜色选项。在这种情况下，在一个属性下提供两种材料作为选项并在另一个属性下提供60种颜色将需要创建62种材料而不是120种材料。这种方法不仅简化了BIM对象的创建，而且减少了设计团队寻找他们想要内容的搜索量。另外，在选择颜色之前材料可能就已经选择好了，这样，让建筑师在某时间点选择材料而在另一时间点选择颜色为他提供了在建筑设计过程中对数据组的更多控制。然而，这不总是有效。木材便是一个例子，它的面饰将随材料有很大的变化。

许多橱柜通常由樱桃木、松木、橡木和枫树木等材质制作。特定橱柜制造商对这四类木材可能有25种可能的标准面饰方式。由于纹理、木质基色以及它们吸收颜色方式的不同，在橡木上的染色颜色和在枫木上的染色颜色的色差可能非常大。为了精确表现与橱柜相关物品的面饰，创建一个材料和面饰的组合是一个很好的做法。这将给建筑师和业主在渲染视图中非常真实地展现已经完工并安装好的空间。

通常用效果图文件很难表达金属组件，因为光通常在这些材料上反射并会造成不一致的图案。大多数BIM软件有嵌入的金属面饰，其效果可以通过添加图案和纹理来创建更为逼真的面饰而得到增强。网纹和菱形纹是添加到材料上的纹理的一个很好例子。对每个纹理创建一个凹凸影射将使它们可放置在任何给定材料里。

材料和面饰是仪器与装置的一个关键方面，因为它们的选用经常取决于它们的美观性。大多数制造商对其每个组件都有定制的颜色和面饰，所以在许多情况下，用效果图文件来代表面饰是较准确的。在模型视图中简单地添加材料的颜色类型是好的，但在渲染视图中，颜色是不会考虑光泽、反射和不同角度光线照射下的色彩效果的。如果没有大量的创建材料和面饰的专门知识，建议一开始使用效果图文件来代表从制造商处获得的特定颜色和光泽。

数据——属性和方程

正如早前提到的，用于设备和配件的属性和方程，与被创建的对象类型直接相关。常用设备和配件包含用于项目的尺度信息、材料及面饰信息。在有产品选项的情况下，例如不同的五金件、门和抽屉选项，或者出风口和遮阳板，这些选项通常与项目的整体设计无关，它们的组织应使设计团队随时轻易地从选项中进行选择。除了基本的尺寸和材料信息外，可能需要数据以帮助进行空间布置。如果组件需要一定量的周围的空间，在平面视图中创建线条将可标注这类信息。在橱柜和隔间门的位置，清楚其开启的空间方向可以确定这个组件所需的最小空间。

管道和电气设备携带了有关它们在所在建筑体系内工作方式的相关信息。管道组件通常有特定的管线要求和连接尺寸，因此相应地记录这些将确保管道设计从开始的布线到最终的设备都是精确的。电气组件有类似的必要性，并且还需要它们在电路中的连接。这些设备有关于电压和最大额定安培数的一组要求。创建电气系统以及分析建筑中可能的电能使用需要这些属性的存在。如果我们不把电插座考虑为电路的终端，而是考虑为连接这些设施的电路中的一站，这些设施可能被添加为电路中的电器组件。如果电路中添加了太多设施，软件可以向工程师报警可能需要变更设计。

照明组件应当携带光度和电气信息以用为全功能组件。照明设备不仅投射光线并且使用电源。同时具有光度属性和电气属性可使建筑师或者灯光设计师在布置空间时考虑灯光标准，并可使工程师布置建筑物电气系统设计时所必需的电路。

某些设备，例如细工家具和储藏组件，被设计进建筑物以提供物品或设备的放置位置。它们在项目中的用途与它们所能容纳的物品数量直接相关，所以与组件存储能力相关的属性将使设备规划师可以分析建筑物中有多少储存空间。尽管可以计算诸如橱柜和衣帽柜组件中的存储空间量，但许多数情况下制造商会公布这些数据，所以与其尝试用BIM对象去计算组件的内部体积尺寸，然后扣除实体所占的空间，例如一个抽屉、书架的框架以及需要从总储存体积中扣除的相关组件，不如使用所给定的数值来提供一个更精确的可用储存空间。

仪器与装置组件及其属性组的例子

图 20.5 典型的橱柜设备
- 宽度：18″
- 高度：35″
- 深度：22″
- 风格：平柜
- 构造：1 门 8 抽屉
- 材料：美国樱桃木—蜂香面饰
- 五金件类型：矩形拉手
- 五金件面饰：不锈钢
- 隔板：2
- 存储空间：11.6ft³

图 20.6 典型的厕所隔间设备
- 宽度：36″
- 高度：60″
- 深度：72″
- 门宽：24″
- 从地面起面板高度：12″
- 安装：安装于地面，前端
- 材料：涂漆钢材
- 面饰：橄榄绿
- 五金件类型：标准鞍形
- 五金件面饰：不锈钢

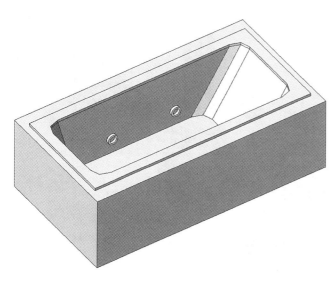

图 20.7 典型的洗盆设备
- 宽度：36″
- 高度：72″
- 深度：20″
- 安装：凹室
- 运行：6 喷嘴漩涡式
- 马达：1/2hp
- 电压：240VAC
- 电流：20A
- 材料：高压玻纤
- 面饰：骨色

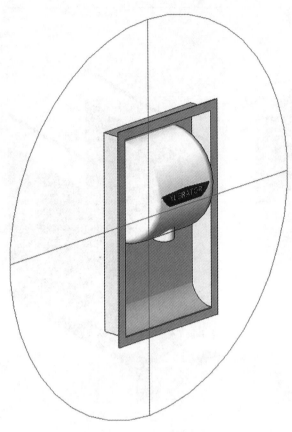

图 20.8 典型的烘手机配件
- 单元宽度：15″
- 单元高度：12″
- 突出：7$\frac{1}{2}$″
- 安装：嵌壁式
- 安装高度：48″
- 嵌入深度：3″
- 材料：铸铁
- 面饰：白色
- 五金件面饰：不锈钢
- 输出气流：1500lfm
- 马达：1/2hp
- 电压：120VAC
- 电流：11A
- 额定功率：1320W

图 20.9 典型的水龙头配件
- 材料：钢
- 面饰：油面青铜
- 操作：双旋
- 流速：低流速—1.2gpm
- 配件：黄铜

第 21 章

灯具

就其用途而言，灯具是一些最详细的 BIM 对象。它们必须能够携带与其外观相关的信息、能源使用以及给点环境中决定光如何渲染的实际光度学等。灯具建模时必须深思熟虑以确保它们满足建筑师、工程师、照明顾问和制造商的要求。上述各方很可能是在寻找不同的信息，而所有这些信息对于整体项目都是相关并很重要的。灯具的独特之处在于它不仅是一个固定的组件，它还为空间添加了活力和表现力。自然光和人工光，是对邻近材料反射和折射的一系列波。光度表达了某种特定光如何照射进一个区域以及如何根据一天中的不同时间以及相邻材料的色彩和光泽来展示一个场景。这是一个强大的工具，它可以帮助我们在确保受影响的区域有适当的可视度的同时，来确定哪些地方可利用自然光来节省能源和金钱。灯具设备也是电气设备，它利用电能而且可以被接入到 BIM 模型的电路中。可以通过对整个建筑物生命周期中的灯具质量和数量 – 能耗量 – 维护替换成本的假设场景评估进行设备价值的分析。将这一层面的信息添加到灯具设备中可使建筑师和照明设计师在无须进行大量额外工作的情况下为建筑照明提供可靠的解决方案。

构造

灯具设备的构造取决于其类别。日光灯和白炽灯是最常见的类型，其次是其他几种高功率和高效率的专业灯具类型。由于能效和预期寿命，LED 灯具正在获得大量的增长和认可。

白炽灯泡在电流流经灯丝时产生光。当灯丝加热到极高温度时，它变得足够热从而产生光。白炽灯曾是家居照明的行业标准，但由于与其他灯具相比缺乏效率，他们正逐步被淘汰。白

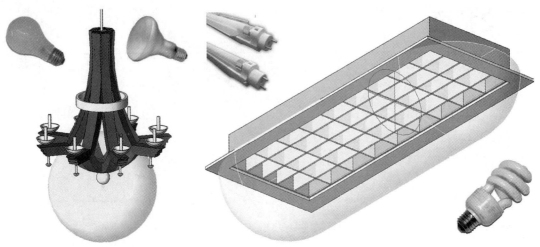

图 21.1 典型的外观型白炽灯设备　　**图 21.2** 典型的功能型日光灯设备

炽灯的瓦数和色温分布很宽，而且它不需要任何额外的组件如镇流器来使它工作。与其他灯具类型相比，白炽灯非常便宜，但是寿命较短，效率较低。

日光灯在真空管内利用电能激发汞蒸气来发光。它比白炽灯效率要高很多，且其设计使用寿命更长。日光灯的初始成本比常用白炽灯要高很多，但由于其使用寿命长能源消耗小，它是具有长远成本效益的照明方案。历史上，日光灯曾有一个不好的名声，因为它在发光的时候会给人不好的感觉，还会闪烁并发出声响，这使很多人不愿使用它。在过去的几十年中，日光灯技术进步巨大，能够提供更快的镇流器和更宽的色温，这使其更具吸引力。

注意事项

尽管在 BIM 项目中照明组件的初始目的是为了渲染光，许多灯具设备也很美观。对于只依据其外观挑选的壁挂式灯具设备，模型不仅应能准确地展现灯具，也应展现设备在白天的美观品质。这类设备的风格能补充它们所在空间的装潢。它们需要大量的细节，而且最终往往比预期或期望的更多。吊灯常有大尺寸的灯具文件，因为它们通常都非常华丽且是高度细化的。应该仔细考虑以决定把多少细节建立到组件中，也可使用多个对象来表现设备。项目的渲染仅限于项目发展过程中在特定时间的特定视角。对非常华丽的组件，如枝形吊灯和壁饰烛台，创建一个发展模型通常是高效的，这个发展模型更像是一个占位模型及第二模型，以后当需要进行高度细化的外观渲染时可被替换成更细化的模型。在任何一种情况下，光都采用相同的光度文件进行投射，两者之间唯一的不同点就是模型图像的精度。

灯具设备在建筑、灯光设计与研究以及建筑系统工程中应用。建筑师想看到灯具设备的美观质量，灯光设计师想知道在空间内如何投射光线，建筑系统工程师需要必要的能源利用信息来发展建筑物内部的电路。把这些所有的信息添加到一个单一的组件中，同时尝试维持一个合理的文件大小以及最佳的性能是一个不小的任务。通过发展灯具组件以使其模块化并使肉眼或渲染图不可见的图形最小化，这样我们就能在不过度增加项目大小的情况下使整体外观最大化。嵌灯就是一个简单的例子。嵌灯安装进顶棚时，在其周围有大量的细部，但是这个设备的可见部分仅是它的装饰边、灯泡、扩边或挡板。设备的其他部分都嵌入顶棚内部而且是肉眼不可见的。与其花费相当多的时间和功夫去细化设备的嵌入部分，不如关注其安装所需的总空间来使我们可以表现用于接口检查的那部分组件并使文件大小达到最小值。

根据项目类型或建筑师需求，并不需要表现灯具设备的各个方面。由于组件是严格按照照明分析要求创建的，只要这些模型能够包含合适的光度信息，图形上模型可以非常简单。如果不会进行照明研究，那么光度就没有关系了，可让步于美观质量或是用电信息。在发展灯具设备之前就其意图和目的进行清晰和公开的讨论可以帮助我们整理出最终用户的需求，为他们提供最好的模型。在图形精度不是首要考虑的情况下，也可以由一些甚至一个灯具设备来代表数百个甚至上千个灯具设备的组合。在设备中植入参数可使它改变在墙体或者顶棚内的净尺寸，控制光度，改变可视组件的材料和尺寸，甚至提供具体的灯泡或镇流器的选项。简化图形使可能被画出的组合数量最大，我们知道这就是代表性建模。

代表性建模允许多个具有相似外形的灯具设备共同建模。最终，灯具设备的目的是为了提供光线。出于预算考虑，可以牺牲灯具设备的外形以少量模型来传递光度和用途方面的信息。只要外形不是很关键，仅用三到四个对象来代表项目中的所有灯具设备也是有可能的。创建一个嵌入式灯具设备、一个壁挂式灯具设备、一个自立式灯具设备和一个线形灯具设备基本上就可以覆盖大部分项目所涉及的灯具要求。与确切的光度及使用相关的信息可以包含在目录中，以便在需要组件时候容易地进行检索。

灯具设备独特性的另一方面体现在它对于设备管理和建筑生命周期的重要性。灯具设备耗费相当多的能源，而且比建筑物中其他大部分组件需要更多的维护。灯具外壳的设计有特定寿命，镇流器需要定期更换，根据项目中需要的灯具类型和照明控制类型，以上两者都有一些选项。像灯泡或镇流器一类的组件实际是嵌入灯具设备内部的组件，而且它们也必须如此处理。有多种镇流器和灯泡的选项并不少见。并不一定要对这些项目图形建模，但如果它们被创建为嵌入灯具设备自身的信息对象，它们就可以携带设备管理可能需要的大量信息。如果被独立地按数据组建模，它们可以被出现在表格中，包含合适的属性数据，被设备管理者用于推测更换时间和成本。

图形

当为灯具设备开发图形时，首先需要考虑的是谁将使用它。对于一个指定制造商的组件，模型的开发应不仅考虑建筑师的需求，还有工程师以及照明设计师的需求。某些情况下这就意味要么是大的文件尺寸要么是用多个模型代表一个灯具设备，或者，也可采用一个较少装饰性的图形外观作为替代方案。包含华丽特征的灯具组件有时需要多个模型表示，但在许多情况下，在适当处理后也可使用一个设备来建模。

首先，在开始时选择正确的模板是最基本的。灯具组件在多个软件平台上被使用，其中一些并不依赖于像墙体和顶棚之类的支承面。由于这个原因，强烈建议使用基于表面的或者自立式的模板以实现最大的功能性和适用性。一个基于表面的对象可以用在一个顶棚上，但一个基于顶棚的对象只有在顶棚存在时才能被使用。电气工程师为了使他们的组件具有更好的可视性，常常会在他们的设计中忽略墙体、地板和顶棚。

只给可见的和必需的部分图形建模，保持设备的嵌入部分尽量简单。最好的情景案例是利用小方块或者小圆柱体来代表顶棚或墙体内必需的净空。这些模型不是用来制作灯具设备而是用于在工程中表示它们的，所以越接近对象的符号，许多情况下实际上就越有效。建筑灯具需要更细致一些，但是没必要模拟每一个细节，除非它是渲染的焦点。这种水平的细节只保留在类似枝形吊灯的非常大型和极其华丽的灯具设备中，它们在空间中的作用主要是其装饰价值。

在创建灯光本身的行为时，应该定义光源并且指定形状。许多情况下这是由生产商提供的光度文件自动确定的，但是即使是这些文件也是基于空间中特定点处的光源。光源的位置一定要放置在一个实体的外部。这是在发展灯具时常犯的错误。软件是基于空间中一个特定的点来模仿光。如果该空间被嵌入在实体中，那么光就不能穿过发射它。在为特定的生产商发展组件时，应对照他们的光度文件来核实光源原点位置，这样才能确保正确地渲染光线。

特定类型的灯具有满足建筑规范、防火以及通用安装等方面要求的特定净空。可以用透明的固体来表示这些净空，从而允许执行界面检查，同时提供一个说明该空间是代表性而非真实性的可视标志。使这些尺寸参数化可以基于所使用的真实的设备修改空间。最终使这个设备可重复用于多个项目类型，例如，可使用同一组件来创建一个4英寸、5英寸、6英寸或7.5英寸的嵌入式灯具设备。

关于灯具设备组件的信息并不总是需要图形建模。灯泡和镇流器都是非常重要的灯具组分，但它们并不总是需要出现在模型中。可以创建携带关于灯泡或镇流器信息的BIM对象，然后植入到灯具设备中。这些对象可以被分配一个参数，这样在恰当地格式化后就能够在数据输出和表格中看到有关这个特定组件的所有信息。对灯泡和镇流器一般有多个选项，当它们被创建为植入式组件时，可以在下拉菜单中作为用户自定义选项选择它们。

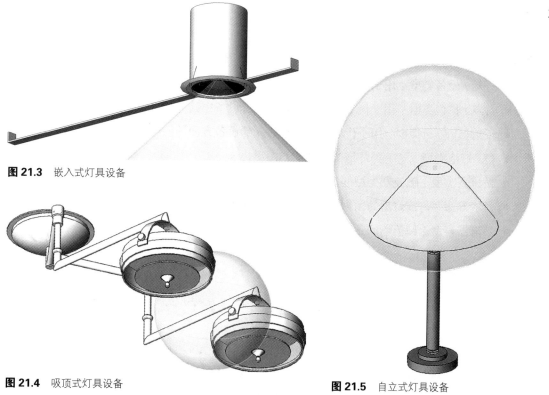

图 21.3 嵌入式灯具设备

图 21.4 吸顶式灯具设备

图 21.5 自立式灯具设备

材料

灯具设备中使用的材料一般和许多其他组件无关。只有扩口、灯罩和其他装饰性单元需要尽量精确，因为它们的作用是当光线从设备中发射时控制和重新引导光线。和灯箱相关的材料不必预先渲染并可简化，因为它们不会出现在渲染视图中。对于对象中应用的不同金属和饰面相关的反射性应予以特别关注。金属会使光发生反射，并产生意料外的结果。另外，灯罩和扩口常常是用半透光或半透明的材料制成，灯光在它们背面照射时它们可以发光。灯具设备中材料的管理大部分是要经过反复试错的，但是仍有一些可以遵循的基本原则。

在用户操作材料时，BIM 软件为其提供了相当大的灵活性。我们不仅可以控制材料的表面颜色和光泽，还能控制它在光源附近时的表现。材料的反射率使我们可以控制表面反射的光量并创建反射。材料的透明度定义了通过固体而不是被反射或被吸收的光量。通过调整材料的透光性我们可以控制固体吸收的光量，并且折射指数可以使我们控制光通过固体时发生的弯曲量。通过操作这些控制，我们可以创建一系列材料来代表各种类型的灯罩、扩口、透镜和装饰性的玻璃单元，这些都可以影响光在空间中关于光源的感知方式。

数据——属性和公式

综合

- 灯箱/设备类型：用于代表房间或装饰性设备的图像/材料
- 灯罩/扩口类型：用于代表笼罩物、灯罩或者设备中其他扩口面的图像/材料
- 反射器/隔板类型：用于代表反射或折射光的设备方面的图像/材料
- 灯/灯泡类型：这一类灯泡的图形或非图形代表
- 镇流器类型：镇流器类型的图形或非图形代表
- 灯泡寿命：灯或灯泡的预期使用寿命或更换频率
- 镇流器寿命：镇流器的预期使用寿命或更换频率

光度－光输出

- 光密度：设备发射的光量，可被表达为功效（流明/瓦特），流明通量（流明），流明密度（烛光）或照度（勒克斯）
- 色温：以开尔文度量，表达了光的颜色和"感觉"——更温暖的，有更多黄光的，例如白炽灯，有一个较低的温度，而越白越冷的光有越高的温度
- 光色：光投射的实际颜色；可直接通过光源或基于一个有色透镜和扩口进行控制
- 光损失系数：用来确定由于灰尘、灯具老化衰减、灯具倾斜和外部环境因素的经过一段时间的光量损失指标
- 光度文件：用于重建真实渲染光的光源文件

电器

- 电压：也被称为电势，它是在电路中移动一个电子所需的能量值；一般居民用电压值是120伏和240伏，但商业用电压值为240伏和440伏以及更大
- 瓦特：亦称功率，它是装置所使用的电力量，可以简单地由电压和电流相乘得到
- 安培：也被称为电流，它是电荷流动的速度，或简单地说是装置使用电力的速度

计算

焦耳定律：

$$P=VI$$

式中　　P——能量的消耗量（W）；

　　　　V——电势（V）；

　　　　I——电流（A）。

流明通量：

$$lm = (lm/W) \ W$$

式中　lm——总的流明输出量；

　　　lm/W——灯的流明功效；

　　　W——灯使用的功率量。

$$英尺烛光（fc）= 总流明（lm）/ 平方英尺面积$$
$$1 \ lux（lx）= 1 \ 英尺烛光（fc）\times 10.76$$
$$lux = 总流明 / 平方米面积$$

应用——使用信息

灯具表

灯具是用于几乎每一个项目中的组件，许多项目有数百种不同的灯具组件。不是通过平方英尺面积来手动计算所需的设备数量或者通过图纸手动分析，建筑信息模型使我们能创建一系列表格对每种特定设备进行计数。建筑物内每个房间或面积可能基于整体美观使用不同的设备。创建灯具一览表可使建筑师和承包商能准确看到不同房间和空间使用的设备类型，添加信息后，还能看到诸如装饰边、镇流器类型、灯泡以及能耗等构造和使用细节。

除信息化能力之外，灯具一览表同样还可使建筑师或照明设计师根据环境控制定制每个设备，而无须搜索整个模型来确定一个特定的设备的位置。在灯具一览表内，可以快速定制类似流明、色温、功效和光损失等光度特性以在项目内通过试错创建不同的光照场景。关于

图 21.6　照明研究

设备能耗的信息可被组织和审视以确定从建筑物内不同空间产生负荷类型。这使工程师可以根据一天中不同时间的能耗量来研究和分析建筑物的总体需求。

照明研究

我们在模型中添加的关于灯具设备的信息越多，我们就更能分析总体项目的环境。灯具设备不仅会影响建筑物和其他组件的美观，也会影响到整体的周边环境。进行照明研究时，须考虑到灯具正面和负面的两方面属性。灯光改善了一个空间内的可见度，但是同时会投射不受欢迎的阴影、产生反射和刺眼的强光、降低整体环境的质量。对确切位置的项目和适当设计的灯具组件可以进行人工和自然光优缺点的分析。

自然光是太阳引起的日光，受天气、雾和与自然环境有关的外力影响。光量和光强度随一年中不同时间和世界上不同位置发生变化。很多 BIM 模型平台软件能让用户控制项目所处位置以及要研究的一年中的时间和一天中的时段。模型中的窗户、天窗和门允许自然光透过，可以研究一天中不同时段眩光和阴影的位置来改善室内环境的整体质量。更改透明开孔的位置会对模型内部的可见度有直接影响，必要时可增加或减少开孔。

人工光是除太阳光以外的所有光。不管是内部或外部的设备，景观灯或项目外部的光源，人工光都会对建筑物和其场所产生正面和负面影响。当我们在模型中添加不同类型的灯具设备时，我们可以研究所投射灯光的类型并确定其对于给定场所的适宜性。照明设计师可以利用模型信息来对不同区域所需光量作基本计算。工作场所需要比休闲和居住地更多的光照，外部用或作业用灯光应以某种方式照射，使它可以聚焦在特定位置或工作上。

可采用静态或者动态分析进行照明研究。静态分析针对特定时间点的特点位置。动态分析考虑一个时间轴，例如，从日出到日落，或一个 22 小时的时间段。对于确定一天中不同时间点的平均光照的一般快速分析而言，静态分析是很有用的。当在公式中加入自然光以使一段时间中的阴影可视化时，使用动态分析会更有效。

为了进行一个同时考虑自然光和人工光的精确的静态照明研究，项目本身必须按正北定位。此外，必须知道它在世界上的位置，按照城市，或者按照经度或纬度。方位和位置将允许光能够精确地进入类似窗户和门这样的日光入口来重现太阳的影响。这样的日光研究是在项目中确定建筑物内部自然光可用量以及辅助确定人工光位置和用量的基数。一旦确定了日光基数，在不同位置增加和减少不同类型的设备来达到预期效果就成为一个试错的过程。照明顾问有多年在不同场景使用不同类型设备的多年的工作经验，所以他们能够在最短时间内进行快速有效的设计。

一旦进行了一个静态照明研究，就可以按照相同的设置来进行一个动态研究。动态研究采用基线并设其随时间轴而变化。在动态研究中，将创建一个视频文件，它本质上是一系列静态的照明研究，但如同一本翻页书一样被顺序观察。因为它们是以这种方式创建的，所以可以利用视频软件来创建并组合多个研究，在白天的某个地点打开人工灯并在另一个地点将其关上。

灯具组件样品及其属性组

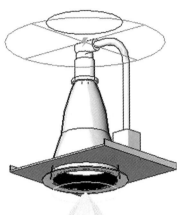

图 21.7 典型的嵌入式灯具对象
- 直径：5″
- 荧光：CFL-（1）26 瓦孪生三极管
- 镇流器类型：电子 4 针
- 反射镜：清雾亚沙克
- 间距标准：0.7
- 电压：277VAC
- 电流：0.24A
- 能耗：16W
- 色温：3450K
- 光强：1250lm
- 光度测定文件：ABCLighting123.IES

图 21.8 典型的装饰灯具对象
- 宽度：14″
- 高度：10″
- 面饰：亮黄铜
- 扩散器：玻璃：65%；不透明：蓝色
- 投射：8$^1/_2$″
- 荧光：白织 -（2）40 瓦 e27 螺口座
- 间距标准：更多信息联系制造商
- 电压：120VAC
- 电流：0.66A
- 能耗：80W
- 色温：2800K
- 光强：1000lm
- 光度测定文件：XYZLighting123.IES

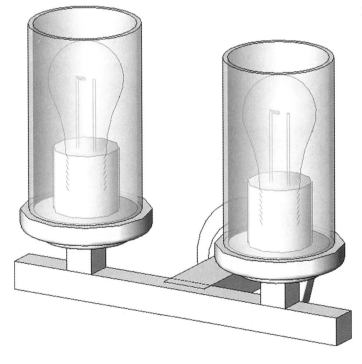

图 21.9 典型的场地 / 室外灯具对象
- 单位尺寸：12″
- 安装高度：12′–0″
- 荧光：高压钠
- 镇流器类型：盘磁
- 扩散器：丙烯酸
- 光控：NEMA 扭锁
- 面饰：铝粉末喷涂 – 铜
- 间距标准：0.4
- 电压：120VAC
- 电流：0.7A
- 能耗：150W
- 色温：2100K
- 光强：1250lm
- 光度测定文件：XYZLighting123.IES

第 22 章

机械、电气和管道组件

构造

在建筑信息模型中使用的机械、电气和管道（MEP）组件，通常需要较少的图形和大量的信息量。这些类型的组件被设计用于系统内部，提供了分析系统整体中单个组件的能力。如同模型中的其他组件，可能的分析量受限于所提供精确信息的量。一个建筑信息模型内或一个建筑物中使用了三种基本类型的系统，即管线和管道系统提供了生活用水、卫生用水和灭火；暖通空调（HVAC）以及管道系统在建筑内运输空气；电力和布线系统在建筑物内输送电力。如果我们考虑每一个系统的实际运行方式，我们将对如何创建系统所必需的组件会有更好的办法。

没有人会看着一个目录会说："啊，那真是一个好看的循环加热泵，我项目中就要用它！"。像这样的产品是根据功能而不是外形来选择的。我们可以把 MEP 组件分为两个基本类别：(1) 设备和(2)仪器和装置。**设备**是项目的隐蔽组件，从不出现在"房子外面"。对于实用意图和目的，这些组件可以由模型中的简单立方体来代表，只要它们占据合适的空间大小。表现这类组件需要极少的几何形状，但需要大量的信息。它们必须占据放置其所必需的空间，并进行合理的安装设计。另一方面，**仪器和装置**是具备审美价值的电气组件。实际情况是，项目中的任何被电源线等连接于建筑系统的组件，都必须按其形状进行开发。项目中使用公共设施的每一个组件都需要和 MEP 连接一起设计，使其被附加到电路中。如同没有考虑每个组件的造价信息是不完整的一样，没有附加所有装置的能耗信息也是不完整的。

我们已经在仪器和装置章节中讨论了如何发展仪器和装置，本章重点更多地放在创建**设**

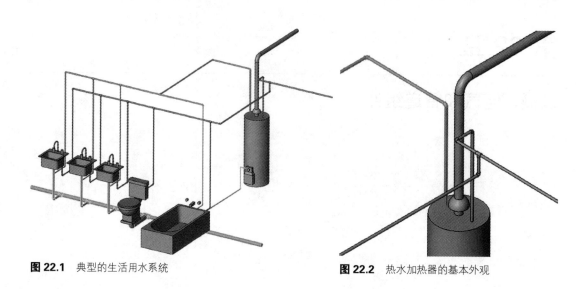

图 22.1　典型的生活用水系统　　　　图 22.2　热水加热器的基本外观

备对象和分配合适的连接，使其能应用于系统。图 22.1 是生活用水管道系统及一些附加其上的组件的基本例子。冷水在管道中流到热水加热器中，再流出到卫生器具。从卫生器具中，废水由卫生管线排到下水道或化粪池系统。

在这种情况下，热水加热器是**管道设备**的一部分，还有水槽、厕所和**浴盆**是卫生器具。每个组件都有一系列被设计用来连接一定尺寸管道的连接件。指定一个特定的管道尺寸以及系统类型的分类，添加一系列连接件到组件上。可使 BIM 软件理解每一个连接件的目的，必要时可进行更正。图 22.2 显示了带有冷水供应、热水出口和电源连接点的热水加热器。

注意事项

水通过供水管从源头流到一个给水加热的组件中，然后通过水龙头或其他装置流出。从这个装置，水需要流到某个地方以创建一个完整的管道"回路"，需要排水管道。有许多不同材料和尺寸的特定管道来满足不同的使用需要。当我们创建和管道系统一起使用的组件时，它们通常会有特定尺寸的配件以安装于管道上。给这些配件的尺寸定型，会使管道连不上连接件，也可自动生成连接所必需的一个减径管。如果一个 1 英寸的管道用一个 1/2 英寸的配件来为一个水龙头供水，如果连接件不合适就不能匹配。

与管道或管道系统相关的组件的基本类型有管道、管道配件及**装置**或设备。通常，管道本身是软件的一个功能，所以在图像上它们被简化为仅能代表它们的形状。通常，管道的颜色表示一个使用功能。热水管用红色表示，冷水管用蓝色，排水、排渣与放气管道（DWV）用绿色。模型中代表连接件的各种配件常常被简化，因为通常不会规定它们的特定外形。这类**设备**是基于其性能和用途而不是美观性进行选择的，所以与其在开发图像上花费时间，还不如添加额外信息实现功能的最大化。提供的图形精度足以描述某个组件是什么和占据多少空间，通常就可被接受。当组件基于其外观被选择时，如水龙头、水槽和厕所，它们的图形应按"仪器与装置"一章中所讨论的处理。

处理 HVAC 组件时应用相同的原则。必须合理指定计数器和**设备**连接件的尺寸和形状，否则会不匹配。不管我们处理的是圆形还是矩形的连接件，两个组件间的转接应成对设计。其尺寸、外形或两者同时改变，以协调组件和管道系统自身间的不同。虽然它可能会显示，但管道系统的近距离外观通常意义不大。

电气系统中，电压必须正确，电流不能超过电路的额定值。否则会生成错误以提醒工程师存在问题。电气系统的对象发展要求创建的设备与项目的电气系统相匹配。如果创建的电路是 120V，一个电压为 227V 的照明设备被添加到电路中，就会给出电路未完成的提示。

当我们考虑开发这些类型的组件时，要考虑的最重要方面是连接件的位置，尤其是在管道排水的地方。非承压水只会向下流，规范规定排水管必须有某个特定的坡度，所以连接件的合理定位非常关键。虽然把供电线和电气连接放置在合适位置是很好的做法，但并不总需要如此。知道精确连接点在哪里，对决定管道的间隙和相邻组件放置的距离是有效的。图 22.3 显示了一个给出每一连接点位置的设备。

因为管道的尺寸和形状会根据连接的需要而改变，连接件必须是动态的，而且不能由对象本身控制。管道连接件是基于管道半径而不是直径来确定尺寸的，所有的尺寸都是名义上的。

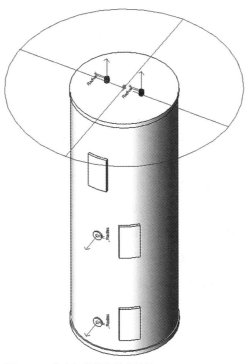

图 22.3　热水加热器和其连接处

如果进行把半径转化为直径的计算从而使信息显示在数据组中，要注意计算中参数的正确性。因为半径是驱动力且基于管道的尺寸而变化，直径应基于半径来计算。如果半径在一个对象中是用公式来计算的，那么它就不能同时通过管道的尺寸来计算。因此，如果我们想由半径获得管道的直径，而半径可能会因连接管道而变化，那么计算应该是这样：

$$HW\text{ 管道直径} = HW\text{ 管道半径} \times 2$$

Not（不是）

$$HW\text{ 半径} = HW\text{ 管道直径} / 2$$

> **提示**
>
> 如果进行把半径转化为直径的计算从而使信息显示在数据组中，要注意计算中参数的正确性。

除了建立连接件的尺寸和形状之外，它们还必须被正确有序地指定，使得软件能够理解连接的目的。例如，管道可能被归类为生活用水供应、卫生的、热水循环或是用于防火。它还可能被列为热水或冷水，由供水线和回水线组成，这取决于系统的类型。不同类型的组件被放置到不同的类别中。一个组件可能是机械设备、卫生器具或是电器设备的一部分，这里举了三个例子。在这些类别中，存在子类别以进一步描述某组件是什么以及它与整个系统的相关性。有一些不同类型的电器设备，每一种都被设计用来完成不同的任务，比如一块面板、变压器、接线盒、开关或其他。机械和管道**设备**也根据其在系统中的运行来分类。组件应该设计在管路的末端还是插入到管路中间去？管道适合 T 管或弯管？这些只是 BIM 对象中能发现的组件的几种子类。

在为 MEP 对象建 BIM 模型时，其中一件最重要的事情是考虑组件如何放置。许多工程师在建立他们的模型时，并不使用墙体、地板、顶棚或屋顶。这允许模型很容易被放到建筑模型中，无须过度运行已有对象，还能保持所有东西在工作视图中可见。我使用 BIM 软件中最难以控制的一个问题，一般来说是宿主组件的使用。当机械、电子或管道组件，包括照明，被创建为宿主组件时，很多情况下它们对工程师来说是不能用的。与其基于墙面或楼板来创建组件，还不如让组件基于一个面或最好是一个工作面。这允许组件能同时被建筑师和工程师所使用，而不需任何一方作出额外努力。图 22.4 说明了一个基本的 HVAC 系统和一系列可能安装在顶棚上的**计数器**。组件并非基于顶棚，它们并不依赖主体来放置。当一个组件被要求放进一个墙面或楼板中，期望从主体中移走相应的几何图块，这可以通过把几何图块添加到一个基于表面又从表面挖出的对象中来予以实现。

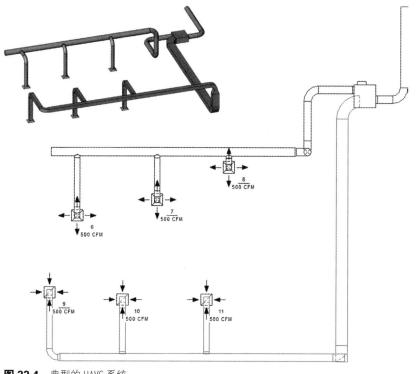

图 22.4 典型的 HAVC 系统

图形和连接

程序上,当我们处理设备时,与每一个工程专业相关的图形都是很相似的。图形并不与其所包含的信息相关联,仅限于毛尺寸和连接件位置。在建立每一个对象时,创建一个或一系列考虑单元总尺寸和其总外观和形状的实体。锅炉边上的排气百叶窗或是冷凝机边上的散热片是外部无关联图形,使用组件的建筑师或工程师团队通常并不会关心它们。为了简化定位和固定连接件,与连接自身外形相似的小实体应被放置在特定位置。放置连接件的最简单方法是在实体的表面上,代表连接件的实体会自动地位于其特定位置的中部。我们甚至可以通过创建一系列非常小的连接件图形对象来进一步简化这个过程,这些对象可以嵌入到主体组件中并被反复使用。

> **提示**
>
> 放置连接件的最简单方法是在实体的表面上,代表连接件的实体会自动地位于其特定位置的中部。

每一个连接都是不同的而且用于不同的目的。HVAC连接件携带有用于HVAC的特定信息，管道、电气都是如此。在大多数情况下，两种或全部三种连接的类型是需要的，特别在处理**设备**时。例如，一个燃油锅炉会有电力、水、排气和燃料供应的连接件。一个燃气炉会有电力、供气、回气、排气和燃料供应连接件。电气连接件被设计成串联，有火线、中线和接地线，某些情况下有接线板。根据电路内的组件，可选择适当的线型。电气系统也可以分类为数据，允许一系列电脑或其他装置连接成网络。

不用说，为BIM对象建立特定连接件，需要对建筑系统设计中的原则有一个基本了解。如果模型建立者对组件如何根据使用被设计没有一个清楚的理解，制造商或工程师必须对建模进行审查以确保组件被正确地建模。尽管对MEP对象图形的建立过程几乎都一样，不管我们建立的组件是什么类型，每个专业的细微差别将有助于建立更容易使用的更好的对象。

管道对象

管道组件可以被分解成四个类别：生活用水供应、卫生的、液体循环的和消防的。使用这四种系统可建立整个建筑水系统，当正确建立其内部使用的对象模型时，非常有效的分析可以确保系统设计是恰当的，并不与相邻建筑单元冲突。

生活用水是一个低压系统，把水从街上或者井里带到建筑物中。一旦水进入建筑物，它需要在某处排出。这是卫生或污水系统，是无压系统，利用重力将水从排水点穿过建筑物排到一个给定位置。一个管道系统必须相应地进行设计和确定尺寸以确保有足够的水能到装置中，卫生系统可以容纳污水流入的装置的数量。一个所使用的系统将装置单元联合起来以决定特定类型需要多大，以及排水和排气关于相邻组件的位置。本书讲解了如何设计一个对象，而不是如何设计一个系统，但这足以理解诸如水龙头和浴盆这样的卫生间设备应有必要的信息来进行这类计算。图22.5说明了废水装置单元（WFU）、热水装置单元（HWFU）、冷水装置单元（CWFU），以及一些考虑对应于单元所需连接尺寸处的进水压力的通用属性。

大多数管道组件可以被分类为装置，除了管道系统中使用的专门管道装置外。正因如此，许多这些组件可被视作为美学的或建筑的以及MEP组件。随着如水龙头和水槽这样的组件的建立，需要特别注意它们的图示代表以提供渲染模型的能力。厨房和浴室是一个项目内部最常渲染的项目。为了加强渲染效果和提供更好的项目实现，应在管道装置的可视性方面添加更多的细节。

电气对象

有三种电气对象的基本类型：设备、装置和照明组件。正如之前所提到的，**设备**包含了场景背后的单元，并使系统工作。因为大多数情况下这类组件被嵌入墙体中或埋入设备房内，

管道	
流压（默认）	8000psi
排气连接件	☑
下水连接件	☑
冷水连接件	☑
热水连接件	☑
装置单元	
废水装置单元	2000000
热水装置单元	3000000
冷水装置单元	3000000
尺寸	
卫生设施管道半径	3/4"
卫生设施管道直径	$1\frac{1}{2}$"
浴盆宽度	3' 0"
浴盆长度	5' 6"
浴盆高度	1' 6"
热水管半径	1/4"
热水管直径	1/2"
冷水管半径	1/4"
冷水管直径	1/2"

图 22.5　管道组件属性

除整体尺寸外它们无须更多细部。虽然我们可能会选择细化负荷中心或**断路器面板**的表面，或创建少量**断路器**细节，但不可见或图形上无关的组件不会给模型提供更多的价值。创建这样的对象应关注信息，而不是外观。

装置是第二种类型的电气对象，同时构成了大量用于项目的组件。通常在一个项目中只有很少或一个负荷中心，但有成百上千个装置。因为这些如此多的装置用于项目，保持其图形简单可使它们用于多个目的。当一个对象能被用来代表所有的插座，而另一个对象可代表所有开关，可将项目的总文件大小维持在可管理范围。这类组件绝不能超过300KB左右，而且必须能够快速加载和重新生成。因为碰撞检查是建筑信息模型中一个重要的方面，嵌入墙体中的组件应该带有一个允许与相邻组件冲突的实体。如果插座或开关被简单建模为代表性面板，假设一根从其背后越过的一个管道会与其冲突，但直到安装者把组件置入项目后才发现。虽然这好像一个简单的解决办法，但如果电气组件已经先于管道安装而且电工再也不在项目上，这可能会造成问题。

许多用于项目上的较大组件本质上是电气的，但由于其 MEP 功能性常常被忽视。任何通过电线连接到建筑物中的组件应该带有 MEP 连接件，而且在很大程度上，甚至也应考虑那些插入插座中的组件。任何塞入建筑物中而且使用一个专门插座的组件，如冰箱或洗碗机，应该带有一个电路连接件使其被添加到项目内的电力系统中。

331

> **提示**
>
> 任何通过电线连接到建筑物中的组件应该带有 MEP 连接件，使其被添加到项目内的电力系统中。

照明组件是电气对象的第三种基本类别。它们的三个使用目的是独特的。第一个也许是最重要的是其创造光线的能力。组件内的可以渲染项目内部实际光线的这个建筑信息是关键的，也是第 21 章"灯具"一章中所深入讨论的。照明设备的第二个和第三个方面是它们的外观和它们用电的事实。这两个中哪一个更重要取决于我们询问的对象。然而，在建立照明组件时需要同时考虑两者。

根据电势或电压、电流或安培值、视在功率或瓦特数等方面审视电力。这些是任何一个电力装置的三个最重要的属性，因为电势决定了装置所放置的电路的类型，电流决定了电路

332

约束		
主题		
材料和面饰		
插座面饰（默认）	塑料 – 白色	=
面饰（默认）	塑料 – 乳白色	=
电子 – 负荷		
瓦特（Max）	2000	=
电压	120.00V	=
功率系数	1.000000	=
极点	1	
负荷 – 装置 1（默认）	180.00VA	=
额定电流 – 装置 1（默认）	1.00A	=
尺寸		
安装高度	3′ 4″	=
毛宽	0′ 2 1/2″	=
毛突出	0′ 0 1/4″	=
毛高度	0′ 4 1/4″	=
毛深度	1′ 3″	=
身份数据		
相位		
电子		
列出 UL	☑	=
装置 1（默认）	插座：双插座 –GFCI	=
其他		
	触点形式：2	
	触点形式：3	
	触点形式：4	
	墙 – 插座：双插座	
	墙 – 插座：双插座 –GFCI	

图 22.6 典型的电气组件属性

的大小,视在功率显示了组件全时使用时的理论用途。图 22.6 显示了电力组件中的基本属性。可由这些属性进行计算,以生成关于每个组件的有用信息。如果创建一个日平均使用指标并应用于每一个对象,进行模型规格表内的一些简单计算可估算整个项目的年耗电量。

HVAC 对象

项目中可能使用数百种不同的暖通空调(HVAC)组件,这取决于所考虑的情况。不论是供暖设备、空调组件、通风设备,或是有计数器和扩散器的基本管道系统,都有用于不同情况的无数组件。因为有如此多可能的组件,许多情况下管理它们的最有效方法是维持图形尽可能简单。如果一个实体被用来代表组件所需要的总空间,它的放置应能执行碰撞检查,且能知道是组件自身。不同的连接件和它们的位置,可用于区分组件的类型。

计数器和扩散器可能是图形建模最相关的组件,因为它们是唯一可见的单元,且能在模型渲染图中找到它们。尽管管道系统可能有唯一的螺旋图案,但它通常是不相关的。然而,如果在模型中精确地表示它非常重要,管道和管道系统可能有材料重叠或"着色"在上面,如图 22.7 所示。

许多计数器,特别是装饰性的,使用穿孔格栅来体现美学特征。尝试使用实体几何建立这个细节层级的模型是很难的,实际上也不重要,因为空气绝不会真正流过它。不是对穿孔进行建模,采用填充图案就可有效地表现模型视图的表面外观,而且黑白穿孔图案和效果图文件能用于渲染视图。

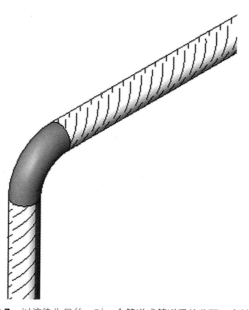

图 22.7　以渲染为目的,对一个管道或管道系统分配一个材料

附件和配件样板及其属性组

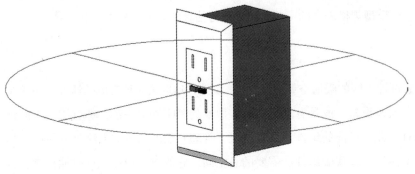

图 22.8 典型的电子装置
- 电压：120VAC
- 电流：20A
- 瓦特或视在负荷：2000W
- 极点：1
- 用途：GFCI

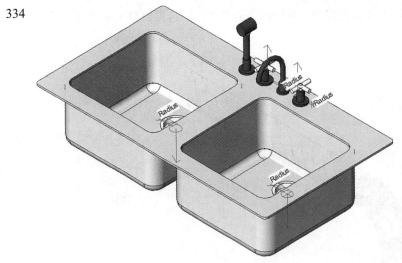

图 22.9 典型的管道装置
- 流压：8psi
- 流速：1.2gpm
- 供水配件——冷：1/2″
- 供水配件——热：1/2″
- 排水半径：3/4″
- 连接件 1：供冷水
  - 方向：进
  - 系统：生活用水——冷
  - 半径：1/4″
  - CWFU：3
- 连接件 2：供热水
  - 方向：进
  - 系统：生活用水——热
  - 半径：1/4″
  - CWFU：3
- 连接件 3：污水
  - 方向：出
  - 系统：污水
  - 半径：3/4″
  - CWFU：2

附件和配件样板及其属性组 | **245**

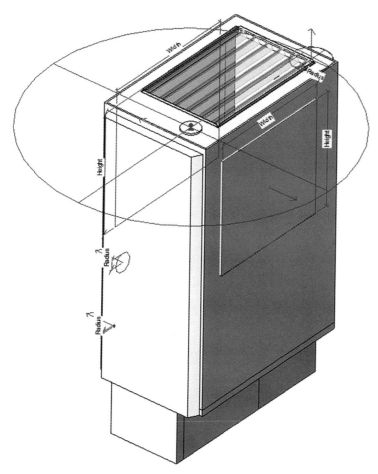

图 22.10 典型的 HVAC 组件
- 输出能力：38000 Btu/h
- 气流：1400 cfm
- 连接件 1：供气
  - 方向：出
  - 系统：供气
  - 管道形状：矩形
  - 长度：18″
  - 宽度：20″
- 连接件 2：回气
  - 方向：进
  - 系统：回气
  - 管道形状：矩形
  - 长度：19″
  - 宽度：22″
- 连接件 3：助燃空气
  - 方向：出
  - 系统：其他
  - 管道形状：圆形
  - 半径：1″
- 连接件 4：排气
  - 方向：出
  - 系统：其他
  - 管道形状：圆形
  - 半径：1$\frac{1}{2}$″
- 连接件 5：供燃料
  - 方向：进
  - 系统：其他
  - 半径：1/4″

第 23 章

场地和景观组件

注意事项

BIM 为建设项目周边的外部场景的可视化打开了一扇门。由于这个原因，很多努力已投入创建精确的基于场地的组件对象，包括景观，绿化以及地形。根据与渲染视图的距离可以决定是否高度细化这类组件。基于场地的组件开发，如长凳、花槽以及废料桶，容易被不必要地过度细化。就范围而言，项目外部的可视化要考虑 300 英尺宽或更多的视野。当把细小的组件放到视野范围内时，它们会变得模糊，因而通常不需要精确的细节。景观以及绿化组件决定于效果图文件，它使人们以为看到的是一个三维实体，而它实际上只是一个叠加进模型中的平面图像。一般通过导入含有等高线的 CAD 文件或手动输入项目模型中的点来导入一个测量员定位的点的坐标文件，以此来创建地形。

类似长凳以及花槽的场地改进应包含足够的图形精度使其在 50 英尺远处可被呈现。很多情况下表面材料或颜色是最重要的，因为它使组件区分于其周围环境，并使其作用能被直观地理解。许多场地组件实际上很少有与其相关的图形参数，因为这类单元本质上通常是独特唯一的。长凳或者花槽的整体外形很可能保持固定，尽管长度或许会改变，但是，通常这些都不是复杂的对象。其他对象，例如树杆护栏、喷泉、柱子以及装饰灯，由于其细化本质也许没有图形参数。这会使得基于场地组件的建模冗长而乏味，因为必须通过删除重建而不再是复制修改来建立每个对象。

景观和绿化组件通常由专业从事这类 BIM 内容的公司创建。ArchVision（archvision.com）就是一家这样的公司，它不仅提供景观和绿化组件，还提供人、车辆以及熙攘背景。当进行

339 可视化时,这些组件通过给视图添加背景使模型显得更为真实。不是用模型图形来表示景观对象以及其他几乎无法进行图像模拟的对象的渲染外观,而是用一系列从不同角度拍摄的树、花、灌木、人或其他真实组件的图像来表示组件,从而创建一个高度细化的照片版逼真的可视化景观组件。

用于视野和景观的其他组件包括栅栏、挡土墙以及铺道等。其中一部分组件或许可以用软件自带工具来创建,而另一部分的创建则需更多工作。如挡土墙,可以采用创建一般墙的方式。难的部分是当墙没有被放在水平面上时要使它们跟随地形外形,这需要人工操作。铺路的处理因其是水平面还是沿着地面斜坡而不同。露台或者地下室地板是设计成水平的还是为排水而微倾的。软件自带工具与地板工具类似,可将一块地板放置在斜坡上,填充它下方的地形。另一方面,车道是沿着地形的等高线,因此与其放置一个沿着它路径的平板,更高效的做法是创建一个单独的地形区域来表示它,必要时对地形进行修改来平顺高点和低点。基于建造立场,栅栏和栏杆使用了同类组件:立柱、扶手和填充。这样,可用与创建栏杆同样的工具来创建栅栏。其基本点是设想栏杆处于地形上而不是水平面上。

不管我们对哪种场地或者景观组件建模,我们应该更多关注它被量化或者计算的能力以及它的规格信息。为了提供用于增强项目美观的这些第三类组件,应更多地考虑基本的视觉效果而不是精确的外观。

图 23.1 适合场地组件的细节级别

图 23.2 ArchVision 景观组件——模型视图和渲染

图 23.3 场地地形

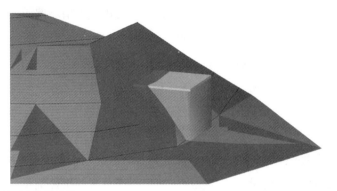

图 23.4 地形内放置平板

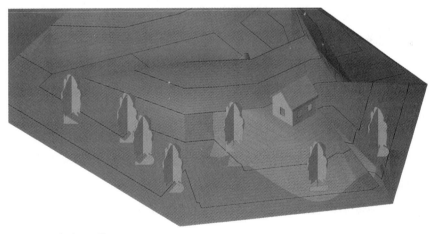

图 23.5 地形子区域

图形

基于场地的组件

作为独立对象的基于场地的组件不能过于细化。然而这类组件通常都很具观赏性,像细小的按钮,或饮水器排水管,或将长凳固定于地面的螺栓之类的项目无须建模。如同人们常说的，少即是多，由于模型内放置了较少的图形，它实际上更为实用。表面纹理和饰面或许是基于场地的组件所最引人注目的。水刷石饰面可能出现于渲染图中，这增加了整个效果图的深度。应更努力地创建组件各个面的适当的材料，而不是努力确保拐角半径是 3/4 英尺而不是 1 英尺。需要仔细权衡这些组件的图形：它们在模型中应置于何处，以及它们在全貌图中是否可见等。如果组件被设计在建筑物的入口处附近，渲染时可能会在更近的裁剪视图中发现它。为在渲染过程中更精确地表示这类组件，或许值得对其作稍细的处理。另一方面，如果在大多数情况下组件都是在远处的，简化其几何形状会很合适。给这些组件添加合适的饰面通常都会弥补其外貌。

废料桶、花槽、护柱以及喷水器等类组件很可能会出现在渲染图中。对这些组件的建模精确到 1/4 英尺就足以表达它们了。应该聚焦于组件的整体外形以及表面而不是它们的细节。如果我们观察一个自动饮水器，我们可以看到其底部有一个带有台阶的一平方英尺的基座以及其上的铬合金底座。它应该有一个带有按钮和水管的水龙头。建模时关注到基座、台阶以及水池以提供在几乎任一渲染视图中都可有效观察的足够的图形细节。如果文件尺寸较小，甚至可以添加水龙头，只要没有过于细化。正如之前提到过的，像按钮和水管之类项目并无多大关系，因为永远也不会有水流过这个对象，也没有人会真正去按那个按钮。

电话线杆、消防栓以及树栅都是在模型中可以不予重视的组件例子。如果大量细节被添加到这些组件中，可能会转移对许多和项目整体美感相关的组件的注意力。没人想在渲染图中看到电话线杆或者是消防栓。应该假定它们的存在，但它们不应该被细化到吸引人们的注意。

对于如何创建绿化组件的疑问，答案是非常简单的——从其他地方复制它们或者使用软件内部的组件。创建这类组件真的不是因为 BIM 而是出于项目可视化的要求。如果我们把时间花费在尝试对树木或灌木的叶子建模，我们很可能会发现购买一个为软件内部渲染引擎所设计的专业创建组件更为便宜和精确。

有两种方式来创建挡土墙，取决于所使用的类型。对于一个垂直的挡土墙，使用典型的墙工具分配其特定的材料来表示其表面是最有效的方式。当处理一个阶梯式不断增高的挡土墙时，我们可能要考虑创建一个能够沿着场地等高线并当它变高时能够递增后退的基于线的场地组件。发展这种墙类型时需要投入极大工作量，但通常这并不值得。

地形

地形并不是一个真正的 BIM 组件，而是软件的一个功能。它是通过导入一个带有立面坐标的地图或者人工在项目指定位置来放置点来创建得到的。控制地形不仅是其空间坐标，还包括其材料。我们可以给顶面不同部位分派不同种类的土来重新创建真实情景。这在进行土地分析以确定场地按需排水时可能是有用的信息。我们会在接下来的章节中讲到场地和景观组件的材料和属性时继续讨论。地形的两个方面是体积和表面。体积涉及所讨论的土的类型，表面决定了它在模型视图及渲染视图中的表现。不同类型的草、沙、表层土、碎石、沥青或者其他材料都能够被表达，只要它们的材料恰当地依附在地形中。

当一个建设项目开始的时候，很少是一个可以直接建造基础的土地。在建造开始前需要进行大量的场地工作和挖掘工作来为工地做好准备。BIM 的这个方面通常是由工程师在设计之前或者设计同时来处理的。建筑物的设计团队根据挖掘及场地平整情况来假定标高。如果我们考虑 BIM 不是始于建筑物的设计而是始于地块的选择，很显然会有与场地准备相关的大量工作要做。根据手头可利用的土方量知道需要多少填充材料来准备项目场地可以提供一个关于准备场地需要的时间和金钱总量的粗略估计。当我们改变 BIM 模型中的地形来模拟挖掘时，我们能够计算要移走多少土方并估算需要多少土方。现实生活中发生的很少在设计中发生，因此很重要的是要理解在场地开挖前无法预料到的挖掘机会挖到大岩石、矿层及渗水等问题。

有用于项目地形和土方工程的专用软件。很多情况下文件是可以交换并直接导入到 BIM 软件中的。这使得建筑师有一个开始建造项目的精确起点，或者有一个他能导入的补充文件。像这样的文件可能会也可能不会考虑到埋入地下的项目的重要方面。依据一个模型来了解哪里开挖哪里不开挖是一个无价的工具。化粪池系统、沥滤场、下水管、输气管道、埋入地下的电缆以及所有为了将来设备管理考虑的关键地下单元应当要能在紧急情况下迅速定位并要有助于就未来项目扩张以及整修作出决策。

项目内部的铺路组件可以利用软件内部既有工具作最好的表达。这些工具能够给表面赋予材料表面的图案，可以表达从碎石车道到咬合铺面的一切东西。就像没人会把一块块砖或混凝土砌块堆积到墙上，建筑师也不会每块铺面逐个放置到表面上。要表示一个有着特定颜色特定图案的特定铺面，让材料自身起作用更为有效。颜色和纹理可以被分配到铺面材料上，甚至图案也可以覆盖其上来表示一种特定的外观，例如方石或者人字形图案。

材料

在基于场地的组件内部使用的材料的基本要点就是它们的表面外观。一般而言，场地组件是基于其美学质量被选择的，并且，因此可以用一个合理的精度来表达它们。因为这类组件是放置在项目外部的，它们通常都采用非常耐用的材料，例如混凝土以及有特殊饰面的金属。对一个给定组件的每个可能的饰面都应该有一个在模型视图中表现其整体外观或颜色的相应材料，以及一个用于渲染的细化外观。许多情况下效果图文件被用来表示表面外观，因为使用建模方法很难表现纹理饰面以及外露骨料。为了限制渲染图中可见的瓷砖数量，要确保效果图文件是高分辨率的并且尽可能大。使用一个比组件自身大得多的纹理样本能够在功能上完全消除瓷砖。

重复图案是基于场地组件内所用材料的另一个视觉方面。当使用效果图来表示堆积以创建一个挡土墙的混凝土砌块或者构成天井表面的铺面时，注意适当对齐表面图案，并修剪图像使其精准重复。如重复图案没有对齐，在渲染图中就会出现非常显眼的难看的瓷砖线。这类问题会使渲染图的整体外观逊色，使可视化效果不理想。由于很难拍摄铺面的大尺寸照片，图案越大，瓷砖越小。创建一个代表至少 4 英尺宽图案的图像可以添加到大多数行人道上，只用极少或者不用瓷砖。当试图创建这类图像时，光线也是至关重要的。即使是图像某边上最小的阴影，当被添加到如天井这样的大区域时也会变得非常显眼。

为地面和草地创建材料与为铺面创建材料类似，不同的是它们在自然界中是散布的。重复图案变得不那么重要了，因为由于其不均匀的分布而变得很不明显。然而阴影，是要考虑的。真如铺面或项目中使用的任何其他材料一样，地面以及草地中发现的阴影即使是图像本身非常完美时也会制造难看的瓷砖线。除了图像文件外，它更多地被用来表示颜色而不是纹理，凹凸映射应当被添加到材料中来添加一个厚度外观。许多情况下，创建这类文件的一个有效方式是使用表面材料的一张照片并把它转成黑白的。软件内部的渲染工具利用这类图像来从顶部补偿底部，当图像中黑色区域是基底深度，白色区域则是顶部。

在建筑信息模型内部表达的水的创建主要由软件内部工具所控制。软件供应商通常给我们提供根据现行标准创建不同类型水的能力。我们随后可以对水的图像稍作处理来增加涟漪或者波浪，以及改变颜色来表示与晶莹透明的游泳池不同的黑暗泥沼地。水也非常独特，它会从外和内来反射和折射光线。夜晚在游泳池里，例如，在泳池中放置带有绿滤光镜的泳池灯具将会把水照亮成绿色。然而，当用户试图表示不同类型的水时并没有太大的控制力，无论如何，这通常都不是项目内的关注点。事先设置的水类型能够很容易被复制再稍作修改来表示项目中不同类型的水。

数据——属性和方程

与基于场地组件相关的属性取决于这个组件是什么。垃圾桶被设计成用来装垃圾，护柱被设计为承受车辆的冲击以避免交通阻塞。其他组件，如花槽和树栅本质上很美，但具备在采购和建造期间可能有用的特定重量和尺寸属性。

当决定要添加哪些属性到基于场地的 BIM 对象中时，设想其预期目的。如果一个垃圾桶能够装垃圾，那它能够装多少垃圾？如果护柱能够承受车辆的冲击，那它能承受多大的力？通过观察产品的性能和用途，你可以再研究一个数据组，它决定了选择一个特定产品的理由并建立了替代产品需要达到的性能和质量基准。

典型的场地组件属性

- 表面材料：用来表示对象的主要外部实体以及表面的外观的特定材料。除了引出一个特定的材料之外，材料的饰面和纹理也是特定的。

- Accent material：内容同上，可能原书有误。
- 尺寸：相关的长度、宽度、高度、面积以及体积属性，决定了放置组件所需的空间。较少的尺寸可出于建模目的做成参数化的，但无须在数据组内列出。
- 容量：组件能做什么？如果它能让人坐，可坐多少人？如果它们装垃圾，可装多少垃圾？
- 性能：许多组件被设计用来完成一个特定的任务。如护柱这类对象被设计来承受一定量的力，饮水器内的泵可能需要一定量的电，地面也许有特定的排水功能，硬景观和铺面可以是多孔的或者无孔的。制造商的数据表和信息是查询这类信息非常好的来源。

场地组件及其属性例子

图 23.6 防撞护柱对象
- 材料：混凝土——4000psi
- 面饰：涂料——红珐琅
- 碰撞等级：K-8 SB 5 T 6.5 B10-SB
- 冲击抗力：50mph 下 15000lb
- 运行：可伸缩

第 23 章 场地和景观组件

图 23.7 装饰垃圾桶对象
- 材料：混凝土 - 浮露骨料 - 从制造商标准面饰选项中选择
- 门材料：不锈钢——no.4 刷毛饰面
- 支承柱材料：磁漆面饰——黑
- 长：2′ -4″
- 宽：2′ -4″
- 高：44″
- 容量：(1) -32-gal 垃圾桶

图 23.8 肯塔基蓝草材料
- 种类：*poa pratensis*
- 耐荫性：差
- 种植：种子
- 修剪高度：$1\frac{1}{2}$—$2\frac{1}{3}″$
- 季节区域：4—7

第 24 章

细部和注释

注意事项

构造细部和注释是 BIM 项目内把一个三维模型转换成一套二维图纸的核心单元。用于一个给定项目的图纸集合被称为平面图。这些平面图对行业内的人以及那些无法接触到项目原文件的人是必不可少的。构造细部使我们知道两个单元是如何相互影响的，例如墙和楼板的连接，屋顶和女儿墙之间的转换，或者吊顶与墙面的连接处。注释使我们可以在需要特定信息处加符号或标注。一系列注释会指出剖视图中用于墙面组装的各种材料，在平面图中记录特定单元的位置，或在立面图中提供特定单元设计与建造的支撑信息。没有细部和注释，BIM除了形象化功能外基本没有什么价值，因为项目缺少了建造它所必需的文件。

从历史观点来说，图纸和说明各自独立但又是互补地组成了建造文件的要素。提供图纸以传递整个项目的设计意图，说明提供了用于执行项目及其特定组件的精确的详细信息和要求。建筑信息建模使图纸和说明之间的分界线不再清晰，因为现在我们能够在图纸内部存放大量的说明信息。要达到一个完全集成统一的项目团队还有很长一段路要走，它也要求我们在处理信息的方式上更为仔细。图纸上的注释曾经只是关于说明书的一个基本描述和关键词。随着在模型中添加说明信息能力和愿望的增加，注释中的细节层级也应该相应增加。与其需要一个人来读图并和一个完全不同的文档互相参照，建筑信息建模的注释可以编辑向读图人员提供的信息。图纸由建筑师创建，说明由规格说明书编辑创建。当进行所附信息与每个材料、组装和组件相关的建筑信息建模工作时，说明信息应该从模型所属信息中导出。因此，注释信息应该从同样的模型所属信息中导出，而不是互相参照。所谓"在正确的地方只说一遍"，

BIM 项目文件就是如此，因为它是一个能够轻松访问、操作并提取项目信息的关系数据库。

细节通常通过传统 CAD 软件创建或者导入，并且在剖视图增强显示了连接、转换以及端部的。就精确建造而言，普通 BIM 软件中使用的三维单元并不足以直观表示其与相邻组件的联系。墙单元使用单线条画出并携带其高度、宽度和厚度等建造信息。图 24.1 通过图像考虑了诸如结构单元或组件的间距、墙的锚固等信息，因为图层覆盖了墙的整个表面它们没有被发现。

在墙与陡坡屋顶连接处创建的剖视图将会显示从墙内到墙外、从屋顶底部到顶部的每一个组件，但却不会显示关于在墙顶如何安装底板的精确构造，椽上或结构支撑上刻出的凹角连接的具体位置和尺寸。这种类型的信息通常创建成二维的；项目的三维单元更多地被用在形象化和设计上而不是项目的整体细节。

显示窗和墙之间连接的一个剖视是一个需要花费大量工作不通过二维详图来传递精确构造的例子。期待建筑师画一个防水膜、上防水板、螺栓法兰、紧固件、密封剂以及其他安装窗户所必需的相关组件是不现实的，并且作为 BIM 组件的窗户也不能足以直观地理解其所安装的墙的类型。细节会有很大的变化，不管是木框的墙、砌筑墙或者一个空心墙。期待制造商为每一种可能的窗户安装方式提供确切的组件同样是不现实的，并且会使项目文件的总尺寸变大，因为既然窗户这样做了，那么门、固定装置、配件、细木工家具以及每一个固定与相邻组件固定的所有组件都应该这么做。

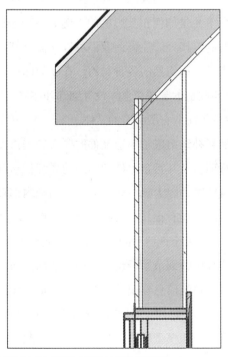

图 24.1 屋顶－墙体转接处剖视图

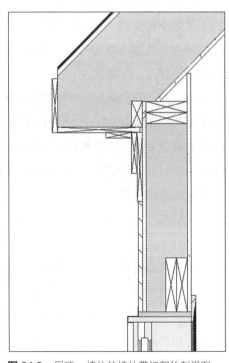

图 24.2 屋顶－墙体转接处带细部的剖视图

最终看到软件足以复杂到能直观创建三维构造细部当然很好。现在，为了使BIM能创建三维细节以便在项目内任何位置都能够创建精确的剖视图，建模者需手动放置大量的组件。或者，更实用的是在特定位置创建剖视图来表达特定的端部、转换或者两个及多个单元的连接方式。

注释或标注被用来提供必要的详细信息来理解图纸中图形所表达的内容。在传统的二维图形中，这些标注是通过在所关注的材料或单元处注上特定的说明而手动创建的。引导线是用来把说明连接到符号相应的单元处，可由许多方式画出，这取决于注释的用途以及它的指向对象。在它末端可能有一个箭头，一个圆圈，或者什么也没有。统一制图标准（UDS）以及CAD国家标准（NCS）对不同类型的标注有使用指南，但许多情况下这还是用户的偏好问题。

建筑信息建模使注释不仅仅用于典型的描述性标注。专门的注释能使任何储存在模型里的信息通过视图和图纸传达。注释如同窗户和门一样是模型的组件，同样是参数化的。我们可以切换注释内部的外观和信息而不破坏模型图形。注释可以把一个单元中所发现的任何文本信息放到图纸中。如果我们要在为隔声承包商而生成的特定图纸上传递墙之间的声音传递等级，只要墙中列有相关信息，就可以使用专门注释对之进行说明。

注释也可以是双向的，使信息不仅能够被看到，需要时也可被快速修改。这使得迅速插入、确认以及修改项目信息有了另一种方法。如果对组件的描述是用于图纸中的注释，点击注释可使用户同时改变图纸中和组件自身内的描述。

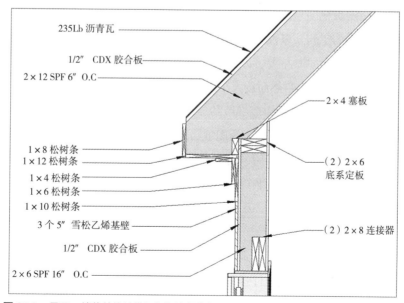

图 24.3 屋顶－墙体转接处带细部和注释的剖视图

图形

与细部与注释相关的图形本质上都非常简单。通常来说，其只是带有属性文本的二维向量线条工作。建筑信息建模的参数化能力使我们能够整体修改和定制这些来适应我们的项目或工作需要。一个注释由三个基本成分组成：注释文本、引导线和引导头。

- 注释文本是要传递的信息。它可以是被指向的一个组件的描述，对另一个图纸内一个附加视图的交互参照，或者是关于说明文档的一个关键词。它基于一组属性和价值对，能够连接多个文本字符串来创建所期望的任何信息。
- 引导线将说明连接到其应用位置，它使我们能将信息放置在有足够空间来传达必要信息的视图或图纸中。一个墙的剖视图有一系列层，许多都非常薄。从墙内薄层画一条引导线到文本可读的位置就可以添加更多信息并保持视图整洁和专业。
- 引导头用于创建说明所指向处的特定外观。一般使用一个带有 15° 或 30° 角的实心或空心箭头。此外，也可使用一个实心或空心圆。UDS 和 NCS 提供了更多的决定何时使用每种类型的信息。

交互参照的注释用于说明在同一视图或同一图纸中不适宜出现的特定信息。剖视图可能是最普遍的一个例子了。当剖视图位于一个平面图内时，一个交互参照的说明提供了一个查询与截面相关的图纸编号和零件编号的快捷方式。

注释的图形要与它最终的目的即被读取相关。不论细部图形是什么比例，设计注释是用于读取的。当创建视图并放置注释时，重要的是在放置注释前首先把视图调置于一个合适的比例。这就避免了当发现视图与图纸不匹配后在周围移动注释造成的麻烦和浪费时间。文本域决定了注释可能占据的空间，以及如何定义其格式以确保其不会溢出和视觉上自然。当创建使用多属性的注释时这点尤其重要。许多情况下更可实用的方法是将每种属性放置在一行并使之对齐，而不是试图为显得自然而按大小排列它们。

细部图是一系列用来传递特定构造细节的二维 CAD 或 BIM 文件。这些细部图可以是图纸也可以是模型内的视图。当它们被标记为图纸功能时，它们被直接放置于一个特定图纸内，不带交互参照。在最初阶段这较为实用，但更有效的是使细部图具有视图功能，这样可以复制视图并可进行交互参照。当导入二维 CAD 文件用于细部图时，注明比例是非常重要的。建筑信息建模中所有的东西都是足尺的，因此导入的所有文件应该反映相同的比例以使它们看起来合适。

在许多情况下，二维细部图被添加到剖视图上以提供那些模型图中看不见的组件的附加信息。细部图通常是构造的一个代表性样品，并且通常不考虑临近组件的尺寸大小，因为它们与附件的零件无关。屋顶檩条与墙的连接细部并不会因墙是 2×4 或 2×6 立柱的框架或者

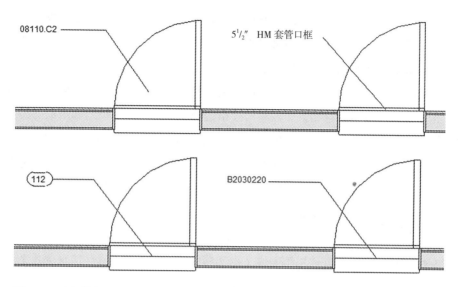

图 24.4 注释的常用类型

屋顶檩条是 2×8 或 2×12 的而改变。因此，在许多情况下，添加一个细部组件而不是所有细部更为有效。创建一个代表 2×4 剖面的细部组件，或者甚至创建代表全规格木料剖面图的参数化细部，将使各个组件能就位，而不用试图修改所有细部来将它覆盖实际的构造图。

数据——从属性到注释

本人使用 BIM 的方法是把带有规格说明章节编号的材料添加到中立厂商没有特别指明的材料的注释中：（06 11 00_2×4 规格材——类型见合同文件）或（07 54 00_TPO 膜——厚度见合同文件）。在这里使用"合同文件"是因为在行业内在发生变化，尽管合同文件现在是项目手册，但将来它们可能不是。这些描述是非常流畅的，并且允许基于已知信息量的修改。例如，一个知识管理者可能会将屋顶卷材的注释处理为：

- PP——（07 00 00_ 屋顶见合同文件）
- SD——（07 50 00_ 屋顶卷材 _ 见合同文件）
- DD——（07 54 00_ 屋顶卷材 _ 热塑 _ 见合同文件）
- CD——（07 54 23_ 屋顶卷材 _060 TPO_ 棕褐色）
- 投标——（GAF EverGaurd .060 TPO 卷材 _ 棕褐色）

这个想法是基于某一给定时间已知信息量给出适当的描述，并为下一个可能需要的信息而参考合同文件。这使得注释一定是正确的，不管在其上做了多少努力，或者甚至从来没有对其更新过。以上作为一个例子我使用了阶段，但是我看阶段是因为我们知道随着 BIM 的发展它们会在一定程度上消失。因为在 BIM 中努力是有回报的，我们实际上可以从有价值的方案设计中得到细部视图。标准化视图可以在模板项目内从一个地方移动到另一个地方，并且只需移动注释来在项目不同阶段创建*进度图*。

总之，我相信主题的概念真的只属于最后被承包商看的图纸。不能要求总承包商为了得到他们工作所必需的基本信息而去交互参考规格说明书中的信息！模型和图纸必须如同规格说明书一样遵循相同的 CSI 准则（清晰、简洁、完整、正确），并且一致。主题决定了图纸是不完整的，因为没有单个统一的主题结构，并且也没有在给定规格说明书章节内考虑每个可能组件的实用方法。金属框架厂商要用超过 1200 种不同的 BIM 材料来代表其金属构件商品，考虑尺寸、屈服强度、腹板高度和间距。

图纸先于规格说明书而创建，BIM 是两者的根。当信息进入模型时，它首先变成图纸的一个功能，而属性信息成为可被用于生成文本文档的规格表。添加属性信息到各个材料或组件中事实上是非常简单和有益的，因为 BIM 不仅能在主题和注释之间切换，还能连接属性创建一个精确的说明。

屋顶卷材注释的句法可以如下所示：

仅单个属性

- 句法：[MF 编号]
- 例子：[07 54 23]
- 实体：07 54 23

预先计划（PP）

- 句法：[MF 编号]_[组件][类型]
- 例子：[07 00 00]_[屋顶][如合同文件所示]
- 实体：07 00 00_ 屋顶，如合同文件所示

方案设计（SD）

- 句法：[MF 编号]_[组件][类型]-[材料]
- 例子：[07 50 00]_[屋顶][卷材][如合同文件所示]
- 实体：07 50 00_ 屋顶卷材 – 如合同文件所示

深化设计（DD）

- 句法：[MF 编号]_[构件][类型]-[材料]
- 例子：[07 50 00]_[屋顶][卷材]-[热塑]

- 实体：07 50 00_ 屋顶卷材 – 热塑 – 如合同文件所示

施工文件（CD）

- 句法：[MF 编号]_[组件][类型]–[尺寸][材料]–[面饰]
- 例子：[07 50 00]_[屋顶][卷材]–[0.060][TPO]–[棕褐色]
- 实体：07 50 00_ 屋顶卷材 –0.060 TPO– 棕褐色

投标

- 句法：[类型][组件]–[制造商]_[商品名]–[尺寸][材料]–[面饰]
- 例子：[卷材][屋顶]–[GAF][EverGuard][0.060][TPO]– [棕褐色]
- 实体：屋顶卷材 –GAF EverGuard 0.060 TPO– 棕褐色

乙烯基窗扉注释的句法可以如下所示：

仅单个属性

- 句法：[模型]
- 例子：[Encompass 3046]
- 实体：Encompass 3046

预先计划（PP）

- 句法：[MF 编号]_[组件][类型]
- 例子：[08 00 00]_[窗户][类型见合同文件所示]
- 实体：08 00 00_ 窗户 – 类型见合同文件所示

方案设计（SD）

- 句法：[MF 编号]_[组件]– [类型]–[材料]
- 例子：[08 53 13]_[窗户]–[类型见合同文件所示]–[乙烯基]
- 实体：08 53 13_ 窗户 – 类型见合同文件所示 – 乙烯基

深化设计（DD）

- 句法：[MF 编号]_[组件] –[类型]–[材料]
- 例子：[08 53 13]_[窗户]–[30 × 46 窗扉]–[乙烯基]

- 实体：08 53 13_ 窗户 –30×46 窗扉 – 乙烯基

施工文件（CD）

- 句法：[MF 编号]_[组件]–[类型]–[面饰] [材料]
- 例子：[08 53 13]_[窗户]–[30×46 窗扉]–[白色] [乙烯基]
- 实体：08 53 13_ 窗户 –30×46 窗扉 – 白色 乙烯基

359 投标

- 句法：[组件]–[制造商]–[商品名]–[类型]–[面饰] [材料]
- 例子：[窗户]–[Pella]–[Encompass]–[30×46 窗扉]–[白色] [乙烯基]
- 实体：窗户 –Pella Encompass– 30×46 窗扉 – 白色 乙烯基

墙体组装注释的句法可以如下所示：

仅单个属性

- 句法：[防火等级]
- 例子：[90 分钟]
- 实体：90 分钟

预先计划（PP）

- 句法：[UF 编号]_[组件] [类型]
- 例子：[C1010]_[隔墙]–[类型见合同文件所示]
- 实体：C1010_ 隔墙 – 类型见合同文件所示

方案设计（SD）

- 句法：[UF 编号]_[组件] [类型]
- 例子：[C1010100]_[隔墙]–[固定]
- 实体：C1010100_ 隔墙 – 固定

深化设计（DD）

- 句法：[UF 编号]_[组件]–[类型]–[结构]
- 例子：[C1010145]_[隔墙]–[固定]–[石膏墙板金属立柱]

- 实体：C1010100_ 隔墙 – 固定 – 石膏墙板金属立柱

施工文件（CD）

- 句法：[UF 编号]_[组件]–[类型]–[结构]
- 例子：[C1010145]_[隔墙]–[固定]–[石膏墙板金属立柱]
- 实体：C1010145_ 隔墙 – 固定 – 石膏墙板金属立柱
- 内含材料句法：[mf 编号]_[组件][类型]–[尺寸][材料]–[面饰]
  - 实际材料：09 29 00_ 石膏墙板 – 类型 X_5/8″ – 面饰为指定
  - 实际材料：05 41 00_ 金属立柱框 –4″ ×1.625″ 腹板 – 滚花装修

投标

- 组装句法：[UF 编号]_[组件] –[类型]–[结构]
- 例子：[C1010145]_[隔墙]–[固定]–[石膏墙板 / 金属立柱]
- 实体：C1010145_ 隔墙 – 固定 – 石膏墙板 / 金属立柱
- 句法：[类型][组件]–[制造商]_[产品名]–[尺寸][材料]–[面饰]
  - 实际材料：石膏板墙衬板 –USG SHEETROCK FIRECODE–5/8″ – 纸面层
  - 实际材料：金属立柱框 –Telling 工业 TRUE–STUD–4″ 腹板 ×1.25″ 翼缘 – 滚花装修

当处理组装的时候，你会注意到主要信息不仅由 MasterFormat® 编号组织的，也由 UniFormat™ 编号组织。通常而言，一个墙体组装由几个规格说明书章节组成，其中每一章都应用于这个组装的一种材料或一层。当我们进入施工文件阶段时，就 MasterFormat® 而言信息变得相关了。UniFormat™ 编号连同实际创建的组装内部的信息一起能够提供足够的信息为所指定的每一材料或建筑物产品创建规格说明书的章节。

因为这个结构，我只用 MasterFormat® 的六个数字，而不使用对应于构造或特定材料的细目。对于机器阅读而言，主题是很棒的，但我们不是机器。我们是人类，想看到所需的信息，而不想沿着一个路径参照另一个不同的文档。BIM 数据库已经为我们做了这些，它映射信息的方式无须为创建更详细的信息作额外的工作，所以没有理由不去使用全文本调出标注。我们都在合作从事一个项目，应该考虑实际使用我们交付成果的各个成员的需要。

我确实理解我们可以把如此多的信息放到 E 尺寸的图上，但是利用我们面前的屏幕上的数字世界，改变比例创建更多更详细比例的应用于特定交易的图纸只需要一个简单的 Duplicate w/Detailing 命令。

所有这些信息都能在模型内部搜索到并进行分析，因此通过给每种材料添加少量属性，便被自动创建注释且可以根据项目阶段或信息需求者进行整体更新。定主题是否重要及有用不再是我考虑的问题了——船已起航。我认为要考虑的是注释需要细化到什么程度以适应每个项目成员的需求。如果 BIM 能够通过利用材料、组装或组件内的属性自动生成注释和形成主题过程，那么更大的问题是那些需要管理的信息的可接受的分类和结构。

应用——使用信息

如同本章开始所提及的，细部和注释的主要目的是在特定位置提供一个更为精确的项目描述。转接、端部和连接细部通常在整个项目中都是均匀分布的。创建一个基底泛水的方法基本没有变化，所以无须在它存在的每个位置都创建一个三维的表现。一个有代表性的对基底泛水的二维描述对于图纸上的使用完全合适。这就是目前它的做法，并且历史上它一直就是一个传达构造细部的非常成功且有效的方式。

定制注释的创建能力为应用于项目单项交易的图纸创建打开了一道门。通过简单改变用于特定视图的注释类型，我们能够传递应用于同一组件的不同交易工作的信息。多个分包商可以针对一个墙进行工作来创建它的结构、衬板、特色、镶边以及装饰。每个分包商可能需要看不同的信息来有效完成其工作职责。框架工不关心踢脚线上使用了哪种镶边。相反，木工或许想知道墙内部使用了哪种类型的框架组件。

最后，很可能我们会看到三维组件具有快速创建二维细部的智能而无须用户或仅需用户做很少的工作。大部分这种发展必须通过软件的直觉来驱动。软件必须能够决定并且理解什么类型的墙被使用了，这些墙的性能，以及细化项目中各种不同类型情况所必需的基本建造技术。这对于软件供应商来说不是一个小任务。基于无数的建造与建筑产品行业的持续创新的结合，我们在将来一段时间内仍然需要使用图纸内的二维细部。

第 25 章

群集

什么是一个群集？

就建筑信息建模而言，群集是一系列组件，它们共同工作创建了一个简单的单元。一颗单一的星，或许是其自身的太阳系，与一系列星星相互连接就形成了天上的星群。BIM 对象具有以相同方式工作的能力。一个功能齐全的门，有一个框架、门板、铰链、一系列防风雨组件和一系列入口组件。在多数情况下，这些组件来自多个制造商。很少看到门的金属件，如把手、逃生设备和闭合器满足某个特定制造商的门的标配。这造成了在建筑信息模型内尝试放置门金属件的一个真实问题。比起在项目中的每一个门上放置金属件，更实用的是把金属件放置在一个门上并且把这个门加载到项目中，放置在需要的位置上。这里面真正的问题是，有太多的与任意一个给定项目相关的门金属件组合。

一些建筑信息建模软件平台允许在给定类别的组件之间有一个连接。如同幕墙将自动允许我们从一系列加载到项目里的幕墙面板中选择，格式化为一个群集的一个门对象也允许我们从一系列面板、金属件和防风雨组件中进行选择。以这种方法开发特定类型的组件有实质性的好处。需要具有全功能化或大量选项的额外组件的项目单元能利用群集开发来保持文件尺寸较小、功能较高。如果我们建立了一个包含有 20 种不同面板风格、3 种框架类型和 4 种类型铰链的单个门，这一对象可能超过 2MB，远远超过任何建筑师所愿意操作的尺寸。

通常，只有少数风格的门会被要求用于一个单一项目。虽然创建一个能表现每一个门的单一模型对制造商是有益的，因为它在最少数量的组件内提供了所有选项，但它对建筑师是

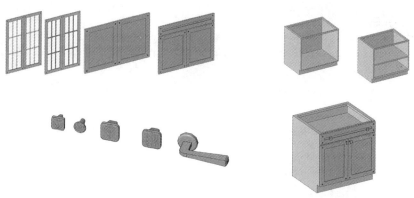

图 25.1　一个群集的组装

不利的,因为文件太大且重新生成时间太长。与生成基于板、框架、铰链的 240 个选项相比,创建一个单一的群集对象可以使建筑师仅加载他所寻找的选项。这只是开发门的开始,因为还要考虑各种各样的开关五金件选项,如果我们考虑到制造商的绝对数量和他们销售的开关组件数量,这些选项很容易就达到数百万。

　　建立一个群集更多的是关于标准化而不是关于组件自身。它是把组件格式化进入一个特定的目录,这样可以通过一个下拉式菜单进行访问,适当地命名组件,并为每一个对象目录使用标准插入点。对组件格式化使它们能与其他对象共享,将它们放置到特定类别中使它们能在群集内的下拉菜单中出现。不同类型的许多组件很可能在同一个类别中,所以适当地命名它们将减小错误放置组件的风险,比如铰链在门把手位置处结束。门的五金件组件,例如出口装置、闭合器、把手、铰链和踢板,可能出现在同一个目录中,因此它们在门五金件一览表中相应地出现。名字的第一个元素应该是组件的类型。如果是一个出口装置,名字的第一个部分应该以*出口 – 装置_*或类似的开始;如果是门的闭合器,必须以门 – 闭合器_或类似的开始。这将使组件从一系列下拉式菜单中被适当地挑选出来。对于在数据组中放置组件这很重要,但是对于图形放置它们,一个群集最重要的方面是组件的起始点。

门五金件选项

　　门闭合器

　　　　门 – 闭合器_表面式安装

　　　　门 – 闭合器_隐蔽式

　　　　无

　　　　见 08 71 00 规定

　　内开关五金件

　　　　出口 – 装置_制造商 A

出口 – 装置 _ 制造商 B

出口 – 装置 _ 制造商 C

把手 _ 制造商 A

把手 _ 制造商 B

把手 _ 制造商 C

控制杆 _ 制造商 A

控制杆 _ 制造商 B

控制杆 _ 制造商 C

无

见 08 71 00 规定

外开关五金件

拉 – 圆形 _ 制造商 A

拉 – 圆形 _ 制造商 B

拉 – 圆形 _ 制造商 C

把手 _ 制造商 B

把手 _ 制造商 C

控制杆 _ 制造商 A

控制杆 _ 制造商 B

控制杆 _ 制造商 C

盖板 _ 制造商 A

盖板 _ 制造商 B

盖板 _ 制造商 C

无

见 08 71 00 规定

注意在图 25.2 中每一类组件有两个附加选项，是考虑在哪个目录中没有某组件，还有关于这个组件未作决定。有一个"无"选项是必要的，因为在许多情况下可能没有门闭合器，或者可能没有外开关五金件装置。这给了设计团队何时以及如何对这类组件进行决策的最大的灵活性。添加"见……规定"并不是绝对必要的，但出于与模型相关的数据组的原因，它给管理信息的成员提供了一个关于特定组件必须做出决策的可视化线索。"无"反映了一个刻意的已经作出的从项目中忽略一个组件的决定，而"见……规定"反映了尚未作出关于是否使用组件的决定。如果群集较早被装载进项目中，在设计团队作出合适的产品决策前所有选项通常都被列为"见……规定"。

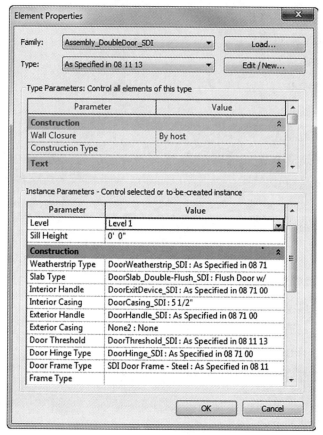

图 25.2　群集数据组

群集同样允许模型随设计的决策而在图像方面进化。在方案设计期间，可能有一系列墙和一系列开孔。一个开孔可能是一扇门，门可能是双扇门，然后是六面板门，然后六面板的双扇门可能带有规定版式的装饰镶条和金属件，这样最后它是一个紧急防火通道门。因为与相关决策相关的每一个组件被独立加载到模型中，文件尺寸在设计早期保持相对较小。群集自身可能只有250KB，因为在作出关于组件具体单元的决策前它包含很少的图像。因为设计早期会作出大部分较显著和大规模的变化，保持文件尺寸尽量小可以使设计团队快速工作来实现这些变化。

群集的使用并不是适用于每一种情况，也不是没有缺点的。的确在有一些情况下，使用群集很容易产生错误。我们并没有能力来限制不合适的选择。如果它们在目录内，而且加载到项目中，它们就可以被放置到群集中。我坚信建筑信息模型永远不应该被认为是一种会为我们自动选择产品的配置，但有些人仍寄其希望于技术。没有任何东西可以替代产品知识，所以当使用群集工作时，必须清楚地了解已经建模的产品以后如何恰当地规定它。

在多个组件相互依赖以完成其图形外观的任何地方都可应用群集。组件的某些目录很快就凸显出来，这是从群集创建中看到的最大好处。门和柜子是最显著的，因为它们一般由多个不同组件组成，其中一些来自不同的制造商。门和柜子的制造商都自豪于为一般公众提供了大量的可选风格。不同于重新创建门的所有几何，更加容易的做法是仅改变那些要求修改的内容。当决定是否把组件建立成群集的时候，想想这个对象作为整体是否有能力放置嵌入的组件。一扇门是否能提供定位把手的一个参考？面板是否能有效伸展来匹配一个给定开孔的统一形状？如果我们在组件内使用足够的参考面，几乎任何东西都可以被创建为群集，它是否实用就另当别论了。

建立群集

　　建立群集的第一步是创建能够包含所有嵌入组件的主对象。这将允许我们展示出每一个子组件的位置，同时决定它们是否应该被固定并具有主组件类型的功能，或者是动态的具有用户输入的功能。一扇门的缩进距离，或者门面板边缘和门开关装置中心线之间的距离是一个很好的例子。门一般情况下有固定的缩进距离，通常是 $2^3/_8''$ 或 $2^3/_4''$。因为这是一个固定值，不应该留给用户来确定；它应该是主对象类型的一个功能并且限制于一个近似值。放置一个参照，它将决定沿 X、Y 和 Z 平面的插入点，将确保每一个组件被合理定位。

　　参考面是群集中最重要的工具。主对象很可能有几个参考面，这些参考面为每个组件创建单一插入点。每一个参考面都应命名，使在创建和测试主对象时不产生差错。设定每一个面对应的参照类型同样重要，因为这决定了与相邻组件的关系。处理子组件比处理主组件更重要，但是无论如何，保持子组件和主组件始终一致是一个很好的做法。参考面设为顶部、底部、左边、右边、前面、后面和 X、Y、Z 轴的中心线将确保我们知道哪一面是上面。

　　群集的主组件应该携带适用于作为整体组件的一些基本图形类型。以门或窗户为例，框是最合适的对象，因为通常框的选项比面板的选项少，并且框的图形描述通常是有限的。如果我们正在发展一个橱柜，主体可能是主组件中的图形。为这些组件创建图形原则上和对任何其他待建组件没什么不同，参考面除外。如果我们在创建一扇门，我们遵循关于门的那一章节中的建模原则；关于橱柜的信息在有关仪器和装置章节中可以找到。因为与作为整体的组件相关的许多图形以模块方式创建，而且是不同子组件的一个功能，因此在主组件内的图形方面可能没什么需要做的。

　　一旦创建了基本对象，在添加到任何子组件之前，必须对其自身功能进行测试。主对象的基本组件可创建目录内的所有其他组件。单独的单元可以代表使用单一组件的制造商的整体特性，因为区分不同制造商的数据和图形还没有被添加进来。

　　主体中使用的子组件需要更多的努力来建立，因为它们更详细，需要充分多的测试来确保它们都工作。为了简化过程，为每一个目录创建一个模板以及在添加任何图形前设定参考面是一个好主意。这个模板应该被用来创建这个目录中的每个组件。一个好的做法是从这个

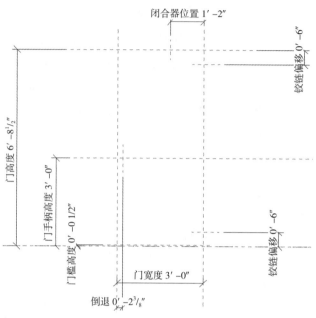

图 25.3 群集门对象参考面

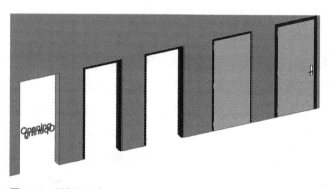

图 25.4 群集门对象

模板创建每一个目录中的每一个组件，把它加载到主对象并测试它。如果我们没有产生错误或造成图形不合适，那么第一个组件可被用来创建目录中所有的其后的组件。

　　每一个组件目录都会有不同的许多情况下是独特的插入点。虽然每一个目录可能有不同的插入点，但那个目录的所有组件**必须**使用同一个。如果我们尝试在一个给定的目录内使用不同的插入点，因为组件会被替换，就有可能出现差错而且图形看来也会不正确。不仅仅插入点必须一样，而且使用的主类型也必须一样。这就是为什么按每个目录的模板进行工作将确保它们总是正确的另一个原因。如前所述，建立群集更多的是与标准有关而不是图形。可能使用多个制造商，所有制造商可能以稍微不同的方式创建了他们的组件。虽然为创建这类组件设定产业标准将有助于改善 BIM 内容的总体开发，但所有组件均以那种方式进行创建的可能性是相当低的。

> **提示**
>
> 虽然每一个目录可能有不同的插入点，但那个目录的所有组件**必须**使用同一个。如果我们尝试在一个给定的目录内使用不同的插入点，因为组件会被替换，就有可能出现差错而且图形看来也会不正确。

当决定子组件的插入点时，考虑它在主组件的安装方式和安装位置，以及在宿主内它与插入面的关系。门把手的退距是基于手柄自身的中心线，因此一个合乎逻辑的插入点是把手中心线的左边／右边或上面／下面。重要的是注意到组成插入点的所有三个平面，不小心忘记一个并非罕见。因为把手被平齐放置在门上，它的背面而不是其正面与背面间的中心线是一个实际的插入点。许多组件，特别是门组件，是有把手的。如果我们处理的是手柄而不是把手，我们将看到一个手柄通常从门的侧壁面向外面，因此在放置组件时，在把它们锁定到各自的参考面前必须确保它们正确定向。

某些子组件会有和宿主组件相关的尺寸，并且通常被参数化地锁定以控制其尺寸。例如，一个门面板的高度和宽度，决定于门的尺寸。在一个以典型方式创建的门对象中，门面板可能是一个有宽度和高度属性的嵌入对象，而它的这个属性又锁定于门自身的宽度和高度属性。当处理群集时，不用参数来控制尺寸，而是创建带基于实例的尺寸参数的门面板，这样将允许我们通过拉伸和锁定到适当的参考面来调整它们的大小。这样做可以限制来回传递的参数的数量，并且保持模板简洁。以一个门板为例，它同样允许我们使用一个门的族来代表用同一对象的单扇门和双扇门，以及任何其他类型的依靠于同一框架类型的门。不是创建单扇门和双扇门的群集，而是创建单扇门和双扇门的子组件。这全是为了确保所有组件的参考面均是相同的。

锁定参考面而不是从群集传递数据到子组件，同样允许我们使用一个定义"无"选项的单一对象。当我们从宿主组件传递参数到子组件时，子组件必须包含同样的参数，否则就会出错。如果从群集到子组件没有传递参数，我们仅需要一个标题为"无"的对象，并且我们把它用于一个目录中的所有组件选项。如果你要传递数据，确保用来代表"无"选项的对象包含那些不会出错的任意值参数。记住当"无"对象没有图像时，它必须有参考面，以拉伸并（或）锁定它们到主参考面中。因此，即使对象可能不可见，它还可能造成图形的不可能性。长度参数值等于 0 时就是一个常见的错误。

材料是群集比较棘手的一个方面。可以通过子组件或者从群集传递参数来控制它们。通过子组件自身来控制材料可以证明是更有效的，因为添加相当多数量的材料参数到群集对象中会造成混乱。如果一个子组件并不存在于群集中，并且在数据集标记为"无"，应该就没有与它相关的材料值，但它应该有一个具有某一值的材料参数。通过控制子组件中的材料，我们可以创建一系列由材料驱动的子组件类型，或者，我们可以把它们做成用户自定义，这样建筑师能选择其认为合适的成品。群集的组件将出现在显示它们优点的目录表中，并且携带其自身的属性。在材料还没有附上的时候，它们可以通过图形或通过目录表被操作。许多情况下，成品的选择更多是最后的项目，因此能够在目录表中看到它们并且批量更新它们，对建筑师更为容易。对诸如细工家具等情况，成品可能是包含群集和子组件的一个集成。如果是这样，更实际的做法是将橱柜成品参数传送到子组件中，这样可以一次性地改变其外观。

创建了一系列应用于群集的子组件后，每一个目录中的一个应该被加载到宿主中进行测试和参数分配。每次一个，将每一个组件安装到它合适的位置，精确定向，将子组件的三个参考面锁定到其在群集中应用的三个参考面。一旦它们被锁定到位，通过相应地变化每一个参数来测试群集本身。如果出现错误，检查参考面并确保子组件被其参考面而不是一个几何面所锁定。进行测试后，分配一个参数到子组件的每一个目录中来创建图 25.5 所示的下拉框。对一扇门而言，常常需要门板、内开关金属件、外开关金属件以及闭合控制。对于能够添加的控制数量没有限制，但当开发群集时，考虑一下想从模型中获取多少信息，以及想在目录表中显示多少组件。

就这点而言，主群集已经完成了。应该在项目内进行测试以确保其正确工作，并且图形能相应地被替换。一个简单的测试就是拿一个用来创建组件的模板，去掉其内可能包含的任

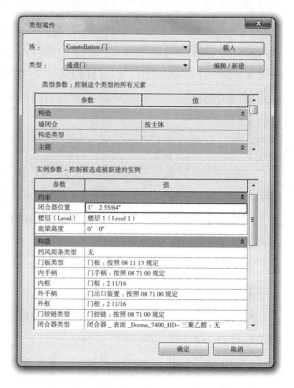

图 25.5 带有下拉选项的群集对象

何图形,将其命名为"无",并把它加载到项目中的已被创建的群集边。在一个项目中,如果我们选择群集组件,并选择"无"作为所有参数化子组件的一个选项,图形应该不出错地消失。因为我们把它们换成了它们最初的组件,或一个用我们模板创建的不同组件,应该没有错误。

质量控制——提示和最佳方法

　　发展群集对象和我们在发展 BIM 内容时可能遇到的任务一样复杂。因为我们是在处理标准化、格式化和实现组件等如此多的方面,质量控制是基本要求。质量控制的第一步是创建适用于每个群集和该群集的每个子组件的一系列模板。设计一个用于所有库的标准,使可能与群集相关的所有组件均能应用。这可能要求返回、添加或改变已有对象的参考面和插入点,但从长远看,将节约大量的建模和信息管理时间。

　　首要的是,经常测试你的对象。每次添加一个参考面、尺寸,或是一小块新的几何图形,变化相关的参数来确保不会影响任何东西。当添加几何图形时,养成立即把几何图形锁定到相关的参考面上的习惯,而不是等待和将来一起进行这个操作。这使你可频繁地测试,并降低日后遗忘锁定某些东西的可能性。关于群集,从项目内测试组件通常比从建模窗口测试更为有效。这使你可看到和不同子组件相关的各个参考面和插入点的情况。

　　和群集相关的某些尺寸和选项可能是用户自定义的。橱门拉手的位置可能各有所好。如果我们从一个项目内测试这些参数,我们就可以移动和拉伸它们来看错误是否发生以及何时发生。与群集类型或子组件类型相关的属性同样也容易在项目内进行测试。通过把所有子组件选项加载到项目中的群集边,我们可以同时快速测试群集和子组件选项,看群集产生的错误是否源自一个或多个子组件。一旦进行了所有的测试,并且我们对群集和每一个子组件都已满意,为每个目录加载最小的子部件可使群集文件保持最小。如果初始文件大小是最重要的,"无"或"按规定"对象的使用将完全取消图形,同时仍然保留稍后选择选项的能力。

　　下面是八个常被忽视的但在建立群集时会造成错误或不可预期结果的检查清单。项目列表是实例名称、要求或与状态相关的解决方法。

群集检修清单

　　(1) 9 个参考面是否正确命名和指定?
- 上
- 下
- 左
- 右
- 前

- 后
- 中心上 / 下
- 中心左 / 右
- 中心前 / 后

（2）是否在 3 个面上指定了插入点或原点？

- X 轴
- Y 轴
- Z 轴

（3）一个给定目录中的所有子组件的插入点是否相同？

- 相同的三个面决定了所有门通道组件的原点。
- 相同的三个面决定了所有抽屉把手和拉手的原点。

（4）从群集传递到子组件的参数在所有子组件内是否可获取？

- 参数——从橱柜群集传递到橱门子组件的面饰必须在所有橱门子组件中可获取，包括"无"。
- 参数——从门群集传递到门面板子组件的面板厚度必须在所有门面板子组件中可获取。

（5）从群集传递到子组件的参数是否锁定到所有子组件？

- 参数——从门群集传递到门面板子组件的门面饰必须锁定在一起，否则面饰无法适当地更新。

（6）所有子组件在其加载到项目后是否随下拉式菜单中的选项而可见？

- 如果子组件在下拉式菜单中是不可见的，检查对象目录是否和指定参数的目录一致。
- 如果子组件在下拉式菜单中是不可见的，检查其是否在一个项目的其他对象中格式化为共享。

（7）参数是否被适当地指定为实例或类型？

- 所有子组件应该有其指定的参数类型。
- 从群集传递参数到子组件，子组件必须有一个相关的实例参数。

（8）"无"对象是否有工作指派给相关参数的任意值？

- 如果设定尺寸参数为零或一个小到不能生成子组件的值，它将造成错误。

群集类型

尽管本章的许多讨论是关于门和橱柜对象作为群集的建模，但它适用于有许多子组件共同工作的模型中的任何组件。不论我们正在创建一扇门或橱柜、窗户、活动地板、天窗或者甚至整个浴室组装，群集的概念是向建筑师提供容易使用的、小尺寸的、本质更可变化的组件。

建立群集允许我们提供模板化空间和易于使用的对象。例如，有一些浴室的标准布置，根据是否是半浴室、四分之三浴室或是全浴室，我们总会有一个厕所和水槽，可能有或没有一个淋浴或浴缸。如果我们创建一个群集组建，考虑空间的四个外墙和每个相关组件的插入点，我们就可以创建一个可能用来联合放置相关组件的简化模块。

然而这看起来可能对建筑师并不特别重要，给排水工程师能创建浴室组、厨房组以及其他专门的给水排水组件集，它们可被联合放置并在其后以最小的工作量将其替换为实际组件。考虑群集时不要想到基于更容易创建 BIM 内容，而要想到做出决策后创建所增加的图形和信息，以及简化建筑信息建模软件的使用。下面是一系列群集类型，可能帮助你考虑以这种方式建立组件的其他方法。

门

子组件选项例子
门面板
  双面平齐空心
  双面 2 面板实心
  双面 6 面板钢
内开关五金件
  手柄
  把手
  出口装置
  装饰面板
外开关五金件
  手柄
  把手
  装饰面板
闭门器
  隐藏式
  平装式
  无
内踢脚板
  12″
  10″
  8″

无

铰链

5 段销孔—标准

5 段销孔—半闭合

5 段销孔—医用

5 段销孔—辊

半圆饰

2″ 钢

无

门槛

钢

无

内框

$2\frac{3}{8}″$ 殖民式风格框框

$3\frac{1}{2}″$ 清水松木

无

外框 / 镶边

$3\frac{1}{2}″$ 铝包松木

$3\frac{1}{2}″$ PVC 镶边

$5\frac{1}{2}″$ 铝包松木

2″ 模砖

无

378 橱柜

子组件选项例子

门

2 门——平面板

2 门——转动门

2 门——镶玻璃转动门

2 门——镶玻璃转动门 / 草原式网格

无

379 搁板

1 层搁板

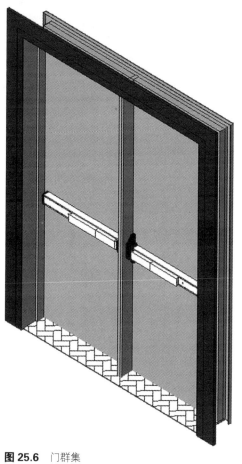

图 25.6 门群集

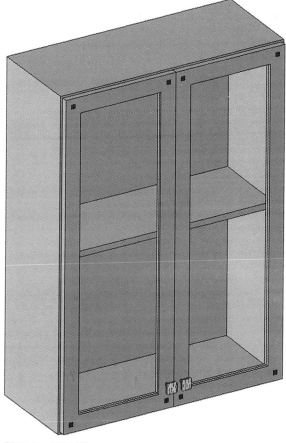

图 25.7 橱柜群集

　　　2 层搁板

　　　3 层隔板

　　　无

　　门五金

　　　圆拉手——铜

　　　方拉手——拉丝镍

　　　殖民式风格手柄

　　　阿拉伯风格手柄

　　　无

窗

　　构造

　　　单扇窗

2 扇窗

3 扇窗

4 扇窗

6 扇窗

开启 / 窗框

    平开窗

    双悬窗

    单悬窗

    篷式天窗

    下悬窗

    滚动窗

    固定窗

开关五金件

    转锁——白色

    转锁——铬黄

    转锁——黄铜

窗格

    殖民式风格 –2 × 3

    殖民式风格 –3 × 2

    草原式风格

    无

内框

    $2\frac{5}{16}''$ 殖民式风格框

    $3\frac{1}{2}''$ 清水松木

    无

外框 / 镶边

    $3\frac{1}{2}''$ 铝包松木

    $3\frac{1}{2}''$ PVC 镶边

    无

图 25.8 窗群集

附录

OmniClass 表格 49——性能

定义

性能是建造实体的特性。如果不参照一个或更多的建造实体，脱离语境的性能定义没有实际意义。

讨论

性能是对其他 OmniClass 表格内容所代表的对象的修饰。这个表格限于多个建造实体公共的或共享的性能。对单个建造对象特定的或特别的定制性能的名称一般不出现在这个表格中，尽管这个表格的组织架构可以被用来分类和组织性能对象库，不管其可能的应用范围有多大。

例子

常用的性能包括颜色、宽度、长度、厚度、深度、尺寸、面积、防火性能、重量、强度和防潮性能。

表格应用

- 描述对象实例的性能，通过识别在其他一个表格中所定义的分类并用从此表格中所选出的性能进行修饰。
- 对建议或潜在的建造对象定义需求。
- 通过把表格中的修饰添加到从表格 23 所选出的产品名称，描述尚未包含进建造对象的产品的特性。
- 对任意两个相似对象的特性进行比较。
- 对与系数和性能相关的主题的信息源进行分类。
- 简化技术文档中的信息编排。
- 组织性能对象的收集和入库。

表格用户

需要定义性能或需求的所有人员均涉及 OmniClass 表格的应用。

技术信息库管理者、信息提供者、产品制造商、设计人员、规格说明书编辑、设备管理者、造价工程师、采购代理人、建造管理人员、委托代理人等。

文献资料

- 英国标准协会 .BS 6100 建筑和工程术语词汇表 . 牛津：Blackwell Science，Ltd.，1993.
- 雷·琼斯·阿兰 .CI/SfB 施工索引手册 . 伦敦：RIBA 出版，1991.
- 电子电信工程协会 .IEEE/ASTM SI 10–1997，国际单位（SI）系统应用标准：现代米制系统 .Los Alamitos，CA：IEEE，1997.
- 国际标准化组织 .ISO 12006-2 性能和特性（按类型）. 日内瓦：国际标准化组织，2001.
- 国际标准化组织 .ISO 31-0- 量和单位 . 日内瓦：国际标准化组织，1992.
- 建设项目信息委员会 .Uniclass：建筑行业的统一分类，表格 N—性能和特性 .RIBA 出版社，1997.
- 绿色建筑 XML 模式（GBXML）http://gbxml.org
- AutoDesk Revit2010 设备版
- 芒罗，罗纳德 .G，数据评估，材料性能的理论和实践（SP 960-11）. 盖瑟斯堡, 医学博士：国家标准与技术协会，2003.
- 建筑和火灾研究实验室，国家标准与技术协会，环境和经济可持续发展的建筑 . 盖瑟斯堡，医学博士：国家标准与技术协会，2007.
- 国家标准与技术协会（NIST），NIST 参考流体热力学和传输性能数据库（REFPROP）：第八版 . 盖瑟斯堡，医学博士：国家标准与技术协会，2009.

- 加拿大的承销商实验室，确定闭孔隔热泡沫长期热阻的标准测试方法（CAN/ULC-S770），多伦多：加拿大承销商实验室，2005.

性能　　　　　　　　　　　　　　　　　　　　表格 49

OmniClass 编号	层级 1 标题	层级 2 标题	层级 3 标题	层级 4 标题	定义
49-11 00 00	身份性能				识别对象、提供或增加对象元数据的性能
49-11 11 00		设备识别			通过位置或其他准则识别设备的性能。参照表格 11 和表格 12 的设备类型
49-11 11 11			位置 ID		
49-11 11 13			位置类型		
49-11 11 15			地标 ID		
49-11 11 17			设备组		
49-11 11 19			设备名		
49-11 11 21			设备编号		
49-11 11 23			街道地址		
49-11 11 23 11				地址后缀	可以用东、南、西、北、东北、西北、东南、西南表达
49-11 11 23 13				单位编号	可以用单元#，公寓，套表达
49-11 11 23			街道名称		参考美国邮政出版社 28.http://pe.usps.com/cpim/ftp/pubs/pub28/pub28.pdf
49-11 11 25			邮政区号		
49-11 11 27			应急服务信息		
49-11 11 27 11				建筑数据获取准则	
49-11 11 27 13				设备监控公司	向 PSAP 传递信息的监控站服务器的 IP 地址，用来核实警报公司的身份
49-11 11 27 15				公共服务应答点（PSAP）	可表示为公共 PSAP 的证件号，列在 FCC PSAP 登记表上的识别 PSAP 的编码。http://www.fcc.gov/pshs/services/911-services.enhanced911/psapregistry.html
49-11 11 27 17				机构证件号	可表示为应急服务机构的证件号
49-11 11 27 19				主干路地址向导（MSAG）	
49-11 11 27 21				紧急服务号码（ESN）	与街道路段相关的 3-5 位应急号码。提供 E9-1-1 选择线路的服务提供者将分配 ESN。如 NENA 所定义
49-11 11 27 23				路段证号	特别的路段证号，如 NENA 所定义

（续表）

OmniClass 编号	层级 1 标题	层级 2 标题	层级 3 标题	层级 4 标题	定义
49-11 31 00		空间标识			识别或描述两表面接近的空间的性能。参照表格 13 和表格 14 的空间类型
49-11 31 11			楼层编号		
49-11 31 13			业主空间名称		
49-11 31 15			标准空间名称		
49-11 31 17			业主空间编号		
49-11 31 19			空间编号		
49-11 31 21			疏散措施		
49-11 51 00		居住标识			识别或描述设施主人和用户组的性能
49-11 51 11			居住类别		
49-11 51 13			居住者组织		
49-11 51 15			居住者人口统计资料		
49-11 51 17			动物居住者		
49-11 71 00		工作结果标识			识别或描述工作结果或其细节的性能
49-11 71 11			分类		
49-11 71 13			子分类		
49-11 71 15			版本		
49-11 71 17			材料证号参考		CAD/BIM 程序用来参考其内部材料库的证号。是一个 GBXML 定义的性能。http://www.gbxml.rog/
49-11 71 19			对象证号		用 CAD 对象单元对 gbXML 单元确定特定的 CAD 对象标识。使 CAD/BIM 工具能从一个 gbXML 文件中读取结果，并将其匹配到它们的 CAD 对象。一个 GBXML 定义了性能。http://www.gbxml.org/
49-11 71 21			工业基础分类		
49-11 71 23			字典的国际架构		
49-11 71 25			标签类型		
49-11 71 27			无线电频率标识（RFID）		
49-11 71 29			条形码标志		
49-11 71 31			追踪编号		
49-11 71 33			数据源		最后更新记录的个人或组织
49-11 71 35			座位编号		座位可以被表达为桌子、小隔间、工作站
49-11 71 37			参考细节		一个 Revit MEP2010 性能表提供性能
49-11 71 39			当前版本		一个 Revit MEP2010 性能表提供性能

（续表）

OmniClass 编号	层级 1 标题	层级 2 标题	层级 3 标题	层级 4 标题	定义
49-11 71 41			证明者		例如：IGMA（参照产品性能），制造商（安装者）
49-11 71 43			批准者		一个 Revit MEP2010 性能表提供性能
49-11 71 45			设计者		一个 Revit MEP2010 性能表提供性能
49-11 71 47			检查者		一个 Revit MEP2010 性能表提供性能
49-11 71 49			绘图者		一个 Revit MEP2010 性能表提供性能
49-11 71 51			文件路径		一个 Revit MEP2010 性能表提供性能
49-11 71 53			发布到		
49-11 71 55			发布方		
49-11 81 00		专有标识			可以特别识别对象（通常是产品）的性能
49-11 81 11			品牌名称		
49-11 81 13			制造方名称		
49-11 81 15			库存单位编号		
49-11 81 17			国际物品编码协会编号		
49-11 81 19			商标		
49-11 81 21			通用产品码		
49-11 91 00		通信标识			识别或描述信息类型或交换的性能
49-11 91 11			网址		用于识别网络名称或资源的一串字符
49-11 91 13			网络国家编码		
49-11 91 15			电话号码		
49-11 91 17			传真号码		
49-11 91 19			邮箱地址		
49-11 91 21			IP 地址		
49-21 00 00	位置性能				提供物理位置信息的性能
49-21 11 00		地理位置			描述一个对象在地球表面所占据的物理空间的位置或点的性能
49-21 11 11			纬度		
49-21 11 13			经度		
49-21 11 15			海拔		
49-21 11 17			国家平面坐标		
49-21 11 19			GPS 位置		
49-21 11 21			宽带全球卫星通信 84		GPS 参照坐标系统
49-21 11 23			罗盘定向		
49-21 51 00		政治/法律位置			描述关于国家、国家区域以及与世界关系的位置的性能
49-21 51 11			国家		表达为两字母的 ISO 3166 编码

（续表）

OmniClass 编号	层级 1 标题	层级 2 标题	层级 3 标题	层级 4 标题	定义
49-21 51 13			地区		
49-21 51 15			州/省		一个州、联邦、国家分部、地区、省、县，或其他类似的国家地理政治分部
49-21 51 17			郡		一个郡、教区，或其他类似的一个州的地理政治分部；行政区。如 FIPS 6-4 中所给美国的县名
49-21 51 19			城市		特定的社区 ID 编号或地理编码
49-21 51 21			城市区划		可被表达为城市分部、区、区域、选区、历史名胜区
49-21 51 23			管辖权		
49-21 51 25			城市区域		
49-21 51 27			规划区域		
49-21 51 29			法定说明		
49-21 51 31			地块		
49-21 71 00		制造和产品地点			描述关于产品地点及对象和资源分布的性能
49-21 71 11			制造商地点		
49-21 71 13			组装地点		
49-21 71 15			仓库地点		
49-21 71 17			产品生产地点		
49-41 00 00	时间和经济性能				关于计划、时间和成本的性能
49-41 31 00		时间和计划性能			将描述顺序、交付和成本活动、寿命、时间周期等数值联合整理成一览表的性能
49-41 31 11			寿命		
49-41 31 13			寿命范围		
49-41 31 15			时间跨度		
49-41 31 17			时间增量		
49-41 31 19			消耗时间		
49-41 31 21			实际寿命		
49-41 31 23			预期寿命		
49-41 31 25			采购日期		
49-41 31 27			提取日期		
49-41 31 29			生产日期		
49-41 31 31			制造日期		
49-41 31 33			更新日期		最新更新的日期格式为：年-月-日
49-41 31 35			日期类型		一个由 GBXML 提供的性能。http://www.gbxml.org/
49-41 31 37			制造提前期		

（续表）

OmniClass 编号	层级 1 标题	层级 2 标题	层级 3 标题	层级 4 标题	定义
49–41 31 39				设置时间	
49–41 31 41				运行时间	
49–41 31 43				加工时间	
49–41 31 45				闲置时间	
49–41 31 47				循环时间	
49–41 31 49				产出时间	
49–41 31 51			运输日期		
49–41 31 53				运输时间	
49–41 31 55				交货时间	
49–41 31 57			交送日期		
49–41 31 59			安装开始日期		
49–41 31 61			安装结束日期		
49–41 31 61 11				建立时间	
49–41 31 61 13				适用期	
49–41 31 61 15				保质期	
49–41 31 61 17				表干时间	
49–41 31 61 19				再涂时间	
49–41 31 61 21				固化时间	
49–41 31 63			现场检测日期		
49–41 31 65			现场测试日期		
49–41 31 67			验收日期		
49–41 31 69			投产日期		
49–41 31 75			项目阶段		
49–41 31 75 11				创建阶段	
49–41 31 75 13				拆除阶段	
49–41 31 77			服务响应时间		
49–41 31 79			入库日期		
49–41 31 81			最长存储时间		
49–41 31 83			运行和维护		
49–41 31 83 11				折旧计划	
49–41 31 83 13				维修计划	有时称为生产维修报告
49–41 31 85			停止运行日期		
49–41 31 87			拆除日期		
49–41 31 89			清理日期		
49–41 31 91			重复利用日期		
49–41 31 93			移除日期		
49–41 61 00		成本性能			描述成本和其他货币数值的性能
49–41 61 11			成本价值		

（续表）

OmniClass 编号	层级 1 标题	层级 2 标题	层级 3 标题	层级 4 标题	定义
49–41 61 13			货币类型		
49–41 61 15			单价		
49–41 61 17			批发成本		
49–41 61 19			零售成本		
49–41 61 21			制造商建议零售价		
49–41 61 23			成本折扣		
49–41 61 25			运输成本		
49–41 61 27			安装成本		
49–41 61 29			采购条目		
49–61 00 00	来源性能				与对象、主要产品或工作成果相关的创建、区域或安装相关的性能
49–61 11 00		制造商性能			与对象、主要产品的创建和区域相关的性能
49–61 11 11			来源限制		
49–61 11 13			制造商名称		
49–61 11 15			制造商经验		
49–61 11 17			制造生产率		
49–61 11 17 11				管理等级	
49–61 11 17 13				操作员等级	
49–61 11 17 15				控制员等级	
49–61 11 17 17				领域等级	
49–61 11 19			设计者名字		
49–61 11 21			制造方法		
49–61 11 23			制造商资质		
49–61 41 00		产品性能			描述产品和制造商质量的性能
49–61 41 11			产品名称		
49–61 41 13			现货或订制		
49–61 41 15			有现货		
49–61 41 17			预装配		
49–61 41 19			产品认证		
49–61 41 21			包装		
49–61 41 23			质量等级		
49–61 41 25			级别		
49–61 41 25 11				住宅	
49–61 41 25 13				商业	
49–61 41 25 15				重型的	
49–61 41 25 17				特重型的	
49–61 41 27			种类		

（续表）

OmniClass 编号	层级 1 标题	层级 2 标题	层级 3 标题	层级 4 标题	定义
49-61 41 29			产品建造		
49-61 41 29 11				表面类型	
49-61 41 29 13				衬里类型	
49-61 41 31			风格		
49-61 41 33			式样		
49-61 41 35			凹凸图案		印在表面上的装饰性设计
49-61 41 35 11				凹凸图案高度	
49-61 41 35 13				凹凸图案范围	
49-61 41 37			穿孔		
49-61 41 39			产品外包装		
49-61 41 41			产品改进		
49-61 41 43			工厂设置		
49-61 41 45			服务通道		
49-61 41 47			产品特点		与产品规格有关的重要特性或特征。如 Spie-J.C.Moot，Eaton Corporation 所定义的
49-61 41 49			配件		
49-61 41 51			选项		
49-61 41 53			颜色		
49-61 41 53 11				内部颜色	
49-61 41 53 13				外观颜色	
49-61 41 53 15				颜色编码	
49-61 41 53 17				染色缸号	
49-61 41 53 19				整体颜色	
49-61 41 55			定向		美国国家标准与技术研究所 NIST960-11
49-61 41 57			面饰		
49-61 41 57 11				面饰——应用的	
49-61 41 57 13				面饰——整体的	
49-61 41 57 15				表面处理	
49-61 41 57 17				现场装修材料	
49-61 41 57 19				现场装修方法	
49-61 41 57 21				纹理	
49-61 41 57 23				基底处理	可被表达为下凹、直、对接、清洁、传统、单面
49-61 41 57 25				顶棚装修	
49-61 41 57 27				墙面装修	
49-61 41 57 29				地板装修	
49-61 41 57 31				光彩	

（续表）

OmniClass 编号	层级 1 标题	层级 2 标题	层级 3 标题	层级 4 标题	定义
49-61 41 57 33				光辉	
49-61 41 57 35				光泽	
49-61 41 59			处理		
49-61 41 59 11				抗菌处理	
49-61 41 59 13				压力处理	
49-61 41 59 15				防火处理	
49-61 41 59 17				除草处理	
49-61 41 59 19				杀虫处理	
49-61 41 59 21				防腐处理	
49-61 51 00		担保性能			
49-61 51 11			制造商担保类型		
49-61 51 13			制造商担保条目		
49-61 51 15			安装人担保类型		
49-61 51 17			安装者担保条目		
49-61 51 19			担保服务地点		
49-61 51 21			担保期限		
49-61 51 21 11				担保开始日期	
49-61 51 21 13				担保结束日期	
49-61 71 00		运输性能			与配送有关的性能
49-61 71 11			运输模式		
49-61 71 13			托运人类型		
49-61 71 15			运输包装		
49-61 71 17			交付标志		
49-61 71 19			交付条目		
49-61 81 00		安装性能			与产品在工作成果的安装和创建中的使用有关的性能
49-61 81 11			安装配置		
49-61 81 13			表面准备		
49-61 81 15			安装方法		
49-61 81 15 11				机械锚固方法	
49-61 81 15 13				粘接方法	
49-61 81 15 15				非固定组合方法	
49-61 81 15 17				压载方法	
49-61 81 15 19				粘接类型方法	
49-61 81 17			紧固方法		
49-61 81 19			紧固件类型		
49-61 81 21			安装者性能		
49-61 81 21 11				安装者经验	
49-61 81 21 13				安装者资质	

（续表）

OmniClass 编号	层级 1 标题	层级 2 标题	层级 3 标题	层级 4 标题	定义
49-61 81 23			应用率		
49-61 81 23 11				理论应用率	
49-61 81 23 13				实际应用率	
49-61 81 25			覆盖范围		
49-61 81 25 11				理论覆盖范围	
49-61 81 25 13				实际覆盖范围	
49-61 81 27			安装方法		
49-61 81 29			连接方法		
49-61 81 29 11				连接类型	
49-61 81 29 13				接缝类型	
49-61 81 31			安装期间周边温度		
49-61 81 33			清洁方法		
49-71 00 00	物理性能				描述一个对象物理表现的性能，或对象自身存在或被使用、考虑、安装时的性能
49-71 11 00		数量性能			描述组件计数或数量的性能
49-71 11 11			测量单位		
49-71 11 11 11				公制	
49-71 11 11 13				英制的	
49-71 11 11 15				单个	
49-71 11 11 17				套	
49-71 11 11 19				对	
49-71 11 11 21				编号	
49-71 11 11 23				物质总量	
49-71 11 11 25				浓度	
49-71 11 11 27				分布	美国国家标准与技术研究所 NIST906-11
49-71 11 11 29				容量	参照"仪器容量的功能、使用和设备服务"
49-71 11 11 31				合格率	通过检测流程成为好产品的产量比例
49-71 11 11 33				平均尺寸	
49-71 11 11 35				批量大小	美国国家标准与技术研究所 NIST906-11
49-71 11 11 37				间隙要求	
49-71 15 00		形状性能			描述组件几何形状的性能
49-71 15 11			形态		
49-71 15 13			形状		
49-71 15 15			几何		
49-71 15 17			模块		

(续表)

OmniClass 编号	层级 1 标题	层级 2 标题	层级 3 标题	层级 4 标题	定义
49-71 15 19			手——左或右		
49-71 15 21			轮廓		
49-71 15 23			表面		
49-71 15 25			边缘		
49-71 15 27			边缘轮廓		
49-71 15 29			顶点		
49-71 15 31			点		
49-71 19 00		单个尺寸			量化特定距离或角度的性能
49-71 19 11			标准的或定制尺寸		
49-71 19 13			长度		
49-71 19 15			宽度		
49-71 19 17			距离		
49-71 19 19			跨度		
49-71 19 21			高度		
49-71 19 21 11				窗台高度	
49-71 19 21 13				门楣高度	
49-71 19 23			深度		
49-71 19 25			厚度		截面的厚度
49-71 19 25 11				覆盖厚度	
49-71 19 25 13				产品厚度	
49-71 19 25 15				干膜厚度	
49-71 19 27			标准尺寸		
49-71 19 29			半径		
49-71 19 31			间距		
49-71 23 00		面积尺寸			用二维边界量化空间大小的性能
49-71 23 11			角度尺寸		
49-71 23 13			任意尺寸		
49-71 23 15			净可租面积		
49-71 23 17			人均建筑面积		
49-71 23 19			容积率		
49-71 23 21			内径		
49-71 23 23			外径		
49-71 23 25			周长		
49-71 23 27			周界		
49-71 23 29			平面角度		
49-71 23 31			上升		
49-71 23 33			下降		
49-71 23 35			倾斜角		

（续表）

OmniClass 编号	层级 1 标题	层级 2 标题	层级 3 标题	层级 4 标题	定义
49-71 23 37			立体角		
49-71 27 00		体积			用三维边界量化空间大小的性能
49-71 27 11			液体体积		
49-71 27 13			干容积		
49-71 27 15			特定体积		
49-71 27 17			单位时间体积		
49-71 27 19			空气渗透体积		
49-71 27 21			空气比容		
49-71 27 23			渗水体积		
49-71 27 25			截面模量		
49-71 27 27			截面惯性矩		
49-71 31 00		相关性测量			量化一个测量与另一个测量关系的性能
49-71 31 11			加速度		
49-71 31 13			角加速度		
49-71 31 15			长宽比		美国国家标准与技术研究所 NIST906-11
49-71 31 17			应变量		
49-71 31 19			应变量值		
49-71 31 21			频率		
49-71 31 23			相对寿命		
49-71 31 25			相对湿度		
49-71 31 27			相对功率		
49-71 31 29			相对范围		
49-71 31 31			相对噪音		
49-71 31 33			相对时间		
49-71 31 35			转动频率		
49-71 31 37			速度		
49-71 31 39			分析单位		
49-71 31 41			速率		
49-71 31 41 11				角速率	
49-71 31 41 13				相对速率	
49-71 35 00		可持续发展性能			
49-71 35 11			建筑和材料再利用		
49-71 35 11 11				废弃材料	
49-71 35 11 13				翻新材料	
49-71 35 11 15				再利用材料	
49-71 35 11 17				既有墙体再利用	

（续表）

OmniClass 编号	层级 1 标题	层级 2 标题	层级 3 标题	层级 4 标题	定义
49-71 35 11 19				既有地板再利用	
49-71 35 11 21				既有屋顶再利用	
49-71 35 13			生产方法		
49-71 35 15			提取方法		
49-71 35 17			循环利用量		
49-71 35 17 11				循环利用重量	
49-71 35 17 13				工业后再利用量	
49-71 35 17 15				消费前再利用量	
49-71 35 11 17				消费后再利用量	
49-71 35 19			快速可再生材料		
49-71 35 21			不可再生材料		
49-71 35 23			可持续产品认证		
49-71 35 25			可持续制造认证		
49-71 35 25 11				水摄取量	美国国家标准与技术研究所 NIST：BEES
49-71 35 25 13				挥发性有机化合物散发量	
49-71 35 25 15				可再生垃圾	
49-71 35 25 17				液态垃圾	
49-71 35 25 19				空气污染	
49-71 35 25 21				有毒物散发	
49-71 35 25 23				微粒污染	
49-71 35 27			生命周期评估（LCA）		通过一个独立第三组织证明的自评标准
49-71 35 27 11				生命周期存货清单	
49-71 35 27 13				生命周期成本分析	
49-71 35 27 15				生命周期影响评估	
49-71 35 27 17				环境影响	包括土地使用、资源使用、气候改变、健康影响、酸化和毒性等全系列影响
49-71 35 27 19				温室气体散发	
49-71 35 29			环境产品宣告（EPD）		产品有一个全面的 LCA 或 EPD 报告
49-71 35 31			供应链的环境足迹		关于一个建筑物和场地、环境规划、获奖、重组等的信息组合。定义见 www.greenformat.com
49-71 35 33			环境保护		

（续表）

OmniClass 编号	层级1标题	层级2标题	层级3标题	层级4标题	定义
49-71 35 35			迁址		
49-71 39 00		化学构成性能			
49-71 39 11			合金，回火		
49-71 39 13			生物降解性		
49-71 39 15			化学老化		美国国家标准与技术研究所 NIST960-11
49-71 39 15 11				腐蚀率	美国国家标准与技术研究所 NIST960-11
49-71 39 15 13				活化能	美国国家标准与技术研究所 NIST960-11
49-71 39 15 15				水化率	美国国家标准与技术研究所 NIST960-11
49-71 39 15 17				扩散率	美国国家标准与技术研究所 NIST960-11
49-71 39 17			化学构成		
49-71 39 19			相容性		
49-71 39 21			成分材料		
49-71 39 23			延展性		
49-71 39 25			可塑性		
49-71 39 27			溶解度		
49-71 39 29			膨胀		
49-71 39 31			收缩		
49-71 39 33			电绝缘守恒		
49-71 39 35			通电守恒		
49-71 39 37			原材料		
49-71 39 39			气味		
49-71 45 00		规定含量性能			管理部门控制或规定的关于数值的性能
49-71 45 11			挥发性有机化合物含量		
49-71 45 13			挥发性有机化合物达标		
49-71 45 15			石棉含量		
49-71 45 17			甲醛含量		
49-71 45 19			铅含量		
49-71 45 21			防辐射性		
49-71 45 23			臭氧消耗含量		
49-71 45 25			持久的、生物积聚的和有毒的物质（PBYs）		

（续表）

OmniClass 编号	层级1标题	层级2标题	层级3标题	层级4标题	定义
49-71 45 27			含氯氟烃(CFC)散发		
49-71 45 29			含氢氯氟烃（HCFC）散发		
49-71 45 31			毒性含量		
49-71 45 33			生态毒性		美国国家标准与技术研究所 NIST：BEES
49-71 51 00		温度性能			关于温度的性能
49-71 51 11			绝对温度		
49-71 51 13			环境温度		
49-71 51 13 11				室外环境温度	
49-71 51 13 13				安装期间环境温度	
49-71 51 15			脆化温度		
49-71 51 17			设计温度		
49-71 51 19			温度类型		
49-71 51 19 11				冷凝温度	
49-71 51 19 13				挠曲温度	
49-71 51 19 15				地面温度	
49-71 51 19 17				平均温度	对应于测试试件中面的热和冷板温度的平均值，表示为℃或℉。如美国国家标准与技术研究所 NIST 所定义
49-71 51 19 19				热辐射温度	
49-71 51 19 21				内部空气温度	
49-71 51 19 23				外部空气温度	
49-71 51 19 25				供应空气温度	
49-71 51 19 27				表面温度	
49-71 51 19 29				夏季干球温度计温度	夏季环境空气温度（不受湿度影响）。干电灯泡温度被用来作为热量的指示。通过使用包括项目位置的数据，来确定干电灯泡温度。Revit MEP2010 表格性能定义了性能
49-71 51 19 31				冬季干球温度计温度	冬季环境空气温度（不受湿度影响）。干电灯泡温度被用来作为热量的指示。通过使用包括项目位置的数据，来确定干电灯泡温度。Revit MEP2010 表格性能定义了性能
49-71 51 19 33				湿球温度计（WB）温度	

（续表）

OmniClass 编号	层级 1 标题	层级 2 标题	层级 3 标题	层级 4 标题	定义
49-71 51 19 35				夏季湿球温度计温度	夏季绝热饱和温度（温度计上水的蒸发和它的冷却效应）。湿球温度总是低于干球温度，但等同于100%相对湿度。通过使用包括项目位置的数据，来确定湿球温度。Revit MEP2010 表格性能定义了性能
49-71 51 21			温度点		
49-71 51 21 11				最低温度	
49-71 51 21 13				最高温度	
49-71 51 21 15				沸点温度	
49-71 51 21 17				结露温度	
49-71 51 21 19				燃点温度	
49-71 51 21 21				冰点温度	
49-71 51 21 23				融化点温度	
49-71 51 21 25				制冷设定点	系统维持地区中空间制冷的温度。Revit MEP2010 表格性能定义了性能
49-71 51 21 27				制热设定点	系统维持地区中空间制热的温度。Revit MEP2010 表格性能定义了性能
49-71 51 23			温度范围		
49-71 51 23 11				可接受温度范围	
49-71 51 23 13				循环温度范围	
49-71 51 23 15				服务温度范围	
49-71 51 23 17				平均日常范围	基于项目位置的平均温度范围
49-71 51 23 19				ΔT	热和冷板温度差，表示为℃或℉。由美国国家标准与技术研究所中 NIST 定义
49-71 51 25			相变温度		美国国家标准与技术研究所 NIST960-11
49-71 51 25 11				相变温度	美国国家标准与技术研究所 NIST960-11
49-71 51 25 13				相变压力	美国国家标准与技术研究所 NIST960-11
49-71 51 25 15				玻璃化温度	美国国家标准与技术研究所 NIST960-11
49-71 51 25 17				居里温度	美国国家标准与技术研究所 NIST960-11
49-71 51 25 19				奈耳温度	美国国家标准与技术研究所 NIST960-11
49-71 51 25 21				三相点温度	美国国家标准与技术研究所 NIST960-11
49-71 51 27			温度上升		
49-71 51 29			温度范围		

（续表）

OmniClass 编号	层级1标题	层级2标题	层级3标题	层级4标题	定义
49-71 51 31			温度差		
49-71 51 33			热指数		
49-71 53 00		结构承载性能			关于作用于组件外力的性能
49-71 53 11			静荷载		
49-71 53 11 11				硬度测试方法	
49-71 53 13			动荷载		
49-71 53 13 11				均布设计荷载	
49-71 53 13 13				风荷载	
49-71 53 13 15				雪荷载	
49-71 53 13 17				水平活荷载	
49-71 53 13 19				冲击荷载	
49-71 53 13 21				地震荷载	
49-71 53 13 23				移动荷载	
49-71 57 00		空气和其他气体的性能			
49-71 57 11			室内空气质量（IAQ）		美国国家标准与技术研究所：BEES 4.0
49-71 57 13			水汽渗透		
49-71 57 15			标准空气污染物		美国国家标准与技术研究所 NIST：BEES 4.0
49-71 57 17			二氧化碳等级		美国国家标准与技术研究所：BEES 4.0
49-71 57 19			甲烷等级		美国国家标准与技术研究所：BEES 4.0
49-71 57 21			氧化氮等级		美国国家标准与技术研究所：BEES 4.0
49-71 57 23			烟雾等级		美国国家标准与技术研究所：BEES 4.0
49-71 57 25			能见度		
49-71 63 00		液体性能			描述液体和证明其合格的性能
49-71 63 11			液体浓度		
49-71 63 13			液体蒸发比率		
49-71 63 15			液体 pH		
49-71 63 17			吸湿膨胀		
49-71 63 19			吸湿性		
49-71 63 21			液体黏性		
49-71 63 23			液体密度		
49-71 69 00		质量性能			关于物质重量和数量的性能
49-71 69 11			质量		
49-71 69 11 11				每单位长度质量	
49-71 69 11 13				每单位面积质量	
49-71 69 11 15				每单位时间的质量	

（续表）

OmniClass 编号	层级 1 标题	层级 2 标题	层级 3 标题	层级 4 标题	定义
49-71 69 11 17				摩尔质量	
49-71 69 13			重量		
49-71 69 13 11				重量分类	
49-71 69 13 13				航运重量	
49-71 69 15			密度		
49-71 69 15 11				体积密度	绝缘和建筑材料的热传递性能。试件体积密度（包括空隙）的单位是 kg*m-3 或者 lb*ft-3。由美国国家标准与技术研究所 NIST 定义
49-71 69 15 13				特定重力密度	
49-71 69 15 15				角动量密度	
49-71 69 15 17				惯性矩密度	
49-71 69 15 19				动量密度	
49-71 69 17			特定重力		
49-71 69 19			动量		
49-71 69 19 11				角动量	
49-71 69 21			交换效能		
49-71 69 23			初始湿度含量		测试开始时试件中存在的以 % 表示的水量（重量）。由美国国家标准与技术研究所 NIST 定义
49-71 69 25			最终湿度含量		测试结束时试件中存在的以 % 表示的水量（重量）。由美国国家标准与技术研究所 NIST 定义
49-71 73 00		力性能			导致一个质量改变速度或方向的性能
49-71 73 11			力，一般性能		
49-71 73 13			作用力		
49-71 73 15			单位长度的力		
49-71 73 17			表面张力		
49-71 73 19			推力质量比		
49-71 73 21			黏性		
49-71 73 21 11				动力黏度	
49-71 73 21 13				运动黏度	
49-71 73 23			力矩		
49-71 73 25			惯性矩		
49-71 73 27			扭矩		
49-71 73 29			电动势		
49-71 75 00		压力性能			与作用于表面的单位面积力相关的性能
49-71 75 11			绝对压力		
49-71 75 13			空气压力		

（续表）

OmniClass 编号	层级 1 标题	层级 2 标题	层级 3 标题	层级 4 标题	定义
49-71 75 13 11				循环静态空气压力	
49-71 75 13 13				统一静态空气压力	
49-71 75 15			周围压力		
49-71 75 17			应用压力		
49-71 75 19			大气压力		
49-71 75 21			校准压力		
49-71 75 23			设计压力		
49-71 75 25			表压力		
49-71 75 27			压力下渗漏		
49-71 75 29			剩余压力		
49-71 75 31			静压力		
49-71 75 33			静压差		
49-71 75 35			压力下降		
49-71 75 37			真空压力		
49-71 75 39			汽压力		
49-71 75 41			风压力		
49-71 81 00		磁力性能			量化和认证吸力或排斥力（磁性）的性能
49-71 81 11			磁流量		
49-71 81 13			磁向量势		
49-71 81 15			磁导		
49-71 81 17			互感		
49-71 81 19			磁电势差别		
49-71 81 21			磁动力		
49-71 81 23			磁感应		
49-71 91 00		环境性能			与土壤、陆地和对流层相关的性能
49-71 91 11			地震分类		
49-71 91 13			设计准则		参照信息表
49-71 91 15			风速		
49-71 91 17			天气等级		
49-71 91 19			臭氧浓度		
49-71 91 21			土地特征		
49-71 91 23			水体类型		
49-81 00 00	表现性能				表达对象在物理性能和力作用下的性能
49-81 11 00		测试性能			定义测试方法和条件的性能
49-81 11 11			测试方法		

（续表）

OmniClass 编号	层级 1 标题	层级 2 标题	层级 3 标题	层级 4 标题	定义
49-81 11 13			测试部门		GBXML 定义性能。见 http://www.gbxml.org/
49-81 11 15			测试前条件		如果可能，规定试件测试前应满足的周边条件（温度、湿度、时间）。由美国国家标准与技术研究所 NIST 定义
49-81 11 17			测试条件		
49-81 11 19			参照标准		
49-81 11 21			检测协议		
49-81 11 23			工厂测试		
49-81 11 23 11				工厂检测方法	
49-81 11 23 13				工厂测试日期	
49-81 11 23 15				工厂测试方法	
49-81 11 23 17				工厂合规等级	
49-81 11 23 19				工厂参照级别	
49-81 11 25			现场测试		
49-81 11 25 11				现场检测方法	
49-81 11 25 13				现场测试方法	
49-81 11 25 15				现场合规等级	
49-81 11 25 17				现场参照级别	
49-81 15 00		误差性能			定义尺寸和其他被测性能的允许限值或偏差的性能
49-81 15 11			挠曲误差		
49-81 15 13			尺寸误差		
49-81 15 13 11				平整度误差	
49-81 15 13 13				长度误差	
49-81 15 13 15				厚度误差	
49-81 15 13 17				翘曲误差	
49-81 15 13 19				宽度误差	
49-81 15 13 21				外倾角	
49-81 15 15			形状误差		
49-81 15 17			安装误差		
49-81 15 19			垂直度		
49-81 15 21			方正度		
49-81 15 23			水平度		
49-81 15 25			质地误差		
49-81 21 00		功能和使用性能			定义用于特定用途的对象的功能性和特性的性能
49-81 21 11			功能效率		

（续表）

OmniClass 编号	层级 1 标题	层级 2 标题	层级 3 标题	层级 4 标题	定义
49-81 21 13			功能限制		
49-81 21 15			操作方法		
49-81 21 15 11				手工操作	
49-81 21 15 13				电力操作	
49-81 21 15 15				气动操作	
49-81 21 17			功能能力		
49-81 21 17 11				最大占用量	
49-81 21 17 13				操作容量	
49-81 21 17 15				额定容量	
49-81 21 17 17				断流容量	
49-81 21 17 19				循环容量	
49-81 21 19			规范性能		产品满足的规范要求条款。由 Spie-J. C.Moots，Eaton Corporation 定义
49-81 21 21			覆盖率		
49-81 21 23			容易性		
49-81 21 23 11				添加的容易性	
49-81 21 23 13				应用的容易性	
49-81 21 23 15				装配的容易性	
49-81 21 23 17				安装的容易性	
49-81 21 23 19				移动的容易性	
49-81 21 23 21				放置的容易性	
49-81 21 23 23				迁址的容易性	
49-81 21 23 25				移除的容易性	
49-81 21 23 27				贮存的容易性	
49-81 21 25			可用性		
49-81 21 27			持续性		
49-81 21 27 11				适于外露	
49-81 21 27 13				适于连续浸泡	
49-81 21 27 15				适于接触地面	
49-81 21 27 17				适于船舶使用	
49-81 21 29			可加工性		
49-81 21 31			耐气候性		暴露于燥热、潮湿、寒冷、太阳辐射等时的抵抗能力
49-81 21 33			使用中产生的废弃物		
49-81 31 00		强度性能			定义对象抵抗外力的能力的性能
49-81 31 11			黏附强度		
49-81 31 13			可弯曲性		
49-81 31 15			弯曲弯矩		

（续表）

OmniClass 编号	层级1标题	层级2标题	层级3标题	层级4标题	定义
49-81 31 17			弯曲半径		
49-81 31 19			弯曲强度		
49-81 31 21			黏结强度		
49-81 31 23			抗压性		
49-81 31 25			承压抗力		
49-81 31 27			抗压强度		
49-81 31 29			抗蠕变性		
49-81 31 31			延性		美国国家标准与技术研究所 NIST960-11
49-81 31 33			弹性		
49-81 31 35			伸长率		
49-81 31 35 11				屈服点伸长率	
49-81 31 35 13				极限伸长率	
49-81 31 37			扣件抗拔出性能		
49-81 31 39			疲劳强度		美国国家标准与技术研究所 NIST960-11
49-81 31 41			纤维强度		
49-81 31 43			弯曲强度		
49-81 31 43 11				弯曲强度，平行	
49-81 31 43 13				弯曲强度，垂直	
49-81 31 45			断裂能		美国国家标准与技术研究所 960-11
49-81 31 47			断裂韧性		美国国家标准与技术研究所 960-11
49-81 31 49			摩擦		
49-81 31 51			硬度		
49-81 31 53			冲击强度		
49-81 31 55			抗人为攻击能力		
49-81 31 55 11				防盗能力	
49-81 31 55 13				防射击能力	
49-81 31 55 15				防爆能力	
49-81 31 55 17				防弹能力	
49-81 31 57			磁场强度		
49-81 31 59			弹性模量		
49-81 31 61			剥离强度		
49-81 31 63			比例极限		美国国家标准与技术研究所 NIST960-11
49-81 31 65			抗刺穿能力		
49-81 31 65 11				静态抗刺穿能力	
49-81 31 65 13				动态抗刺穿能力	
49-81 31 67			释放强度		

(续表)

OmniClass 编号	层级 1 标题	层级 2 标题	层级 3 标题	层级 4 标题	定义
49-81 31 69			抗剪强度		
49-81 31 71			刚度		
49-81 31 73			应变		美国国家标准与技术研究所 960-11
49-81 31 75			应力		美国国家标准与技术研究所 960-11
49-81 31 77			应力等级		
49-81 31 79			表面张力		
49-81 31 81			抗撕裂能力		
49-81 31 83			撕裂强度		
49-81 31 85			拉伸强度		
49-81 31 87			极限强度		美国国家标准与技术研究所 960-11
49-81 31 89			均匀抗风承载力		
49-81 31 91			振动		
49-81 31 93			抗风吸承载力		
49-81 31 95			屈服强度		美国国家标准与技术研究所 960-11
49-81 41 00		耐久性性能			定义一个对象保持抵抗作用力效应的能力的性能
49-81 41 11			耐磨损性		
49-81 41 13			抗滥用能力		
49-81 41 15			抗酸能力		
49-81 41 17			抗碱能力		
49-81 41 19			防动物能力		
49-81 41 21			抗菌性		
49-81 41 23			耐化学性		
49-81 41 25			耐腐蚀性		
49-81 41 27			抗裂性		
49-81 41 29			防腐性		
49-81 41 31			抗退化性		
49-81 41 33			分层率		美国国家标准与技术研究所 960-11
49-81 41 35			抗褪色能力		
49-81 41 37			抗疲劳强度		
49-81 41 39			摩擦系数		美国国家标准与技术研究所 960-11
49-81 41 41			抗霉菌性		
49-81 41 43			抗冲击强度		
49-81 41 45			抗压痕能力		
49-81 41 47			抗红外线能力		
49-81 41 49			防虫性		
49-81 41 51			润滑性		美国国家标准与技术研究所 960-11
49-81 41 53			维护耐久性		
49-81 41 55			机械耐久性		

（续表）

OmniClass 编号	层级 1 标题	层级 2 标题	层级 3 标题	层级 4 标题	定义
49-81 41 57			抗微生物能力		
49-81 41 59			抗霉菌能力		
49-81 41 61			抗臭氧能力		
49-81 41 63			抗植物生长能力 RSI		
49-81 41 65			抗污染性		
49-81 41 67			抗白蚁能力		
49-81 41 69			抗热冲击能力		
49-81 41 71			抗紫外线能力		
49-81 41 73			磨损系数		美国国家标准与技术研究所 960-11
49-81 41 75			磨损率		美国国家标准与技术研究所 960-11
49-81 51 00		燃烧/氧化性能			定义物质以气态、液态或固态形态的燃烧或氧化及其结果的性能
49-81 51 11			人造热源		
49-81 51 13			可燃性		
49-81 51 15			防火等级		
49-81 51 17			火灾烈度		
49-81 51 19			火源		
49-81 51 21			火类型		
49-81 51 23			火焰蔓延		
49-81 51 25			火焰扩散指数		
49-81 51 27			易燃性		
49-81 51 29			可燃性		
49-81 51 31			散热率		燃烧材料释放的能量（火灾强度）
49-81 51 33			烟雾密度		
49-81 51 35			烟雾扩散指数		
49-81 51 37			产生烟雾量		
49-81 51 39			表面燃烧特性		
49-81 51 41			抗爆性		
49-81 51 43			耐火性		
49-81 51 45			抗引燃性		
49-81 51 47			临界辐射流量		通过一个独立实验室根据 ASTM 3-648 测试的赋予一种材料的数值
49-81 61 00		外覆层性能			内部和外部环境之间的性能。参照其他结构类别，湿度/渗透性、燃烧和耐火性、声学、抗冲击性
49-81 61 11			吸收率		由 GBXML 提供的性能。www.gbxml.org

（续表）

OmniClass 编号	层级 1 标题	层级 2 标题	层级 3 标题	层级 4 标题	定义
49-81 61 13			空气渗透		
49-81 61 15			气密度		
49-81 61 17			空气泄漏		
49-81 61 19			渗水		
49-81 61 21			抗结露因子（CRF）		由制造商决定，由 0 到 100 之间的数值表达
49-81 61 23			R 值		与一个组件相关，与某装配相关但并不是特定用于该组装。是指穿过绝缘体后的温度差率和热流量（每单位面积的热流动）
49-81 61 25			R 值国际单位（RSI）		用 SI 单位表示的热阻度量
49-81 61 27			U 值		总体传导率。包括内部和外部、开窗和开洞百分比的整个组装的热阻。有时称为 U 系数
49-81 61 29			USI		公制 U 值。RSI 的倒数
49-81 61 31			绝缘密度		
49-81 61 33			绝缘轮廓		
49-81 61 33 11				锥形的	
49-81 61 33 13				平整的	
49-81 61 35			开洞性能		
49-81 61 35 11				开洞类型	
49-81 61 35 13				开洞数量	
49-81 61 35 15				开洞透射比	
49-81 61 35 17				开洞反射比	
49-81 61 35 19				开洞辐射率	
49-81 61 35 21				开洞传导率	
49-81 61 37			太阳得热系数（SHGC）		用 SHGC 计算可见太阳辐射的传送（相对于排除掉的被吸收的可见光）
49-81 61 39			遮阳系数		特定玻璃系统和标准参照玻璃（1/8"透明）总太阳光透射得比率。GBXML 定义的性能。www.gbxml.org
49-81 61 41			传热系数		传热系数是热绝缘系数的倒数。由维基百科定义。http://en.wikipedia.org/wiki/Heat_transfer_coefficient

（续表）

OmniClass 编号	层级 1 标题	层级 2 标题	层级 3 标题	层级 4 标题	定义
49-81 61 43			比热		基于实体与开洞之比的高或低数值的百分比。对于单位质量的物质升高单位温度所需热量与对于同样质量的参照材料（一般是水）升高单位温度所需热量的比率
49-81 61 45			内部热能		
49-81 61 47			线性热膨胀系数		
49-81 61 49			长期热阻（LTTR）		CAN/ULC-S770
49-81 61 51			比热输入		
49-81 61 53			断热		
49-81 61 55			热导率		试件表面间单位温差导致的通过一种材料或构造的单位面积的稳态热流的时间变化率。单位为（W.m−2.K−1 或 Btu.h−1.ft−2 ℉ −1）。见 NIST 所定义
49-81 61 57			热传导性		垂直于单位面积的单位温度梯度导致的通过匀质材料的稳定热流的时间变化率。单位为（W.m−2.K−1 或 Btu.h−1.ft−2 ℉ −1）。见 NIST 所定义
49-81 61 59			热扩散率		
49-81 61 61			热绝缘系数		
49-81 61 63			抗风吸力		
49-81 71 00		防渗和防潮性能			定义可被液体或气体充溢的特性和程度的对象、表面或膜面的性能
49-81 71 11			抗冷凝性		
49-81 71 13			抗冻融性		
49-81 71 15			抗结霜性		
49-81 71 17			气体渗透率		
49-81 71 19			通过百分率		
49-81 71 21			透磁率		
49-81 71 23			抗吸潮性		
49-81 71 25			湿度成分		
49-81 71 27			污染物渗透性		
49-81 71 29			孔隙率		一种材料中空隙体积总量（由于构造、小通道等产生的）与材料所占体积的比率。由 GBXML 定义的性能。http://www.gbxml.org/
49-81 71 31			对地面渗入墙壁湿气的抵抗性		
49-81 71 33			水汽渗透性		水气渗入表面的比率。由 GBXML 定义的性能。http://www.gbxml.org/
49-81 71 35			耐水汽性		

（续表）

OmniClass 编号	层级1标题	层级2标题	层级3标题	层级4标题	定义
49-81 71 37			渗透速度		
49-81 71 39			吸水性		
49-81 71 41			抗吸水性		
49-81 71 43			抗不渗水性		
49-81 71 45			抗透水性		
49-81 71 47			表层水吸收性		
49-81 81 00		声学性能			定义与对象或物质有关的声音表现或质量的性能，或对象对声音的反应
49-81 81 11			声阻抗		
49-81 81 13			混响时间		只与内部装修有关
49-81 81 15			噪声等级		
49-81 81 17			噪声衰减系数（NRC）		
49-81 81 19			吸声		
49-81 81 21			吸声		
49-81 81 23			平均吸声（SAA）		
49-81 81 25			声衰减		
49-81 81 27			声能密度		
49-81 81 29			声能流		
49-81 81 31			声频		
49-81 81 33			声绝缘		
49-81 81 35			声绝缘		
49-81 81 37			声强		
49-81 81 39			隔声		
49-81 81 41			声功率		
49-81 81 43			声压力		
49-81 81 45			声速		由美国国家标准与技术研究所NIST流体热力学和运输性能数据库（REFPROP）第八版提供的性能
49-81 81 47			声反射		
49-81 81 49			声传递等级（STC）		
49-81 81 51			言语可懂度		
49-91 00 00	设施服务性能				构建一个建筑物的内部环境和环境影响。用于设施服务的系统的维基百科性能，通常包含一系列的单个组件——这些性能趋向于应用于整个系统，组件性能通常在其他地方进行分类

（续表）

OmniClass 编号	层级 1 标题	层级 2 标题	层级 3 标题	层级 4 标题	定义
49-91 11 00		设施服务的一般性能			
49-91 11 11			准确性		
49-91 11 13			覆盖面积		
49-91 11 15			容量		
49-91 11 17			组件		
49-91 11 19			连接		
49-91 11 21			构造		可选的构造特征，部件或面饰。见 Spie-J.C.Moots，Eaton Corporation 定义
49-91 11 23			部件		
49-91 11 25			系统设备		
49-91 11 27			设备类型		由 GBXML 定义的性能。http://www.gbxml.org
49-91 11 29			系统名称		
49-91 11 31			控制		
49-91 11 33			流动因子		
49-91 11 35			流动配置		
49-91 11 37			流动方向		
49-91 11 39			流动转向方法		
49-91 11 41			设计流速		
49-91 11 43			测试仪器		
49-91 11 45			输入		
49-91 11 47			输出		
49-91 11 49			损耗方式		
49-91 11 51			模式		
49-91 11 53			单元数量		
49-91 11 55			设施连接		
49-91 11 57			传感器类型		
49-91 11 59			传感器区域		
49-91 11 61			传感器细节文字		
49-91 11 63			传感器位置		
49-91 11 65			系统类型		
49-91 11 67			服务类型		
49-91 11 69			系统限制		
49-91 11 71			地区		
49-91 21 00		防火系统性能			防火系统中独有的系统或组件性能
49-91 21 11			防火等级		
49-91 21 13			洒水车类型		
49-91 23 00		管道系统性能			抽水系统中的系统或构件的特性

附录 OmniClass 表格 49——性能

（续表）

OmniClass 编号	层级 1 标题	层级 2 标题	层级 3 标题	层级 4 标题	定义
49-91 23 11			生活用冷水		
49-91 23 13			生活用热水		
49-91 23 15			卫生用水		
49-91 23 17			废水		
49-91 23 19			暴雨降水		
49-91 23 21			消防部门用水		
49-91 23 23			管道容量		系统中含有的液体容量。REVIT MEP2010 定义的性能
49-91 23 25			管道装置单元		系统中装置单元总和。REVIT MEP2010 定义的性能
49-91 25 00		HVAC 系统性能			HVAC 系统独有的系统或组件性能
49-91 25 11			HVAC 系统类型		由 GBXML 定义的性能。http://www.gbxml.org/
49-91 25 13			HVAC 效率		由 GBXML 定义的性能。http://www.gbxml.org/
49-91 25 15			HVAC 负荷		
49-91 25 15 11				单位面积设计 HVAC 负荷	空间中总的 HVAC 负荷。可以由加热和冷却负荷分析工具说明或计算这个值，或从一个 GBXML 文档中读出。由 REVIT MEP2010 用户手册定义的性能
49-91 25 15 13				实际 HVAC 负荷	由集成加热和冷却负荷分析工具计算出的空间总 HVAC 负荷。（REVIT MEP2010 用户手册）
49-91 25 15 15				单位面积设计的其他 HVAC 负荷	空间中总的其他负荷。可以由加热和冷却负荷分析工具说明或计算这个值，或从一个 GBXML 文档中读出。由 REVIT MEP2010 用户手册定义的性能
49-91 25 15 17				实际其他 HVAC 负荷	由集成加热和冷却负荷分析工具计算出的空间总的其他负荷。（REVIT MEP2010 用户手册）
49-91 25 15 19				计算加热负荷	空间中总的加热负荷。可以由加热和冷却负荷分析工具计算这个值，或从一个 GBXML 文档中读出。"非计算结果"优先于接受负荷分析结果的项目。由 REVIT MEP2010 用户手册定义的性能
49-91 25 15 21				设计加热负荷	空间中总的加热负荷。可以由加热和冷却负荷分析工具说明或计算这个值，或从一个 GBXML 文档中读出。（REVIT MEP2010 用户手册）

（续表）

OmniClass 编号	层级 1 标题	层级 2 标题	层级 3 标题	层级 4 标题	定义
49-91 25 15 23				计算冷却负荷	空间中总的冷却负荷。可以由加热和冷却负荷分析工具计算这个值，或从一个GBXML文档中读出。"非计算结果"优先于接受负荷分析结果的项目。由REVIT MEP2010用户手册定义的性能
49-91 25 15 25				设计冷却负荷	空间中总的冷却负荷。可以由加热和冷却负荷分析工具说明或计算这个值，或从一个GBXML文档中读出。由REVIT MEP2010用户手册定义的性能
49-91 25 15 27				区域冷却负荷	参照GBXML：区域冷却负荷。是GBXML提供的术语。www.gbxml.org
49-91 25 17			HVAC气流		
49-91 25 17 11				规定送风气流	空间中引入的送风气流。可以由加热和冷却负荷分析工具说明或计算这个值，或从一个GBXML文档中读出。由REVIT MEP2010用户手册定义的性能
49-91 25 17 13				计算送风气流	加热或冷却空间所需要的总气流。可以由加热和冷却负荷分析工具计算这个值，或从一个GBXML文档中读出。（REVIT MEP2010用户手册）
49-91 25 17 15				实际送风气流	空间总送风气流。这个值是空间中所有送风终端送出的气流总和。由REVIT MEP2010用户手册定义的性能
49-91 25 17 17				循环气流	决定空间循环气流的计算方法。由REVIT MEP2010用户手册定义的性能
49-91 25 17 19				规定排出气流	空间中总排出气流
49-91 25 17 21				实际排出气流	空间中总排出气流
49-91 25 19			风量计算类型		
49-91 25 21			HVAC容量		
49-91 25 21 11				容量单位	由GBXML定义的性能。http://www.gbxml.org/
49-91 25 21 13				加热容量	由GBXML定义的性能。http://www.gbxml.org/
49-91 25 21 15				总冷却容量	由GBXML定义的性能。http://www.gbxml.org/
49-91 25 21 17				显冷量	由GBXML定义的性能。http://www.gbxml.org/
49-91 25 21 19				潜冷	由GBXML定义的性能。http://www.gbxml.org/
49-91 25 21 21				显冷热比	由GBXML定义的性能。http://www.gbxml.org/

（续表）

OmniClass 编号	层级 1 标题	层级 2 标题	层级 3 标题	层级 4 标题	定义
49–91 25 23			HVAC 空调		由 GBXML 定义的性能。http://www.gbxml.org/
49–91 25 23 11				空调单元	由 GBXML 定义的性能。http://www.gbxml.org/
49–91 25 23 13				空调加热	由 GBXML 定义的性能。http://www.gbxml.org/
49–91 25 23 15				空调制冷	由 GBXML 定义的性能。http://www.gbxml.org/
49–91 25 23 17				空调加热和制冷	由 GBXML 定义的性能。http://www.gbxml.org/
49–91 25 23 19				无空调	由 GBXML 定义的性能。http://www.gbxml.org/
49–91 25 23 21				排放	由 GBXML 定义的性能。http://www.gbxml.org/
49–91 25 23 23				仅自然排放	由 GBXML 定义的性能。http://www.gbxml.org/
49–91 25 25			HVAC 控制		
49–91 25 25 11				HVAC 风扇控制	由 GBXML 定义的性能。http://www.gbxml.org/
49–91 25 25 13				HVAC 泵控制	由 GBXML 定义的性能。http://www.gbxml.org/
49–91 25 25 15				HVAC 阀门控制	由 GBXML 定义的性能。http://www.gbxml.org/
49–91 25 27			K 系数		
49–91 25 29			HVAC 计算结果		
49–91 25 29 11				峰值冷却总负荷	建筑物中所有空间的总冷却负荷。包括传导、通风、管道和管道益，及显和潜负荷。由 REVIT MEP2010 用户手册定义的性能
49–91 25 29 13				峰值冷却月和时	用于计算峰值的日期。由 REVIT MEP2010 用户手册定义的性能
49–91 25 29 15				峰值冷却显负荷	建筑物中季节显冷却负荷高点。由 REVIT MEP2010 用户手册定义的性能
49–91 25 29 17				最大冷却容量	所需的最大冷却容量，由建筑物中区域的峰值冷却负荷总和决定。这个值指出，峰值负荷可能出现在不同时段，取决于不同情况，如建筑物中区域的位置（朝北或朝南）。由 REVIT MEP2010 用户手册定义的性能
49–91 25 29 19				峰值冷却气流	建筑物中用于冷却气流的季节高点。由 REVIT MEP2010 用户手册定义的性能

（续表）

OmniClass 编号	层级 1 标题	层级 2 标题	层级 3 标题	层级 4 标题	定义
49-91 25 29 21				峰值加热负荷	建筑物中所有空间的总加热负荷。包括传导、通风、管道和管道益，及显和潜负荷。由 REVIT MEP2010 用户手册定义的性能
49-91 25 29 23				峰值加热气流	建筑物中用于加热气流的季节高点。由 REVIT MEP2010 用户手册定义的性能
49-91 25 31			HVAC 校验		
49-91 25 31 11				冷却负荷密度	建筑物总冷却负荷除以建筑物的使用分析面积。由 REVIT MEP2010 用户手册定义的性能
49-91 25 31 13				冷却气流密度	冷却气流除以被建筑物的使用分析面积进行划分的。由 REVIT MEP2010 用户手册定义的性能
49-91 25 31 15				冷却气流/负荷	冷却气流除以建筑物的总冷却负荷。由 REVIT MEP2010 用户手册定义的性能
49-91 25 31 17				冷却面积/负荷	区域的分析面积除以建筑物的总冷却。由 REVIT MEP2010 用户手册定义的性能
49-91 25 31 19				加热负载密度	建筑物总加热负荷除以建筑物的使用分析面积。由 REVIT MEP2010 用户手册定义的性能
49-91 25 31 21				加热气流密度	加热气流除以被建筑物的使用分析面积进行划分的。由 REVIT MEP2010 用户手册定义的性能
49-91 25 33			最低效率报告值（MERV）率等级		
49-91 25 35			制造商的线圈旁路系数		
49-91 31 00		集成自动化系统性能			集成自动化系统的网络和其他性能
49-91 31 11			标准网络变量类型（SNVT）		
49-91 31 13			控制类型		由 GBXML 定义的性能。http://www.gbxml.org/
49-91 31 15			预期工程单元		
49-91 31 17			节点 ID		
49-91 31 19			域地址		
49-91 31 21			子网络地址		
49-91 41 00		电气系统性能			定义电功率的供应、需求、特性的性能，是电气系统和电气组件的特点

（续表）

OmniClass 编号	层级 1 标题	层级 2 标题	层级 3 标题	层级 4 标题	定义
49-91 41 11			安培数		
49-91 41 13			电压		
49-91 41 13 11				电压降低	电路提供电压和消耗电压的差。由 REVIT MEP2010 用户手册定义的性能
49-91 41 15			电源		
49-91 41 17			电功率因子		视在负荷和实际负荷的差,以小数位表达
49-91 41 19			电功率因子状态		滞后或超前,取决于负荷是电感的还是电容的
49-91 41 21			电流性能		美国国家标准与技术研究所 NIST 906-11
49-91 41 21 11				电流消耗	
49-91 41 21 13				电流密度	
49-91 41 21 15				实际电流	
49-91 41 21 17				实际电流和相位	
49-91 41 23			电气负荷性能		
49-91 41 23 11				负荷分类	
49-91 41 23 13				实际负荷	
49-91 41 23 15				平衡负荷	指出负载是否在相位间均匀分布。由 REVIT MEP2010 用户手册定义的性能
49-91 41 25			电气面板性能		
49-91 41 25 11				面板名称	
49-91 41 25 13				面板数量	
49-91 41 25 15				电极数量	
49-91 41 25 17				电极阻断的最大数量	
49-91 41 25 19				主要评级	
49-91 41 25 21				视在负荷和相位	
49-91 41 27			电路性能		
49-91 41 27 11				电路名字	
49-91 41 27 13				电路数量	
49-91 41 27 15				电路负荷名称	
49-91 41 27 17				专用电路	
49-91 41 27 19				电线类型	
49-91 41 27 21				电线尺寸	
49-91 41 27 23				流量数量	所需提供电路的平行导体的数量。由 REVIT MEP2010 用户手册定义的性能
49-91 41 27 25				热导体数量	

（续表）

OmniClass 编号	层级 1 标题	层级 2 标题	层级 3 标题	层级 4 标题	定义
49-91 41 27 27				中性导体数量	
49-91 41 27 29				地面导体数量	
49-91 41 29			预计和连通需求		
49-91 41 29 11				HVAC总预计需求	
49-91 41 29 13				HVAC总连通	
49-91 41 29 15				照明总预计需求	
49-91 41 29 17				照明总连通	
49-91 41 29 19				总预计需求功率	
49-91 41 29 21				总连通功率	
49-91 41 29 23				其他总预计需求	
49-91 41 29 25				其他总连通	
49-91 41 29 27				总预计需求	
49-91 41 29 29				总连通	
49-91 41 31			电容率		
49-91 41 33			接地电阻		
49-91 41 35			电导纳		
49-91 41 37			电容		
49-91 41 39			电荷		
49-91 41 41			电荷密度		
49-91 41 43			电导率		
49-91 41 45			导电性		
49-91 41 47			电场强度		
49-91 41 49			电流密度		
49-91 41 51			电气频率		
49-91 41 53			电感		
49-91 41 55			电绝缘		
49-91 41 57			电势差		
49-91 41 59			电磁阻		
49-91 41 61			电阻		
49-91 41 63			电纳		
49-91 41 65			电容率		
49-91 41 67			电气相位		
49-91 41 69			输入阻抗		
49-91 41 71			输出阻抗		
49-91 41 73			自感现象		
49-91 41 75			固态		
49-91 41 77			振荡容量		
49-91 51 00		照明系统性能			定义照明系统或照明组件的性能

（续表）

OmniClass 编号	层级1标题	层级2标题	层级3标题	层级4标题	定义
49-91 51 11			电气与电子工程师（IEEE）协会照明等级		
49-91 51 13			平均预计照明		
49-91 51 15			尺烛光		
49-91 51 17			眩光		使阴影结束的最小眩光量。由 GBXML 定义的性能。http://www.gbxml.org/
49-91 51 19			眩光指数		
49-91 51 21			折射率		一束光中光线弯曲量的度量
49-91 51 23			照明度		日光控制情况下灯光保持的照明等级。由 GBXML 定义的性能。http://www.gbxml.org/
49-91 51 25			光吸收		
49-91 51 27			灯光亮度		
49-91 51 29			照明计算工作面		作为照明度计算基础的等级
49-91 51 31			光发射		
49-91 51 33			曝光		
49-91 51 35			光照度		
49-91 51 37			光偏振		
49-91 51 39			光反射		
49-91 51 41			光折射率		一束光中光线弯曲量的度量
49-91 51 43			光源		
49-91 51 45			光传导		
49-91 51 47			照明控制		
49-91 51 47 11				照明控制 ID	
49-91 51 49			亮度		
49-91 51 49 11				每灯泡的流明	
49-91 51 49 13				照明效率	
49-91 51 49 15				光通量	
49-91 51 49 17				发光强度	
49-91 51 51			反射比		
49-91 51 51 11				顶棚反射比	
49-91 51 51 13				墙面反射比	
49-91 51 51 15				地板反射比	
49-91 51 51 17				日光反射比	
49-91 51 51 19				日光反射指数（SRI）	

（续表）

OmniClass 编号	层级 1 标题	层级 2 标题	层级 3 标题	层级 4 标题	定义
49-91 51 53			室空间比		这个参数是基于房间尺寸自动计算的，以确定照明的计算。室空间比=5×高度（长度+宽度）/（长度×宽度），这里，高度是照明计算工作平面与顶壁或上部的房间边界组件平面较低者之间的差。由 REVIT MEP 定义的术语
49-91 51 55			半透明度		
49-91 51 57			透明度		
49-91 51 59			不透明度		
49-91 51 61			紫外线		
49-91 51 63			可见光		
49-91 51 65			可见光透光率		
49-91 61 00		通信系统性能			定义通信系统或通信系统组件的表现或属性的性能
49-91 61 11			电缆目录		
49-91 61 13			电缆分类		
49-91 61 15			电缆清单		
49-91 61 17			电缆材料		
49-91 61 19			电缆等级		
49-91 61 21			电缆终端		
49-91 61 23			电缆类型		
49-91 61 23 11				非屏蔽双绞线（UIP）	
49-91 61 23 13				双绞线	
49-91 61 25			纤维支数		
49-91 61 27			纤维类型		
49-91 61 27 11				光纤	
49-91 61 27 13				绝缘的	
49-91 61 27 15				通用用途	
49-91 61 27 17				电缆外皮防火级别 CMP	
49-91 61 27 19				电缆外皮防火级别 CMR	
49-91 61 29			屏蔽		
49-91 61 31			信号组选择		
49-91 61 33			信号类型		
49-91 61 33 11				宽频	
49-91 61 33 13				调制	
49-91 61 35			信噪比		
49-91 61 37			传输性能等级		

（续表）

OmniClass 编号	层级1标题	层级2标题	层级3标题	层级4标题	定义
49-91 71 00		安全和保安系统性能			描述安全和保安系统及其组件的表现和特征的性能
49-91 71 11			报警类型		
49-91 71 13			状况代码		
49-91 71 15			逐位跟踪		
49-91 71 17			系统状态		
49-91 71 19			备用电池容量		
49-91 71 21			控制点		
49-91 71 23			显示类型		
49-91 71 25			自动防故障能力		
49-91 71 27			逻辑点		
49-91 71 29			报告类型		
49-91 71 31			报告区域		
49-91 71 33			终端点		
49-91 71 35			时间标识		
49-91 81 00		能量系统性能			描述能量供应、需要和流量以及能量系统其他特性的性能
49-91 81 11			能耗		
49-91 81 13			能量需求		
49-91 81 15			能量单位		由 GBXML 定义的性能。http://www.gbxml.org/
49-91 81 17			每单位面积时间的能量		
49-91 81 19			能量密度		
49-91 81 21			能效		
49-91 81 21 11				能效测量	
49-91 81 21 13				能效确认	
49-91 81 21 15				用水效率	
49-91 81 21 17				燃料效率	
49-91 81 23			热流密度		通过一个系统单位面积被交换的功率或热流的量
49-91 81 25			冲击能吸收		
49-91 81 27			势能		
49-91 81 29			功率输出		
49-91 81 31			辐射		
49-91 81 33			辐射强度		
49-91 81 35			辐照度		在一个特定时段，照到一个表面的总太阳能量。由维基百科定义的性能。http://en.wikipedia.org/wiki/irradiance
49-91 81 37			比能		
49-91 81 39			总太阳能		
49-91 81 41			总太阳能反射比		

索引

A

Accessibility analysis 通行分析，257—258

Accessories 配件：

    for curtain walls and storefronts 幕墙和店面墙，289

    as tertiary component 作为三级组件，71—72

    for windows and skylights 窗户和天窗，238，240

Acoustic properties 声学性能，421—422

ADA compliance 无障碍通道适用性，250，257—258

Addition，creating solids by 附加的，通过……创建实体，89

Air，properties of 空气，……的性能，407

Alignment constraint 排列约束，34

Amperage 安培数，331

Angle parameter 角度参数，26

Annotations 注释，6—7，349—362

    cross—reference 交叉引用，354

    as function of material 作为材料的功能，102

    graphics for 用于……图像，353—355

Appearance，see also *rendering* 外观，也可见"渲染"

    of moveable furnishing 可移动家具的，298

    of spiral stairs 螺旋楼梯的，272

Application information 应用信息，131—132

Architectural elements，graphics of 建筑单元，……的图像，ix

Area dimensions 面积尺寸，398—399

Area parameter 面积参数，26

Artificial light 人造光，317—318

As-built models 竣工模型，185

Assemblies，see *BIM assemblies* 组装，见"BIM 组装"

Attributes 属性，8—9，23—27

    component—specific 组件特定的，122

    in construction documentation 在施工文件中，30—32

---

* 其中页码为原英文版页码，排在正文切口侧。

for curtain walls and storefronts 幕墙和店面墙，290—291

for fixtures and fittings 仪器和装置，302—304

for floors and ceilings 地板和顶棚，224—227

MasterFormat categories for 用于……的 MasterFormat 分类，124

for model analysis and leveraging of model 模型分析和模型使用，29—30

project—level 项目层级，136

of site and landscape components 场地和景观组件的，345

in specifications 在规格说明书中，180—181

taxonomy for 对于……分类法，123

B

Ballasts，light 镇流器，灯，313

Base flashing 底座防水板，207—208

Basement slabs 地窖板，339，340

Basis of design 设计的基础，184

Bath fixtures and fittings, see also *fixtures and fittings* 浴室仪器和装置，293，294，296—297. 也可见"仪器和装置"

Bearing walls，see *walls* 承重墙，见墙

Benches 长椅，337，338

Bidding phase 投标阶段

knowledge management in 知识管理，157

knowledge manager's involvement in 知识经理的参与，161

Bidirectional annotations 双向注释，353

Bid review 投标评审，183—185

BIM，see *Building Information Management*；Building Information Modeling BIM，见"建筑信息管理；建筑信息模型"

BIM assemblies. See also *specific types*，e.g.，walls BIM 组装件，也可见"特定类型"，如，墙，14，62—64

in content hierarchy 内容层次结构，18—21

data and product information for 数据和产品信息，20—21

materials used within 使用的材料，60

BIM components BIM 组件，59—74

assemblies 组装，62—64

assigning attributes to 分配属性，8

contextual representation of 上下文表述，77—79

finding information on 寻找信息，21—22

implementing 实施，68—72

information contained in 包含的信息，72—73

in multiples or arrays 以并联或阵列，79

naming conventions for 命名约定，73—74

nested 嵌套的，144—146

quality control procedures for 质量控制程序，143—146

representative vs. realistic modeling of 代表性建模与真实建模，86—89

stand—alone 独立的，64—65

BIM data, see also *information* BIM 数据，也可见"信息"，121—139

accountability for maintaining 维修责任，142

inside BIM materials 在 BIM 材料内部，100

installation/application 安装/应用，131—132

management and maintenance 管理和维修，133—134

merging into graphics 合并到图像里，150—151

methods of data entry 数据输入方法，134—136

organizing 组织，170—177

performance 性能，129—131

quality of, see also *quality control* ……质量，也可见"质量控制"，141—142

review of 评审，146—149

specification 规格说明书，134

sustainability/usage 可持续性/使用，132—133

types to add 类型添加，126—134

BIM materials BIM 材料，60—62，99—113

  adding attributes into 添加属性，101—105

  appearance and rendering of 外观和渲染，110—113

  in constellations 群集，371—372

  for curtain walls and storefronts 对于幕墙和店面墙，289—290

  data located in 位于……的数据，105—110

  for fixtures and fittings 仪器和装置，301—302

  for floors and ceilings 地板和顶棚，222—224

  for lighting 灯具，314—315

  for site and landscape component 场地和景观组件，343—344

BIM objects BIM 对象，14，64—67

  in content hierarchy 内容层次结构，16—21

  contextual representation of 上下文表述，77—79

  data and product information for 数据和产品信息

  graphic accuracy 图像精度，70

  hosted 宿主，65

  insertion or origin point of 插入点或原点，93—94

  levels of detail for 细节层级，80—86

  materials placed within 放置在……内的材料，62

  reference lines and planes for 参考线和参考平面，93—95

  representative vs. realistic 代表的与真实的，86—89

  solid modeling tools for 实体建模工具，89—93

  sourcing product information from 从……中获取产品信息，72

  stand-alone 独立的，64—65

  tolerances for 误差，95，97

BIM projects BIM 项目：

  in content hierarchy 内容层次结构，21—22

  as digital representations 如数字代表，xiv

BIM "warehouse" BIM "仓库"，100

Bitmaps 位图，111

Blended solids 混合实体，92—93

Bollards 护柱，341，346

Boolean (yes/no) parameter 布尔参数（是/否），26，33

Building codes 建筑规范，130

  for roofs 屋顶，209，214

  for stairs 楼梯，270

Building information management (BIM) 建筑信息管理（BIM），vii

Building information modeling (BIM), see also *specific topics* 建筑信息建模（BIM）也可见"特定主题"，vii—xii

  definition used with 使用的定义，viii

  and specifications 规格说明书，30—32

  transition from CAD to 从 CAD 文件转换到，8—13

  value proposition of 价值议题，11

  as whole-building design approach 作为整体建筑物设计方法，3—7

Building information modeling protocol exhibit (AIA E202) 建筑信息建模协议展（美国建筑师协会 E202），80

Building modeling 建筑物建模，viii

Building products 建筑物产品，x

Bulbs, light 电灯泡，灯，313

Bump maps 凹凸贴图，111

C

Cabinet constellation 家具群集，367—368

Cabinetry, see also Fixtures and fittings 细工家具，也可见"仪器和装置"，297，302—304

    components of ……组件，296

    as secondary components 作为次要组件，69—70

CAD, see computer-aided design CAD，见"计算机辅助设计"

CAD-based projects, BIM projects 基于CAD的项目，BIM项目，xiv

Callouts 引注，349，352

    for floors and ceilings 地板和顶棚，220—221

    as function of material 作为材料的功能，102

Casework, see also fixtures and fittings 箱体工作，也可见"仪器和装置"，69—70，293

Catalogs, creating 目录，生成，150—151

Cavity walls 空心墙，189，191

Ceilings, see also floors and ceilings 顶棚，也可见地板和顶棚，218—220

Chandeliers 枝形吊灯，310

Chemical composition, properties of 化学成分，……的性能，402

Clash detection, see also interference checking 碰撞检查，也可见"冲突检查"，x，9，10，98

Clearances, for lighting 清除，照明设备，312—313

Closers, doors 闭合器，门，252—253

Code compliance (roofs) 符合规范（屋顶），214

Colors 颜色：

    for fixtures and furnishings 仪器和家具，302

    for floor assembly component 地板组装组件，223

    as instance attributes 实例属性，148

    for materials in assemblies 组装中的材料，100

    for materials in model view 模型视图中的材料，113

    for roof materials 屋顶材料，211—212

    for wall materials 墙体材料，197

Combustion properties 燃烧性能，417—418

Comments 评论，129

Communication identifications 通信标识，389

Communication systems, properties of 通信系统，性能，434—435

Component ceilings 顶棚组件，220

Component selection, see also BIM component 组件选择，也可见"BIM组件"，12

Compound floors 复合地板，218，219

Computer-aided design (CAD): BIM 计算机辅助设计，BIM，x—xi，23

    importing files 导入文件，115—119

    original concept of 原始概念，8

    transition to BIM from 从……转换到BIM，8—13

    working in BIM 以BIM工作，5

Conditional statements 条件陈述，35—36

Connections (MEP) 连接（设备的），324—325，327—328

Constellations 群集，363—381

    building 建筑物，364—373

    cabinet 家具，367—368，378—379

    door hardware 门五金件，365—366

    drawbacks with 缺点，367

    quality control for 质量控制，373—375

Constellation objects 群集对象，67

Constraints 约束，33—35

Construction documentation, using attributes in 施工

索引　321

文件，使用属性，30—32
Construction documents phase 施工文件阶段：
　　knowledge management in 知识管理，156—157
　　knowledge manager's involvement in 知识经理的参与，161
Construction entities by form（OmniClass Table 12）按形态的建设实体（OmniClass 表格 12），49
Construction entities by function（OmniClass Table 11）按功能的建设实体（OmniClass 表格 11），48—49
Construction phase 施工阶段：
　　clashes during 冲突，9
　　knowledge management in 知识管理，157—158
　　knowledge manager's involvement in 知识经理的参与，162
Construction specifications institute（CSI）建设标准协会（CSI），22
Content 内容，ix，xiv—xv
　　for clash detection 碰撞检查，98
　　manufacturer—specific 厂商指定，141
　　ways of looking at 看待方式，59—60
Content hierarchy 内容层次结构，15—22
　　BIM assemblies BIM 组装，18—21
　　BIM objects BIM 对象，16—21
　　BIM projects BIM 项目，21—22
　　data and product information 数据和产品信息，20—21
Content libraries, downloading BIM content from 内容库，从……中下载 BIM 内容，ix
Contextual representation of objects 对象的上下文表述，77—79
Contractors 承包人，ix—x，138—139
Corrugated panels, for curtain walls and storefronts 为幕墙和店面墙使用的波纹板，286—287

Cost estimation 造价估计，104
　　for fixtures and fittings 仪器和装置，296
　　quantity takeoffs vs. 工料估算与，104—105
Cost information 造价信息，xi
Cost properties 造价性能，392
Cross-reference annotations 交叉注释，354
Curtain, door 窗帘，门，251—252
Curtain walls and storefronts 幕墙和店面墙，277—292
　　anatomy of 构造，278—281
　　attributes, constraints, and equations 属性，约束和方程
　　creating 创建，281—283
　　frame/ mullions 框架/竖框，283—284
　　glazing 上釉，284—285
　　hardware/accessories 五金件/配件，289
　　panels 面板，284—287
　　as system components 作为系统组件，65，66
Curved stairs 螺旋式楼梯，264

D

Data 数据：
　　BIM, see *BIM data* BIM，见"BIM 数据"
　　product 产品，20，141
　　structural 结构的，109
　　up-and downstream usage of 上游和下游的使用，136—139
Database 数据库，180
　　creating specifications from 从……中创建规格说明书，181
　　facility management 设备管理，166
Data entry methods 数据输入方法，134—136
Data management 数据管理，ix，xi，72—73
Data sets, location of 数据组，位置，135

Deliverables 交付, 163—166

Design changes 设计更改, 157—158, 182

Design development phase 设计扩初阶段, 156

Design phase, new documents for 设计阶段, 新文档 163

Design process 设计过程:
 knowledge management in 知识管理, 153—156
 parametrics in 参数, 27—29
 whole—building approach to 整体建筑物方法, 3—7

Design team 设计团队, 153—154
 in annotations 注释, 350, 356—361
 consistent level of 一致层级, 60
 creating 创建, 349—353
 for doors assemblies 门组装, 251—252
 for fixtures and fittings 仪器和装置, 299
 reference lines for 参考线, 95
 for site—based components 基于现场的组件, 337—338, 340—341

Development models 开发模型, 310

Dimensional constraints 尺寸约束, 34—35

Dimensional information 尺寸信息, 127—128

Dimension controls 尺寸控制, 145

Dimension parameter 尺寸参数, 24—25, 35, 95—96

Direct-to-fabrication exports 输出直接加工数据, 132

Discipline (OmniClass Table 33) 行业（OmniClass 表格 33）, 53

Documentation 文档:
 completeness and accuracy of 完整性和精度, 158—159
 construction document phase 施工文件阶段, 156—157
 and knowledge management 和知识管理, 155
 new documents and deliverables 新文件和交付, 163—166

Doors 门, 245—261
 accessories 配件, 253
 anatomy of 构造, 245, 246
 attributes, constraints, and equations 属性, 约束和方程, 254—255
 creating 创建, 245, 247—248
 in curtain walls 在幕墙中, 281, 287—288
 door schedules 门一览表, 256—257
 frames 框架, 251
 glazing 上釉, 251
 hardware 五金件, 252—253
 as hosted objects 作为宿主对象, 65
 model analysis 模型分析, 253—254
 performance criteria 性能准则, 250—251
 slab/leaf/curtain 平板/叶片/门帘, 251—252

Door constellations 门群集, 363—364, 367—368, 376—378

Door hardware 门五金件, 71

Door hardware constellations 门五金件群集, 363, 365—366

Door hardware schedules 门五金件一览表, 365

Door schedules 门一览表, 256—257

Downstream data usage 下游数据使用, 138—139

Drawing sheets 图纸, 178

Driveways, see also *site and landscape components* 车道, 也见"场地和景观组件", 339

Drop ceiling 吊顶, 218, 222

Durability properties 耐久性性能, 415—417

Dynamic analysis (lighting) 动力分析（照明）, 318, 319

索引

E

Egress analysis 出口分析，357

Egress code 出口编码：

 windows and skylights 窗户和天窗，240

Electrical and wiring systems, see also *mechanical, electrical and plumbing（MEP）components* 电气和布线系统，也见"机械、电气和管道组件"，

Electrical fixtures 电气设备，303

Electrical objects 电气对象，330—332

Electrical system properties 电气系统性能，429—432

Elements（OmniClass Table 21）单元（OmniClass 表格 21），50

Energy codes（windows and skylights）能耗规范（窗户和天窗），240

Energy efficiency（doors）能源效率（门），250

Energy modeling, for doors 能耗建模，对于门，258

Energy systems, properties of 能量系统，……的性能，435—436

Energy usage（lighting）能量使用（照明），310

Engineers, data usage by 工程师，数据使用，138

Enumeration 列举，38—40

Envelope, properties of 外覆层，性能，418—420

Environmental properties 环境性能，410

Equality constraint 等值约束，33—34

Equations 方程，35—36，316

 curtain walls and storefronts 幕墙和店面墙，290—291

 fixtures and fittings 仪器与装置，302—304

 floors and ceilings 地板和顶棚，226—227

 lighting/light fixtures 照明/灯光设备，316

 site and landscape components 场地和景观组件，345

 stairs and railings 扶梯和栏杆，272—273

 wall assemblies 墙组装，200—201

Equipment 仪器：

 as tertiary component 作为三级组件，71—72

Exit devices（doors）出口装置（门），252—253，261

Extruded blends 挤压混合，93

Extrusions 挤出，89—90

F

Fabric fences 栅栏构件，268

Facility identification 设备标识，386—387

Facility management database 设备管理数据库，166

Facility managers 设备经理，162

Facility services 设备服务，422—436

Faucet fitting 水龙头配件，306

Feasibility studies 可行性研究，155

Fences, see also *site and landscape components* 栅栏，也可见"场地和景观组件"，267，268，275，339

Filename 文件名，74

Filtering 过滤，124

Final assembly, equality control for 总装，质量控制 150—151

Finishes 装修：

 for fixtures and fittings 仪器与装置，299，301—302

 for floors 地板，219—220，222，223

 as instance attributes 作为实例属性，148

 for site—based components 基于场地的组件，343

Fire hydrants 消防龙头，341

Fireproofing 防火，98

Fire protection systems, properties of 消防系统，性能，423—424

Fittings, see *fixtures and fittings* 配件，见仪器与装置

Fixed furnishing 固定家具，69—70

Fixtures and fittings 仪器与装置，293—306

    anatomy of 构造，293—295

    attributes and equations 属性和方程

    creating 创建，295—299

    graphics for 图像，299—301

    light fixtures, see *lighting/ light fixtures* 灯光设备，见"照明/灯光设备"

    materials and finishes for 材料和装饰，301—302

    MEP 设备，322

    as secondary components 次要组件，69—70

Fixture units (plumbing) 设备单位（管道），329

Flashing 防水板：

    for roofs 屋顶，206—209

    for windows and skylights 窗户和天窗，232—233

Floors and ceilings 地板和顶棚，217—230

    anatomy of 构造，218—219

    attributes, constraints, and equations 属性，约束和方程，224—22

    creating 创建，219—221

    in early design stages 早期设计阶段，4，5

    layers of 层，63—64

    as primary components 作为主要组件，68—69

    use of information 信息使用，227—228

Fluorescent light fixtures 日光灯支架，308，309

Force, properties of 力，性能，408—409

Formats, see *standards and formats* 格式，见"标准和格式"

Fountains 喷泉，341

Framed walls 框架墙，189，190

Framing 框架：

    for curtain walls and storefronts 幕墙和店面墙，277—278，281，283—284，286，292

    for floors 地板，221

    for roofs 屋顶，206

    for walls 墙体，190

Function properties 功能性能，412—413

Furnishings 装修：

    as fittings 作为配件，297—298

    moveable 可移动的，71—72，298

    as secondary components 作为次要组件，69—70

    as tertiary component 作为三级组分，71—72

G

Gases, properties of 气体，性能 407

General contractors 总承包商：

    data usage by 由……的数据使用，138，139

    knowledge management role of 知识管理职能，154—155

Geographic locations 地理位置，389

Glass 玻璃：

    for curtain walls and storefronts 幕墙和店面墙，289

    for windows and skylights 窗户和天窗，232，235，237—238，240

Glazing 上釉：

    for curtain walls and storefronts 幕墙和店面墙：280，284—285

For doors 门，247，251

    for windows and skylights 窗户和天窗，235，237—238

Graphics 图像，11—12

    accountability for maintaining 维修责任，142

    accuracy of ……的精度，70

for clash detection 碰撞检查，98
for constellation host components 群集宿主组件，368，369
in content hierarchy 内容层次结构，19—20
for curtain walls and storefronts 幕墙和店面墙，283—289
for doors 门，251—253
for fixtures and fittings 设备和配件，298—301
for floors and ceilings 地板和顶棚，221—222
information contained in 包含的信息，24
merging data into 将数据合并进，150—151
quality control of ……的质量控制，143—146
representative vs. realistic 代表性的和真实的，86—89
responsibility for 对……的责任，179—180
for roof coverings 屋顶覆盖层，211
for roofs 屋顶，210—211
for site and landscape components 场地和景观组件，340—345—3
for walls 墙体，194—196
for windows and skylights 窗户和天窗，232，234—238

Grasses 草地，344，347
Grilles (windows) 格子窗（窗户），238
Guardrails 护栏，269
Gypsum board (ceiling) 石膏板（顶棚），218—219
Gypsum wallboard 石膏墙板，190，192，193

H

Hand dryers 烘手机，65，97，305
Handrails 扶手，269
Hardware 五金件：
for curtain walls and storefronts 幕墙和店面墙，286，289
for windows and skylights 窗户和天窗，232—233，238，240
Hatch patterns 填充图案，111—113
for floors 地板，223
for walls 墙体，194，195
Heating, ventilation, and air conditioning (HAVC), see also *mechanical, electrical and plumbing (MEP) components* 暖通空调，也可见"机械、电气和管道（设备）组件"，321，324，327，335
Hierarchy：层次结构：
for organizing BIM data 组织BIM数据，171—177
Hinges, doors 铰链，门，253
Host-based components 基于宿主的组件，326，368
insertion points for subcomponents 子组件的插入点，370—371
installing components 安装组件，372
Hosted objects 宿主对象，65
HVAC, see *heating, ventilation, and air conditioning* 暖通空调，见"供暖、通风和空调"
HVAC objects 暖通空调对象，331—333
HVAC systems, properties of 暖通空调系统，……的性能，424—428
Hyperlink parameters 超链接参数

I

Identification information 身份信息，128—129
Identification properties 身份性能，383—389
Image files 效果图文件，110—111
for metal finishes 金属饰面，302
for site—based components 基于场地的组件，343

for windows and skylights 窗户和天窗，239

Implementation, quality control for 实施，质量控制 151—152

Importing CAD files 导入 CAD 文件，115—119

Incandescent light fixtures 白炽灯设备，308，309

Index of refraction 折射率，315

Infill 填充：

    for curtain walls and storefronts 幕墙和店面墙，278，279，283，285

    for railings 栏杆，265—268

Information. see also *BIM data application* 信息，也可见"BIM 数据应用"，131—132

    contained in BIM component 包含在 BIM 组件中，72—73

    early addition of 早期添加，72—73

    hierarchies of, see also *content hierarchy* ……的层次结构，也可见"内容层次"，38—40

    identification 身份，128—129

    inside BIM materials 在 BIM 材料内，100，105—110

    installation 安装，131—132

    leveraging, see *leveraging information* 利用，见"利用信息"

    limiting amount of ……的限度，105—106

    maintenance 维修，133—134

    management 管理，133—134

    in models vs. specifications 模型与规格说明书，122

    performance 性能，129—131

    quality of, see *quality control responsibility for* ……的质量，见"质量控制责任"，180

    specification 规格说明书，134

    standardization of, see also *standards and formats* ……的标准，也可见"标准和格式"

    sustainability 持续性，132—133

Information (OmniClass Table 36) 信息（OmniClass 表格 36），55

Information management 信息管理，ix，8—9，159

Information modeling 信息建模，viii

Insertion points, for constellation subcomponents 插入点，群集子组件，370—371

Installation information 安装信息，131—132

Installation properties 安装性能，396—397

Instance attributes 实例属性，148—149

Insulation 保温：

    for floors and ceilings 地板和顶棚，223，224

    in roof systems 屋顶系统，210

    for wall assemblies 墙体组装，196—198

Integer parameter 整体参数，27，35

Integrated automation systems, properties of 综合自动化系统，……的性能，428—429

Integrated project delivery (IPD) 项目集成提交，7，154—155

Interference checking. See also *clash detection* 相交检查，也可见碰撞检查，x.98

J

Jambs, door 边框，门，248—249

K

Keynoting 主题，356—357，361

Kickplates 防踢板，253

Kitchen cabinetry. see also *fixtures and fittings* 厨房家具，也可见"设备和配件"，293—294

Knobs, door 门把手，门，252

Knowledge management 知识管理，153—166

in bidding phase 投标阶段，157

in construction documents phase 施工文件阶段，156—157

in construction phase 建造阶段，157—158

in design development phase 设计扩初阶段，156

and documentation 和归档，155

general contractors' role in 总承包商角色，154—155

and knowledge managers 知识经理，159—163

new documents and deliverables 新文档和成果，163—166

responsibility for 责任，159

in schematic design phase 方案设计阶段，156

specifiers' role in 规格说明书编辑角色，153—154

Knowledge managers 知识经理，154，159—163

L

Landings, stair 楼梯平台，楼梯，264

Landscaping, see also site and landscape components 景观美化，也可见"场地和景观组件"，338—339

Layers 层：

floor assemblies 地板组装，223

roofs 屋顶，211—212

wall assemblies 墙体组装，195—197

Leader heads 水落斗，354

Leader lines 火场供水线，354

Leadership in energy efficient design（LEED）节能设计先锋，103，104，132—133

Leaf, door 扇叶，门

LED lighting LED 照明（发光二极管照明），308

LEED, see leadership in energy efficient design

LEED，见"节能设计先锋"

Length parameter 长度参数，24—26

Levels of development（LODs）发展水平，80—86，88—89

Lifecycle information 周期信息，109

Lighting/light fixtures 照明/灯光设备，307—320

anatomy of ……的构造，308—309

attributes and equations 属性和公式，315—316

creating 创建，309—311

lighting schedules 灯具一览表，316—317

lighting studies 照明研究，317—319

materials for 材料，314—315

use of information 信息使用，316—319

Lighting schedules 灯具一览表，316—317

Lighting studies 照明研究，317—319

Lighting systems, properties of 照明系统，……的性能，432—434

Light sources 光源，312

Light transmission 光传导，233

Liquids, properties of 液体，……的性能，407

Location（s）位置，17

consistency of 一致性，144，145

of data sets 数据集，135

of fixtures and furnishings 配件和装修，298

in lighting studies 在照明研究中，318

Location constraint 位置限制，34

Location properties 位置性能，389—390

Lockers 储物柜，300，301

LODs, see levels of development LOD，见"发展水平"

Long-form specifications 详细的规格说明书，183

Low-slope roofs，低坡屋顶，205—206，208—209，215

M

Magnetism, properties of 磁力，……的性能，410

Maintenance information 维修信息，133—134，258

Management information 管理信息，133—134

Manufactures 制造：

 construction details created by 由……创建的建造细节，116

 downloading BIM content from 从……下载的 BIM 内容，ix

 product attribute information from ……中的产品属性信息，30

Manufacturer properties 制造商性能，393

Manufacturing locations 制造位置，390

Mass, properties of 质量，……的性能，407—408

MasterFormat 38，41—44，124

 for BIM 为 BIM，169

 depth of information organization 信息组织的深度，168

 evolution of 演进，46

 groups, subgroups, and divisions 组，分组和条款，42—43

 in naming materials 在材料命名中，106，107

 Table 22—work results as 表格 22——工作结果，50—51

Materials, see also *BIM materials as construction parameters* 材料，也可见"作为建造参数的 BIM 材料"，24

 properties of ……的性能，16，55—56

Materials (OmniClass Table 41) 材料（OmniClass 表格 41），55—56

Material attributes 材料属性，24，25

Material controls 材料控制，145

Mechanical, electrical and plumbing (MEP) components 机械、电气和管道（设备）组件，321—335

 anatomy of ……的构造，32—323

 creating 创建，323—327

 electrical objects 电气对象，330—331

 graphics and connections 图像和连接，327—333

 HVAC objects 暖通空调对象，331—333

 plumbing objects 管道对象，328—330

Mechanical elements, graphics of 机械单元，……的图像，ix

MEP components, see *mechanical, electrical and plumbing components* 设备组件，可见"机械、电气和管道组件"

Mesh fences 网格栅栏，268

Metal finishes 金属饰面，302

Models 模型：

 analysis and leveraging of ……的分析和利用，29—30

 as-built 完工的，185

 building information modeling protocol exhibit 建筑信息建模协议展览，80

 cost information 造价信息，xi

 embedding performance data into 将性能数据嵌入，xiv

 as part of construction contract 作为建造合同的一部分，141

 phasing 分阶段，x

 product information and formatting in 产品信息和格式设置，ix

 updating 更新，6，185

Model analysis 模型分析，29—30，257—258

Model information 模型信息，122

Modeling 建模：

 representative 代表性的，86—89，311

two-vs. three dimensional 二维与三维，3—7

Model view 模型视图，113

Moisture resistance, properties of 防水性，性能，420—421

Money properties 货币性能，390—392

Monolithic stairs 整体式楼梯，264，265

Monolithic walls 整体式墙体，189—190，192

Moveable furnishings 可移动家具：
    adding 添加，298
    as tertiary component 作为三级组件，71—72

Mulled windows 混合窗户，232

Mullions 竖框，278，280，283—285，289

Muntins 窗格条，232，238，247

N

Naming conventions 命名约定：
    for BIM components BIM 组件，73—74
    consistency of 一致性，144，145
    standards and formats for 标准和格式，40

National CAD standard 国家 CAD 标准，106

Natural light 自然光，317

Nested components 嵌套组件，144—146

Nonparametric objects 非参数对象，116，119—120

Nosing（stairs）楼梯踏级前缘（楼梯），268，270，271

Number parameter 编号参数，26，35

O

Objects, see also BIM objects 对象，也可见"BIM 对象"
    constellation 群集，67
    nonparametric 非参数的，116，119—120
    semi-parametric 半参数的，119—120

Occupancy identifications 居住标识，387

OmniClass，40，47—57
    benefits of ……的利益，168
    Table 11—construction entities by function 表格 11——按功能的建设实体，48—49
    Table 12—construction entities by form 表格 12——按形式的建设实体，49
    Table 13—spaces by function 表格 13——按功能的空间，49—50
    Table 14—spaces by form 表格 14——按形式的空间，49—50
    Table 21—elements 表格 21——单元，50
    Table 22—work results 表格 22——工作结果，50—51
    Table 23—products 表格 23——产品，51
    Table 31—phases 表格 31——阶段，52
    Table 32—services 表格 32——服务，52—53
    Table 33—disciplines 表格 33——行业，53
    Table 34—organizational roles 表格 34——组织角色，53—54
    Table 35—tools 表格 35——工具，54
    Table 36—information 表格 36——信息，55
    Table 41—materials 表格 41——材料，55—56
    Table 49—properties 表格 49——性能，56—57，383—436

One-offs, see also nonparametric objects 一次性事物，也可见"非参数对象"，119

Online specification libraries 网上规范图书馆，180

Openings, see also doors; windows and skylights 开孔，也可见"门"、"窗户和天窗"
    in curtain walls 在幕墙中，281
    in early design stages 在早期设计阶段，4，5
    as primary components 作为主要组件，68—69
    storefronts 店面墙，277

Organizational roles（OmniClass Table 34）组织角色（OmniClass 表格 34）

Organizing BIM data 组织 BIM 数据，170—177

Orientation 方向，17
    in lighting studies 在照明研究中，318
    of windows and skylights 窗户和天窗，233—234

Outline specification 简要规格说明书，182，183

Overhead doors 升降门，247，261

Owner's manual, digital 业主手册，数字的，139，165—166

P

Paint 绘画，104

Panels（curtain walls and storefronts）面板（幕墙和店面墙），278，279，284—287，289—290，292

Panel wall systems 面板墙体系统，285

Parameters 参数，23—29
    conditional statements for 条件语句，35
    for constellations 群集，371
    constraining 约束，34—35
    in nested components 在嵌套组件中，145
    in speeding up design process 加速设计过程，27—29
    types of 类型，25—27

Partitions 隔间，300—301，304

Patios 天井，339

Paving 铺砌，339，343

Performace criteria（doors）性能准则（门），250—251

Performance information 性能信息，129—131
    for curtain walls and storefronts 幕墙和店面墙，290—291
    for materials/products 材料/产品，109
    for roof material 屋顶材料，212
    for windows and skylights 窗户和天窗，233，242—243

Performance properties 性能特性，410—422

Permeability, properties of 渗透性，……的性能 420—421

Phases（OmniClass Table 31）阶段（OmniClass 表格 31），52

Phasing, project 分阶段，项目 x

Photometry 光度学，307，315—316

Physical performance（doors）物理性能（门），250

Physical properties 物理特性，397—410

Pipe penetrations（roofs）管道贯穿（屋顶），206，207

Planters 花槽，337，338，341

Planting components, see also *site and landscape components* 花槽组件，也可见"场地和景观组件" 338—339，341

Plug-ins 插件程序，9

Plumbing and piping system, see also *mechanical, electrical and plumbing（MEP）components* 管件和管道系统，也可见"机械、电气和管道（设备）组件"，321—326，334

Plumbing components, see also *fixtures and fittings* 管道组件，也可见"仪器与装置" 297，303

Plumbing objects 管道对象，328—330

Plumbing systems, properties of 管道系统，……的性能，424

Political/legal locations 政治的/合法的位置，389—390

Preliminary cost estimates 初步造价估计，155—156

Pressure, properties of 压力，性能，409—410

Primary components 主要组件，68—69

Process automation, specifications for 过程自动化，规格说明书，177—178

Products 产品：
　　researching 研究，13
　　selecting 选择，179
Products（OmniClass Table 23）产品（OmniClass 表格 23），51，106，170
Product data/information：产品数据/信息：
　　for objects or assemblies 对象或组装，20—21
　　quality of ……的质量，141
Product lifespan information 产品寿命信息，110
Product locations 产品位置，390
Product models 产品模型，x—xi
Product properties 产品特性，393—395
Profiles 轮廓，92，278，284
Progress drawings 进度图，356
Projects, see also *BIM projects* 项目，也可见"BIM 项目"
　　BIM vs. CAD—based 基于 BIM 与基于 CAD 的，xiv
　　phasing 分阶段，x
Project delivery 项目递交，7，154—155
Project manual 项目手册，163
Project phases 项目阶段：
　　knowledge management during 知识管理，156—158
　　levels of development for 发展水平，80—86
Properties 性能，383—384
　　of facility services 设施服务，422—436
　　identification 标识，383—389
　　location 位置，389—390
　　in OmniClass Table 49 在 OmniClass 表格 49 中，384—436
　　performance 性能，410—422
　　physical 物理的，397—410
　　source 来源，393—397
　　of time and money 时间和金钱，390—392

Properties（OmniClass Table 49）性能（OmniClass 表格 49），56—57，383—436
　　of facility services 设施服务，422—436
　　identification 标识，383—389
　　performance 性能，410—422
　　of time and money 时间和金钱，390—392
Proprietary identification 所有权标识，389
Push plates 推板，253

Q

Quality control 质量控制，141—152
　　for constellations 群集，373—375
　　educating staff on 教育职员，152
　　for final assembly 最终组装，150—151
　　for implement 实施，151—152
　　procedures for 程序，142—152
　　and review of data 数据审查，146—149
Quantity properties 数量性能，397
Quantity takeoffs 工料估算，104—105，201—202

R

Railings, see also *stairs and railings* 栏杆，也可见"楼梯和栏杆"，65，265—268
Rain screens 雨幕，285
Recessed lights 嵌入灯，310
Reference lines 参考线，93—95
Reference planes 参考平面，93—94
　　for constellations 群集，368，369，371
　　to dimension sketches 对轮廓标注，96
　　named 命名的，144，145
Reflectivity of materials 材料反射率，314
Refraction, index of 折射，索引，315
Registers（HVAC）计数器（暖通空调），331—332

Regulated content, properties of 法定内容, ……的性能, 403

Relational measurements 相关的测量, 399—400

Rendering 渲染的, 310
    of BIM materials BIM 材料, 110—113
    of fences 栏杆, 268
    of floors and ceilings 地板和顶棚, 222—223
    of stairs 楼梯, 271
    of walls 墙体, 194—196
    of wall surfaces 墙体表面, 193—196

Repeating patterns 重复图案:
    for floors and ceilings 地板和顶棚, 227—228
    for site-based compnents 基于场地的组件, 344

Representative modeling 代表性建模, 86—89, 311

Retaining walls 挡土墙, 339, 341—342

Revision control 校正控制, 129

Revolutions 旋转, 90—91

Ribbed panels 加肋板, 286—287

Risers (stairs) 升管（楼梯）, 263, 269, 270

Roofs 屋顶, 205—216
    anatomy of ……的构造, 206—208
    attributes and equations 属性和方程, 212—214
    creating 创建, 208—209
    in early design stages 在早期设计阶段, 4, 5
    layers of 层, 63—64
    low-slope 低坡, 205—206, 208—209, 215
    as primary components 作为主要组件, 68—69
    steep-slope 陡坡, 207—209, 216
    use of information 信息的使用, 214—215

Roof coverings 屋顶覆盖层, 209—211

Roof flashing 屋顶防水板, 209

Rough opening 毛开孔, 249

R-value (walls) 热阻（墙）, 193

S

Safety and security systems, properties of 安全和保安系统, 性能, 435

Sash (windows and skylights) 窗扇（窗户和天窗）, 231, 234—235, 29

Scalable models 可缩放模型, 88—89

Scale, in BIM vs. CAD files 比例, 在 BIM 与 CAD 文件中, 116

Schedules 一览表:
    door 门, 256—257
    lighting 照明, 316—317

Scheduling properties 计划性能, 390—392

Schematic design phase 方案设计阶段:
    knowledge management in 知识管理, 156
    knowledge manager's involvement in 参与……的知识经理, 160—161

Secondary components 次要组件, 68—70

Section views 剖视图:
    level of detail for 细节层级, 350—353
    for walls 墙体, 193

Semi-parametric objects 半参数对象, 119—120

Services (OmniClass Table 32) 服务（OmniClass 表格 32）, 52—53

Shading, for soils and grasses 阴影, 对于土壤和草地, 344

Shape properties 形状特性, 398

Shared components 共享组件, 146

Sheathing 防护:
    roofs 屋顶, 210
    walls 墙体, 190, 192, 193

Shelving, creating 搁置, 创建, 77—79

Shipping properties 船运性能, 396

Shop drawings 施工图，116

Single dimensions 单维，398

Site and landscape components 场地和景观组件，337—347

    attributes and equations 属性和公式，345

    from CAD files 从 CAD 文件中，118

    creating 创建，337—340

    site-based components 基于场地的组件，340—342

    site improvements 现场改善，338

    topography 地形，342—343

Size 尺寸：

    doors 门，248—249

    stairs 楼梯，270

Size constraint 尺寸限制，34

Sketches 草图，90

    from CAD files 从 CAD 文件中，118

    dimensioning 尺寸标注，96

SKU numbers 库存单位编号，126

Skylights, see windows and skylights 天窗，见"窗户和天窗"

Slab, door 板，门，247，251—252

Slab floors 楼板，218，219，221

Sliding doors 滑动门，246

Slope, floor/ceiling 斜坡，地板/顶棚，221

Software plug-ins 软件插件程序，9

Soils 土壤，344

Solid modeling tools 实体建模工具，89—93

Sorting 分类，124

Sound transmission classification (STC) ratings 声音传递等级：

    doors 门，250—251

    floor and ceiling assemblies 地板和顶棚组装，228

Source properties 来源性能，393—397

Space identifications 空间标识，387

Spaces by form (OmniClass Table 14) 按形态的空间 (OmniClass 表格 14)，49—50

Spaces by function (OmniClass Table 13) 按功能的空间 (OmniClass 表格 13)，49—50

Span, floor/ceiling 跨度，地板/顶棚，221

SpecAttic，124，125

Specialty partitions, as secondary components 特别分区，作为次要组件，69—70

Specification(s) 规格说明书，122，134，167—186

    and changes in BIM BIM 中的更改，30—32

    and changes to specifiers' workflow 对规格说明书编辑的工作流程的更改，181—185

    creating 创建，179—181

    long—form 详细的，183

    organizing BIM data 组织 BIM 数据，170—177

    outline 概要，182，183

    for process automation 过程自动化，177—178

    specifiers' role in 规格说明书编辑的角色，178—179

    standards and formats for BIM BIM 的标准和格式，168—170

    structure of 结构，178

    tabular 表格的，157，163—165

Specification libraries 规格说明书库，180

Specifiers 规格说明书编辑：

    changes to workflow of 工作流程的更改，181—185

    data usage by 由……使用的数据，137—138

    evolving role of ……的演进角色，178—179

    knowledge management role of 知识管理角色，153—154

    as knowledge managers 作为知识经理，161—163

    responsibilities of 责任，167—168

Spiral stairs 旋转楼梯，264，265，269，271—272，274

Square-foot cost estimation 平方英尺造价估计，45，104

Stairs and railings 扶梯和栏杆，263—275
　anatomy of 构造，263—268
　attributes and equations 属性和方程，272—273
　creating 创建，268—270
　as secondary components 作为次要组件，69—70
　use of information 信息的使用，273

Stand-alone components 独立组件，64—65

Standards and formats 标准和格式，37—57，168—170
　enumeration 列举，38—40
　purpose of ……的目的，37—40
　for roof design 屋顶设计，209
　taxonomy and naming conventions 分类和命名约定，40

Standardization, in building constellations 标准化，在建筑物群集中 364

Standardized taxonomy 标准化分类，37—38，40，163

Static analysis (lighting) 静态分析（照明），318—319

STC ratings 声音传递等级：
　doors 门，250—251
　　floor and ceiling assemblies 地板和顶棚组装件，228

Steep-slope roofs 陡坡屋顶，207—209，216

Stock materials 库存材料，100

Storage 仓库：
　creating 创建，77—79
　　information for 信息，303—304

　as secondary component 作为次要组件，69—70

Storefronts, see *curtain walls and storefronts* 店面墙，见"幕墙和店面墙"

Strength properties 强度性能，413—415

Stringers (stairs) 斜梁（楼梯），263，268

Structural attributes 结构属性，102—103

Structural elements, see also *framing* 结构单元，也可见"框架"，ix

Structural loading, properties of 结构加载，性能，406—407

Subassembly floors 子组装地板，219—220

Subcontractors, data usage by 分包商，由……使用的数据，138

Subtraction, creating solids by 扣除，由……创建实体，89

Surface (topography) 表面（地形），342

Surface patterns 表面图案：
　for fences 栏杆，268
　for materials 材料，60
　for walls 墙体，194

Suspended acoustical ceiling tile 隔声吊顶板，222

Suspended slab floors 悬挂楼板，219

Sustainability, properties of 可持续性，性能 400—402

Sustainability information 可持续性信息，132—133

Sweeps 扫描，91—92

Sweets 甜食，ix

Swing doors 旋转门，246，258—260

T

Tabular specification 表格类规格说明书，157，163—165

Taxonomy 分类：

for attributes 属性，123

standardized 标准化的，37—38，40，163

Telephone poles 电话线杆，341

Temperature, properties of 温度，性能，403—406

Template 模板，100，101

for constellation subcomponents 对群集子组件，369

for fixtures and fittings 设备和配件，298—299

Teriary components 三级组件，68，71—72

Testing properties 测试性能，410—411

Test standards 测试标准，129—130

Test, annotation 测试，注释 354

Test parameter 测试参数，26

Thermal resistance（walls）热阻（墙），193

Third-party software plug-ins 第三方软件插件程序，9

Thresholds（doors）门槛（门），253

Time properties 时间性能，390—392

Toilets, see also *fixtures and fittings* 厕所，也可见"设备和配件"，294

Toilet partitions, see also *fixtures and fittings* 卫生间隔断，也可见"设备和配件"，293，304

Tolerance 误差，95，97

Tolerance properties 误差性能，411—412

Tools（OmniClass Table 35）工具（OmniClass 表格 35），54

Topography, see also *site and landscape components* 地形，也可见"场地和景观组件"，342—343

from CAD files 从 CAD 文件中，118

Translucency 半透明，314—315

Transparency 透明，314

Trash receptacles 垃圾桶，341，346

Treads（stairs）踏板（楼梯），263，268—270

Tree grates 树池保护格栅，341

Tubs 浴盆，293，296，305

Type attributes 类型属性，148

U

UniFormat，38，45—47 for BIM，169

depth of information organization 信息组织的深度，168

evolution of ……的演进，46

Uniform drawing standard 统一图纸标准，106

United states green building council（USGBC）美国绿色建筑协会，103，132

V

Value, in specifications 值，规格说明书中的，180—181

Vision lites. See glazing 视觉简图，见玻璃

Voltage 电压，331

Volume（s）体积：

in properties table 在性能表中，399

topography 地形，342

W

Walls, see also *curtain walls and storefronts* 墙体，也可见"幕墙和店面墙"，189—204

anatomy of 构造，189—192

attributes and equations for 属性和方程，198—201

in early design stages 在早期设计阶段，4，5

layers of 层，62—63

as primary components 作为主要组件，68—69

use of information 信息使用，201—202

Wall-mounted light fixtures 壁挂照明设备，309—310

Wall studs 墙体立柱，196

Warehouse 仓库，100

Warranty properties 担保性能，395—396

Water components 水组件，344
Waterproofing 防水，209—211
Wattage 瓦特数，331
Weatherstripping 挡风雨条：
    for doors 门，248，253
    for windows and skylights 窗户和天窗，232—233
Weight attribute 重量属性，25
Windows and skylights 窗户和天窗，231—244
    anatomy of 构造，231
    attributes, constraints and equations 属性，约束和方程，240—243
    frame and sash 框架和门框，234—236
    glazing 上釉，235，237—238
    hardware and accessories 五金件和零配件，238
    as hosted objects 作为宿主对象，65
Windows constellations 窗户群集，380—381
Work results(OmniClass Table 22)工作成果(OmniClass 表格 22)，50—51
Work result identifications 工作成果标识，387—388